高等职业教育建筑设计类专业系列教材

中外建筑史

主　编　鲁艳蕊
副主编　马凤华　尹家琦
参　编　李　莉　张献梅　王　璐

机械工业出版社

本书根据高等职业教育的特点以及高职高专建筑设计类专业的培养目标和教学要求编写而成。本书包括 18 个教学单元，主要讲述了中外建筑的起源与发展概况，对中国的古建筑发展、古建筑特征、建筑类型及近代建筑，以及外国各历史阶段具有代表性的建筑风格、建筑学派、代表人物与代表作品进行了详细的阐述和分析。本书具有脉络清晰、重点突出、内容精炼、图文并茂、语言简练、通俗易懂等特点。

本书既可作为高职高专院校建筑装饰工程技术、建筑设计、建筑室内设计、城乡规划等专业的教材，也可供相关专业技术人员参考。

本书配有丰富的教学资源，不仅配套了教学课件，还录制了众多的微课资源，以二维码链接的方式植入书中。

图书在版编目（CIP）数据

中外建筑史 / 鲁艳蕊主编 .—北京：机械工业出版社，2023.6（2025.6 重印）
高等职业教育建筑设计类专业系列教材
ISBN 978-7-111-72414-8

Ⅰ.①中… Ⅱ.①鲁… Ⅲ.①建筑史 – 世界 – 高等职业教育 – 教材 Ⅳ.①TU–091

中国国家版本馆 CIP 数据核字（2023）第 040459 号

机械工业出版社（北京市百万庄大街 22 号　邮政编码 100037）
策划编辑：常金锋　　　　　　　责任编辑：常金锋　陈将浪
责任校对：贾海霞　周伟伟　　　封面设计：马若濛
责任印制：刘　媛
北京富资园科技发展有限公司印刷
2025 年 6 月第 1 版第 3 次印刷
184mm×260mm・17 印张・411 千字
标准书号：ISBN 978-7-111-72414-8
定价：49.50 元

电话服务　　　　　　　　　网络服务
客服电话：010-88361066　　机　工　官　网：www.cmpbook.com
　　　　　010-88379833　　机　工　官　博：weibo.com/cmp1952
　　　　　010-68326294　　金　书　网：www.golden-book.com
封底无防伪标均为盗版　　　机工教育服务网：www.cmpedu.com

前　言

建筑是"石头的史书"、是凝固的音乐，是人类历史发展的见证者。建筑缔造了人类生活所需的空间，随着人类社会经济、文化、科学技术的发展，建筑也得到了持续性发展。建筑设计是技术和艺术的综合体，各地区由于自然条件和文化风俗不同，形成了丰富多样的建筑类型。编者在十多年的教学过程中先后选用了多本教材，通过对比发现，现有的讲授中外建筑史的教材中，在讲解中国古建筑类型的时候经常缺少对书院建筑的介绍。基于此，本书在编写过程中查找了大量的文献古籍资料，并和企业合作，运用中望CAD软件将古籍文献中的图片进行描绘，力图再现书院建筑的风采。

本书分为18个教学单元，其中教学单元1～10讲述了中国传统建筑概说，中国古建筑的发展，城市建设，住宅，宫殿、坛庙、陵墓，宗教建筑，园林，书院建筑，中国古代木构建筑特征的演变，中国近代建筑，将典籍考据与建筑实例相结合，全面梳理中国传统建筑的发展历程和艺术成就等；教学单元11～18讲述了古埃及与古西亚建筑、古希腊与古罗马建筑、欧洲中世纪建筑、意大利文艺复兴时期建筑与巴洛克式建筑、法国古典主义建筑与洛可可式建筑、新建筑运动、现代主义建筑及代表人物、第二次世界大战后的建筑活动与建筑思潮等。

本书特色如下：

（1）加入了书院建筑这一建筑类型，填补了市面上同类教材的空缺，使得学生能够了解更丰富的中国传统建筑的类型，激发爱国热情。

（2）本书配有丰富的教学资源，不仅有教学配套课件，还录制了众多的微课资源，以二维码的形式附在书中，学生可自主学习和拓展学习。

（3）本书编写团队来自多所院校和企业，研究方向囊括建筑设计、古建筑技术、建筑室内装饰等多个方向，使得本书拥有很大的受众面。

本书由河南财政金融学院鲁艳蕊任主编；河南财政金融学院马凤华、河南建筑职业技术学院尹家琦任副主编；参加编写的人员还有郑州工商学院李莉、济源职业技术学院张献梅、河南财政金融学院王璐。广州中望龙腾软件股份有限公司对书中的部分图片进行了重新描绘。具体编写分工如下：

鲁艳蕊负责中国建筑史的统稿工作，编写教学单元2、教学单元8和教学单元16；马凤华负责外国建筑史的统稿工作，编写教学单元11～教学单元14；尹家琦编写教学单元3～教学单元5；李莉编写教学单元7、教学单元15和教学单元17；张献梅编写教学单元1和教学单元6；王璐编写教学单元9、教学单元10和教学单元18。

由于编者水平有限，本书难免存在疏漏和不妥之处，敬请各位读者批评指正。

编　者

二维码资源清单

页码	二维码	页码	二维码
2	中国古建筑梁架结构	54	清明上河图中的宋代民居形式
11	原始社会、奴隶社会时期建筑	57	东阳民居
12	封建社会早期建筑	59	贵州侗族村寨
28	中国古代城市形态的四个阶段	60	福建土楼
38	唐长安城	63	北京四合院
41	元大都	65	巩义康百万庄园
42	明南京城	73	角楼

二维码资源清单

（续）

页码	二维码	页码	二维码
75	天坛	115	书院建筑发展概况（上）
77	曲阜孔庙	116	岳麓书院
94	佛光寺	116	登封嵩阳书院
95	山西五台山佛光寺大殿建筑分析	120	书院建筑发展概况（下）
96	独乐寺观音阁	121	江西白鹿洞书院
97	应县木塔	124	书院选址与布局
103	中国古代园林发展主要阶段	129	书院建筑的意境与风格
105	苏州私家园林	134	古代木构建筑特征演变
108	圆明园	150	中国近代建筑

（续）

页码	二维码	页码	二维码
166	阿玛纳宫殿	188	圣马可大教堂
166	金字塔的演变	194	哥特式建筑的结构特点与内部空间特色
166	吉萨金字塔群	202	佛罗伦萨主教堂分析
169	山岳台	204	圣彼得大教堂
177	雅典卫城的主要建筑分析	207	巴洛克建筑典型实例分析
177	柱式的演进－雅典卫城	211	法国古典主义建筑
182	古罗马斗兽场	212	凡尔赛宫
183	罗马万神庙的布局和结构特点	214	洛可可式建筑
187	拜占庭建筑的特点分析	218	工艺美术运动

（续）

页码	二维码	页码	二维码
220	新艺术运动	240	朗香教堂分析
228	芝加哥学派	244	流水别墅
230	草原风格建筑	250	第二次世界大战以后建筑活动与建筑思潮（一）
230	一战后建筑学派及建筑活动	252	第二次世界大战以后建筑活动与建筑思潮（二）
237	包豪斯校舍分析		

目　录

前言

二维码资源清单

教学单元1　中国传统建筑概说　/ 1
  1.1　"诗意栖居"——什么是中国古建筑？ / 2
  1.2　"龙生九子"——中国古建筑的特征 / 2
  1.3　"如翚斯飞"——中国古建筑屋顶 / 5
  1.4　"勾心斗角"——斗拱与铺作 / 7
  1.5　"栋梁之才"——中国古建筑梁架结构 / 7
  实训练习题 / 9

教学单元2　中国古建筑的发展　/ 10
  2.1　原始社会建筑 / 11
  2.2　奴隶社会建筑 / 11
  2.3　封建社会前期建筑 / 12
  2.4　封建社会中期建筑 / 17
  2.5　封建社会末期建筑 / 23
  实训练习题 / 26

教学单元3　城市建设　/ 27
  3.1　概说 / 28
  3.2　汉代至明、清时期的都城建设 / 35
  实训练习题 / 45

教学单元4　住宅　/ 46
  4.1　住宅的形制演变 / 47
  4.2　住宅的构筑类型 / 57
  4.3　住宅的实例分析 / 63
  实训练习题 / 67

教学单元5　宫殿、坛庙、陵墓　/ 68
  5.1　宫殿 / 69

5.2　坛庙　/ 74

5.3　陵墓　/ 79

实训练习题　/ 92

教学单元 6　宗教建筑　/ 93

6.1　佛寺、道观　/ 93

6.2　佛塔　/ 97

6.3　石窟　/ 99

实训练习题　/ 101

教学单元 7　园林　/ 102

7.1　概说　/ 103

7.2　江南私家园林　/ 103

7.3　明、清时期的皇家园林　/ 108

7.4　风景建设　/ 110

实训练习题　/ 112

教学单元 8　书院建筑　/ 114

8.1　书院建筑概况　/ 115

8.2　书院建筑形制与艺术特征　/ 124

实训练习题　/ 132

教学单元 9　中国古代木构建筑特征的演变　/ 133

9.1　"雕梁玉砌"——中国古建筑的台基　/ 134

9.2　"画栋雕梁"——中国古建筑的彩绘　/ 137

9.3　"瑶台琼室"——中国古建筑的门窗与藻井　/ 139

9.4　"鸿图华构"——中国古建筑的牌坊与照壁　/ 142

9.5　"龙鸣狮吼"——中国古建筑的鸱吻与门狮　/ 145

实训练习题　/ 148

教学单元 10　中国近代建筑　/ 149

10.1　概说　/ 150

10.2　中国近代建筑的类型与建筑技术　/ 152

10.3　中国近代建筑师与建筑教育　/ 157

10.4　中国近代建筑形式　/ 160

实训练习题　/ 163

教学单元 11　古埃及与古西亚建筑　/ 164

11.1　古埃及建筑　/ 165

11.2　古西亚建筑　/ 168

实训练习题　/ 171

教学单元 12　古希腊与古罗马建筑　/ 172

12.1　古希腊建筑　/ 173
12.2　古罗马建筑　/ 179
实训练习题　/ 185

教学单元 13　欧洲中世纪建筑　/ 186

13.1　拜占庭建筑　/ 187
13.2　早期基督教建筑与罗马式建筑　/ 190
13.3　哥特式建筑　/ 194
实训练习题　/ 199

教学单元 14　意大利文艺复兴时期建筑与巴洛克式建筑　/ 201

14.1　意大利文艺复兴时期建筑　/ 202
14.2　意大利巴洛克式建筑　/ 207
实训练习题　/ 209

教学单元 15　法国古典主义建筑与洛可可式建筑　/ 210

15.1　法国古典主义建筑　/ 211
15.2　洛可可式建筑　/ 214
实训练习题　/ 216

教学单元 16　新建筑运动　/ 217

16.1　新建筑运动的学派　/ 218
16.2　第一次世界大战后的建筑学派及建筑活动　/ 230
实训练习题　/ 234

教学单元 17　现代主义建筑及代表人物　/ 235

17.1　现代主义建筑的形成及设计原则　/ 236
17.2　现代主义建筑的代表人物和作品　/ 236
实训练习题　/ 246

教学单元 18　第二次世界大战后的建筑活动与建筑思潮　/ 248

18.1　第二次世界大战后的建筑活动　/ 249
18.2　第二次世界大战后的主要建筑思潮　/ 250
18.3　现代主义建筑之后的建筑思潮　/ 253
实训练习题　/ 260

参考文献　/ 262

教学单元 1

中国传统建筑概说

教学目标

1. 知识目标
（1）了解中国古建筑的基本特征。
（2）掌握古建筑屋顶、斗拱及木构架的基本特点。
（3）培养学生对中国古建筑基本构件的初步认识能力。

2. 能力目标
（1）具备中国古建筑特征的梳理能力。
（2）能够辨识古建筑外观的三段式部件构成，准确辨别古建筑的屋顶及等级。
（3）具备单体建筑的基本单元绘制能力，了解庭院轴线的布局。

思维导图

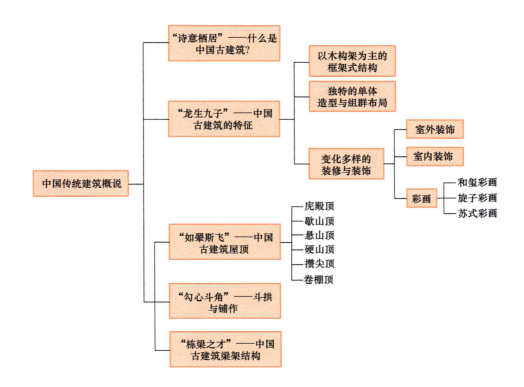

◎ 1.1 "诗意栖居"——什么是中国古建筑？

在我国五千多年的悠久历史中，我们的先人从最初的"凿地为穴""构木为巢"发展到后来的丰富多彩的都城建筑、宗教建筑、住宅建筑以及园林建筑等，无不体现着"天人合一"的世界观、价值观，使人们"望得见山、看得见水、记得住乡愁"，从而诗意地栖居。

在我国疆域辽阔的土地上，人们创造了光辉灿烂的建筑文化，秦砖汉瓦、隋唐寺塔、宋元祠观、明清皇宫，向人们展现了悠久的建筑历史；皇家苑囿、私家园林、牌坊陵墓、城池坛庙，给人们展示了丰富的建筑形式。尤其是古建筑中数量最多、分布最广的建筑形式——民居，更是给人们展示了不同时期人们的生活方式、喜好信仰、民俗文化和聪明才智。

我国古代建筑是伴随着人类文明的进步而发展的，它包含着华夏先哲的无穷智慧，是先民留给后人的一份弥足珍贵的宝藏。中国地域辽阔，不同的自然与人文条件孕育出了丰富多彩的建筑体系。总体来看，以木结构为核心的建筑体系是中国古代建筑的主流，也代表了中国传统建筑的最高成就。从半穴居发展到地面建筑，又发展出了高台建筑、楼阁建筑，一直到今天的各式建筑，这就是五千多年来中国建筑文化的发展序列。虽然我们今天不再大规模地使用木结构和传统的营造方法去兴建中国传统建筑，但是中国人的建筑文化传统却依然在继续发扬。即便是在现代建筑空间中，中国传统的建筑空间理念仍然具有深远的影响。

◎ 1.2 "龙生九子"——中国古建筑的特征

1.2.1 以木构架为主的框架式结构

以木构架为主的框架式结构是我国古代建筑在建筑结构上十分重要的一个特征。木构架结构采用木柱、木梁构成房屋的框架，屋顶与房檐的重量通过梁架传递到立柱上，部件之间主要通过卯榫结构相互连接，不使用钉子等辅助用具。

中国古建筑梁架结构

木构架的优点：

1）承重结构与维护结构分开，建筑物的重量全由木构架承托，墙壁只起维护和分隔空间的作用。

2）便于适应不同的气候条件，可以根据地区的不同气候，灵活处理房屋的高度、墙壁的厚度、材料的选取，以及确定门窗的位置和大小。

3）由于木材的特有性质与构造节点的特点（有伸缩余量），可保证墙倒而屋不塌，有利于减少地震损害。

4）便于就地取材和加工制作，木材较之砖石便于加工制作。

1.2.2　独特的单体造型与组群布局

以木构架结构为主的中国建筑体系，在平面布局方面具有一种简明的组织纪律性，以"间"为单位构成单座建筑，再以单座建筑组成庭院，进而以庭院为单位组成各种形式的组群。

中国古代建筑的单体，大致可以分为屋基、屋身、屋顶三个部分（图1-1）。凡是重要的建筑物都是建在基座台基之上的，台基一般为一层，大的殿堂，如北京明清故宫太和殿，建在高大的三重台基之上。单体建筑的平面形式多为长方形、正方形、六角形、八角形、圆形。这些不同的平面形式，对构成建筑物单体的立面形象起着重要作用。由于采用木构架结构，屋身的处理得以十分灵活，门、窗、柱、墙往往依据用材与部位的不同而加以处置与装饰，极大地丰富了屋身的形象。

图1-1　单体建筑的组成——屋基、屋身、屋顶

中国古代建筑群的布置总要以一条主要的纵轴线为主，将主要建筑物布置在主轴线上，次要建筑物则布置在主要建筑物前的两侧，呈东西分布，组成一个方形或长方形院落。庭院的围合方式大致有三种：在主房与院门之间用墙围合；在主房与院门之间用廊围合，通常称为"廊院"；在主房前方的两侧以东西相对的形式各建厢房一座，前设院墙与院门，通常称为"三合院"；如将前面的院墙改建为房屋，则成"四合院"（图1-2）。这种院落布局既满足了安全与向阳面防风寒的生活需要，也符合中国古代社会人们的思想认知。当一组庭院不能满足需要时，可在主要建筑的前后方延伸布置多进院落，在主轴线两侧布置跨院。

1.2.3　变化多样的装修与装饰

中国传统建筑的装饰是伴随着建筑的出现而产生的，是中国古代劳动人民的智慧结晶。先人们创造出了种类繁多、五彩缤纷的装饰构件和装饰手法。

1. 室外装饰

台基和台阶是房屋的基座和进屋的踏步，给以雕饰，配以栏杆，就显得格外庄严与雄伟。屋面装饰可以使屋顶的轮廓形象更加优美，例如故宫太和殿，重檐庑殿顶，五脊四坡，正脊两端各饰一龙形大吻，张口吞脊，尾部上卷，四条垂脊的檐角部位各饰有九个琉璃小兽，增加了屋顶形象的艺术感染力。门窗、隔扇属外檐装修，是分隔室内外空间的间隔物，装饰性特别强。门窗以其各种形象、花纹、色彩，增强了建筑物立面的艺术效果。

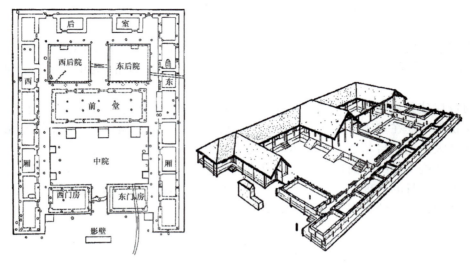

图 1-2　陕西岐山凤雏村遗址

2. 室内装饰

中国古代建筑的室内装饰是随着起居习惯和装修、家具的演变而逐步变化的。自商、周至三国时期，由于"跪坐"是主要的起居方式，因此席与床是当时室内的主要陈设。汉朝的门、窗通常施以帘与帷幕，地位较高的人可在床上加帐，但几、案比较低矮，屏风多用于床上。自此以后，"垂足坐"的习惯逐渐增加，南北朝已有高形坐具，唐代出现了高形桌、高形椅和高屏风。这些新家具经五代到宋代而定型化，并以屏风为背景布置厅堂的家具；同时，房屋的空间加大，窗可启闭，增加了室内采光和内外空气的流通。从宋代起，室内布局及其艺术形象发生了重要变化，宫殿的起居部分与其他高级住宅的内部，除固定的隔断和隔扇之外，还使用可移动的屏风和半开敞的罩、博古架等与家具相结合。

3. 彩画

木构件上的彩绘是中国建筑独特的装饰技艺，一般施加于木构建筑的梁枋、柱子、斗拱、门窗、天花板等处，绘制精巧、色彩丰富。中国古代建筑的彩绘按照等级制度，并根据纹饰和用金量的多少，分为和玺彩画、旋子彩画、苏式彩画三大类。

（1）和玺彩画

和玺彩画是较为高级的彩绘形式，多用于高级宫殿和坛庙等大型建筑物的主殿、堂、门，故宫中的外朝三大殿均绘和玺彩画。和玺彩画常以象征皇权的龙、凤及宝珠等为主题，箍头和枋心之间用之字形括线，所有的显露及各段落中的图案均沥粉贴金，不采用墨线，以青色、绿色、红色作为底色衬托金色图案，彩绘效果金碧辉煌。和玺彩画如图 1-3 所示。

（2）旋子彩画

旋子彩画仅次于和玺彩画，多用于次要的宫殿及配殿、门庑等处，是官式建筑中运用十分广泛的彩画形式。旋子彩画以旋子花为主题，在藻头内以中心的花、外围环以两层或三层重叠的花瓣、最外绕一圈涡状的花纹组成旋子；箍头内以西番莲图形、牡丹图形、几何图形为主；枋心绘锦纹、花卉等。旋子彩画根据各部位用金的多少、颜色搭配的不同可分为七个等级。其中，浑金旋子彩画在旋子彩画里等级是最高的，彩画部分全贴金箔，不着其他颜色。旋子彩画如图 1-4 所示。

图 1-3　和玺彩画

图 1-4　旋子彩画

（3）苏式彩画

苏式彩画题材广泛，多以写实手法绘山水风景、人物故事、花鸟鱼虫、博古器物等，基本不用金；箍头多用联珠、字、回纹等。苏式彩画画面的枋心主要有两种不同的做法：一种是长枋心，另一种是将檐檩、檐垫板、檐枋三部分连为一气，做成近似半圆形的结构，称为"搭袱子"。苏式彩画源于江南水乡苏州一带，明、清时期传至北方并进入宫廷，成为官式彩画中的一个重要品种。苏式彩画主要用于园林中的小型建筑——亭、台、廊、榭等，以及四合院、垂花门的额枋上。苏式彩画如图 1-5 所示。

图 1-5　苏式彩画

◎ 1.3　"如翚斯飞"——中国古建筑屋顶

《诗经·小雅》中曾描述古代帝王的宫廷建筑"如鸟斯革，如翚斯飞"。古建筑的基本屋顶样式按等级高低依次是庑殿顶、歇山顶、悬山顶、硬山顶、攒尖顶、卷棚顶、盝顶、盔顶等（图 1-6），每种样式又有单檐、重檐之分，并可组合成多种形式。这些屋顶样式早在汉代就已基本形成，此后经各个朝代的改进，屋顶的样式更加科学和精巧，逐步发展成为一套专门的建筑制度，政治上的需要压过了形式上的追求，成为古代等级制度的一种反映。

1.3.1　庑殿顶

庑殿顶由五条屋脊组成四面坡，略微向内凹陷形成弧度，故又常称为"四阿顶""五脊顶"。庑殿顶出现较早，是古代建筑中较高等级的屋顶样式，通常只用于皇宫以及庙宇中的大殿。单檐形式较常用，特别隆重的建筑屋顶用重檐。

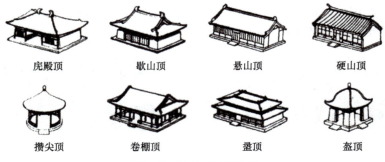

图 1-6　古建筑屋顶样式

1.3.2　歇山顶

歇山顶由两面坡顶与山面收山共同形成的坡顶组合而成，由一条正脊、四条垂脊、四条戗脊组成，故又称为九脊殿，其在宫殿建筑中是仅次于庑殿顶的建筑，也有单檐、重檐之分。但其应用范围比庑殿顶更加广泛，并不仅限于宫殿建筑，寺庙坛社、寺观衙署等官家或公众殿堂等都可袭用歇山顶，还有一些住宅或园林建筑也有用歇山顶形式的。

1.3.3　悬山顶

悬山顶是两面坡顶的一种，特点是左右屋顶挑出屋身墙体的屋顶，又称为挑山或出山。悬山顶只用于民间建筑，在较重要的建筑上一般不用，山墙的山尖部分还可做出不同的装饰。

1.3.4　硬山顶

硬山顶也属于两面坡类型，其屋面不悬挑出山墙之外，山墙略高于屋面，墙头可做出各种直线、折线、曲线等形式。硬山顶出现较晚，只在明、清以后出现在我国住宅建筑中。

1.3.5　攒尖顶

攒尖顶没有正脊，整个屋面呈现为一个锥体，以若干屋脊交汇于顶端，上覆宝顶。攒尖顶建筑依据建筑物平面形状的不同，可分为圆攒尖、四角攒尖、八角攒尖等形式。攒尖顶最早见于北魏石窟的雕刻，实物较早的有北魏的嵩岳寺塔、隋代的神通寺四门塔等，一般多见于亭阁式建筑。

1.3.6　卷棚顶

在次要建筑物中，常将前后两坡的筒瓦在相交时做成圆形，而不采用正脊，这就形成了卷棚顶。卷棚顶没有明显的正脊，即前后坡相接处不用脊，而是砌成弧形曲面，有卷棚悬山和卷棚歇山等形式。因为这种屋顶线条流畅、风格平缓，所以多用于园林建筑。

丰富的屋顶形式使得中国大地上的建筑景观异彩纷呈，屋顶对建筑立面起着特别重要的作用，它那远远伸出的屋檐、富有弹性的檐口曲线、稍有反曲的屋面、微微起翘的屋角以及众多屋顶形式的变化，加上灿烂夺目的琉璃瓦，使建筑物产生独特而强烈的视觉效果和艺术感染力。

◎ 1.4 "勾心斗角"——斗拱与铺作

"勾心斗角"原为"钩心斗角"，杜牧在《阿房宫赋》中写道："各抱地势，钩心斗角。"本意为宫室建筑的内外结构精巧严整，之后"勾心斗角"便指建筑师为节省空间和体现建筑美观而创造出的一种以巧补拙的建筑结构——斗拱。

斗拱，宋代称为"铺作"，清代称为"斗拱"或"斗科"，在我国江南地区则称为"牌科"，是中国古代木构架建筑特有的结构构件，主要由水平放置的方形斗、方形升和矩形的拱以及斜置的昂组成。其作用是在结构上挑出以承重，并将屋面的大面积荷载经斗拱传递到柱上。它又有一定的装饰作用，是建筑屋顶和屋身立面上的过渡结构。唐、宋以前，斗拱的结构作用十分明显，布置舒朗，用料硕大；明、清以后，斗拱的装饰作用得以加强，排列丛密，用料变小，但其结构作用仍未消失。不同样式的斗拱如图1-7、图1-8所示。

图1-7 斗拱（一）

图1-8 斗拱（二）

斗拱一般使用在高级的官式建筑中，大体可分为外檐斗拱和内檐斗拱两类，根据其所在位置不同又分为柱头斗拱（在宋代称为柱头铺作，在清代称为柱头科）、柱间斗拱（在宋代称为补间铺作，在清代称为平身科）、转角斗拱（在宋代称为转角铺作，在清代称为角科）。这里所说的铺作（或科），是指一组斗拱（在宋代称为"一朵"，在清代称为"一攒"）而言的。

斗拱中的翘或昂自坐斗出跳的多少，在清代以踩计算（在宋代以铺作计算）。出踩或铺作的次序规定：出一跳为三踩（在宋代称为四铺作），出两跳为五踩（在宋代称为五铺作），出三跳为七踩（在宋代称为六铺作），依次类推。一般建筑（牌楼除外）不超过四跳九踩（七铺作）。

◎ 1.5 "栋梁之才"——中国古建筑梁架结构

梁是中国建筑构架中十分重要的构件之一，梁架结构以其特有的弹性和自由度等优势成为我国古建筑的主要承重结构构件。我国木构建筑的结构体系主要有抬梁式、穿斗式和井干式，其中以抬梁式结构最为普遍（图1-9）。

抬梁式构架是我国古代建筑中应用最广的一种结构形式，抬梁式构架一直是中国古代建筑的主流结构，北方的建筑多采用抬梁式的框架形式。抬梁式的构成形式是在房屋的台基上立柱，柱与柱之间在横向与纵向全部由梁连接，立柱上架梁，梁上又架梁，依次层层叠加上去。此种构架结实稳固，其优点是室内柱子少，能使建筑内部具有较大的使用空间。抬梁式构架在中国古代多被用于宫殿、庙宇等规模较大的官式建筑以及北方地区的民居建筑中。

穿斗式木构架沿着房屋进深方向立柱，柱的间距较密，柱直接承受檩的重量，不用架空的抬梁，而以数层"穿"贯通各柱，组成各组构架。柱子直接支托用于支撑屋顶的檩条，柱与柱之间用木枋相连，以加强柱间的稳定性。柱间的木枋不承重，被称为"穿"或"穿枋"。穿斗式建筑具有较强的整体性，其不足之处是承载力不高，室内柱子多而密，致使建筑体量受到限制，室内很难形成大空间。穿斗式建筑在我国南方地区使用较为普遍，主要用于江西、湖南、四川等地区，长江中下游地区至今还留有大量的明、清时期穿斗式构架的民居。南方规模较大的建筑多将穿斗式构架与抬梁式构架结合使用，即抬梁式构架用于中跨，穿斗式构架用于边跨、廊跨，以此来获得更加开阔的空间（图1-10）。

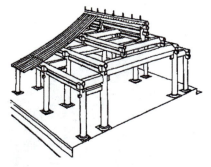

图1-9　抬梁式建筑

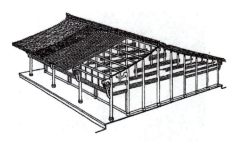

图1-10　穿斗式建筑

井干式木构架是用天然圆木或方形、矩形、六角形断面的木料，层层垒叠，构成房屋的整体。商朝后期陵墓内已使用井干式木椁；此后，周朝到汉朝的陵墓曾长期使用这种木椁，汉初宫苑中还有井干式楼。由于井干式结构木材消耗量十分惊人，而且建筑的面阔（宽）与进深及门窗开设都受限制，外观厚重而原始，应用范围较窄，只有在林区才能见到（图1-11）。

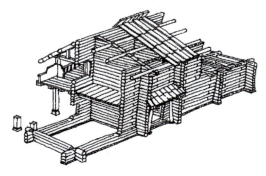

图1-11　井干式建筑

单元总结

1. 中国古建筑的特征：以木构架为主的框架式结构；独特的单体造型与组群布局；变化多样的装修与装饰。
2. 中国古建筑屋顶形式：按等级高低依次是庑殿顶、歇山顶、悬山顶、硬山顶、攒尖顶、卷棚顶、盝顶、盔顶等。
3. 斗拱的主要作用：在结构上挑出以承重；一定的装饰作用。
4. 中国古建筑梁架结构：抬梁式、穿斗式、井干式。

实训练习题

一、填空题

1. _____是中国古代建筑的主要体系。
2. 中国古建筑中的梁架结构包括：_____、_____、_____。
3. _____成为中国古代建筑独特的标志性造型。
4. 天安门的屋顶形式是_____。
5. 我国古代单体建筑外观轮廓大致由_____、_____、_____三部分组成。
6. 木建筑平面、空间和结构的基本单元是_____。

二、简答题

1. 斗拱的主要分件是什么？
2. 中国古代建筑屋顶的形式有哪些？
3. 中国木构架建筑的结构体系有哪几种？
4. 中国木建筑组群的布局特征是什么？
5. 中国古代建筑中彩画的种类有哪些？

教学单元 2

中国古建筑的发展

教学目标

1. 知识目标

（1）了解中国古代建筑的发展历史、主要构成部分及其特点。

（2）掌握中国古代建筑在结构体系、材料、技术和建筑艺术方面的发展成就。

（3）理解不同历史时期的文化、社会意识形态、社会经济和生产技术对中国古代建筑发展的影响。

2. 能力目标

（1）能够运用所学的中国古代建筑知识分析中国古代建筑的基本情况和辨别古建筑等级。

（2）能够分析中国古代建筑体系以及中国古代建筑各个历史阶段在结构体系、材料、建筑技术与艺术上的发展成就及特点。

思维导图

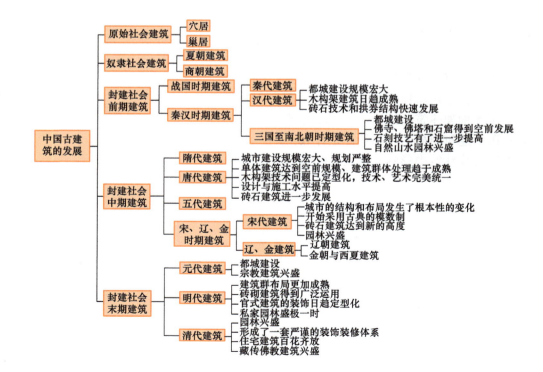

我国古代建筑经历了原始社会、奴隶社会和封建社会三个历史分期。中国传统建筑在长期的发展中形成了以木结构为主的建筑方式，这种建筑方式成为世界上延续时间最长、分布地域最广、风格极其鲜明的建筑体系，在世界建筑史上占有重要的地位。

◎ 2.1 原始社会建筑

原始社会建筑的起源要追溯到远古洪荒的岁月，远古先民为了避风遮雨、抵御自然和动物的侵害，开始了营造建筑的活动。大约在七千年前，我国广大地区进入氏族社会，房屋遗址开始大量出现。由于各地气候、地理等不同，营建方式也各具特点，其中具有代表性的有穴居和巢居两种。这两种原始构筑方式，反映出不同地段的高低、干湿和不同季节的气温、气候对原始建筑方式的制约。穴居可能是地势高且干燥的地区采用的居住方式，巢居可能是地势低洼、潮湿而多虫蛇的地区采用的一种居住方式。

原始社会、奴隶社会时期建筑

1. 穴居

穴居是指在土里挖洞居住，一般发生在北方的黄河流域，因为有广阔而丰富的黄土层，土质均匀细密，含有石灰质，地下水位较低，便于挖洞，壁易立且不易倒塌。在原始社会晚期，穴居成为这一区域原始居民广泛采用的一种居住方式，并逐步从竖穴发展到半穴居，最后演变成木骨泥墙的地面建筑。穴居具有代表性的是母系氏族社会时期的西安半坡仰韶文化遗址和父系氏族社会时期的龙山文化遗址。

2. 巢居

巢居，一般发生在南方潮湿的地带。如长江流域的多水区，常有水患和兽害，因而发展出了古代南方常见的下层架空、上层居住的干阑式建筑。干阑式建筑具有代表性的遗址是浙江余姚河姆渡村遗址，已发掘出的木构件遗物有柱、梁、枋、板等，许多构件上都带有榫卯结构，这是中国木构建筑的初始阶段，为中国传统建筑的发展奠定了基础。

◎ 2.2 奴隶社会建筑

夏商时期的建筑技术较原始社会有了相当的进步，为了解决地面防潮的问题，人们将夯土技术逐步应用到建筑中去。高大的夯土台使宫室建筑显得高大威严。

2.2.1 夏朝建筑

原始社会晚期，黄河流域的私有制已开始萌芽，从而促进了阶级分化和奴隶社会的形成。约公元前 2070 年，中国第一个奴隶制国家——夏朝建立，夏朝的建立标志着中国进入奴隶制社会。为了加强奴隶主阶级的统治，夏朝曾修建城郭、沟池、监狱，用以保护奴隶主贵族的利益；同时又修筑宫室、台榭，用来奢侈享乐。据考古发现，在河南登封告成镇北的嵩山附近的豫西一带发现了 4000 多年前夏王朝的统治中心的遗址，是一座规模约

140平方米的城池，其中包括东西紧靠的两座城堡，筑城方法比较原始，是用卵石、夯土筑成的。

2.2.2 商朝建筑

约公元前1600年建立的商朝是我国奴隶社会的大发展时期，建立了一个具有相当文明的奴隶制国家。殷商时期，青铜工艺达到较高的水平，工具的发展及大量奴隶的集中劳作，促进了建筑技术的发展。商代夯土技术已趋向成熟，木构技术也有鲜明的发展与进步，以夯土墙和木构架为主体的简单的木构架建筑开始出现。商代建筑正处于我国古代木构架建筑体系初具形态的阶段，出现了面积广大的城市，各类建筑已初步成型。以二里头和殷墟遗址为代表的夏商文明，已具备了卓越的文化水准与技术能力。河南偃师西南的二里头遗址（图2-1）由宫城、内城、外城组成。宫城筑有高大的城墙，位于内城的南北轴线上，外城则是后来扩建的。城内修建了大规模的宫室建筑群以及苑囿、台池等。共发现了大型宫殿和中小型建筑数十座，其中一号宫殿规模最大，有长、宽均为百米的长方形夯土台，这一巨大的用夯土筑成的平整台面，表明当时的建筑已大量应用了夯土技术。夯土台上建有八开间、进深三间的大型殿堂建筑，为庭院式建筑，周围有回廊环绕。殿堂面积约350平方米，柱列整齐、前后左右呼应、各间面阔统一，这些迹象表明当时木构架技术已有了较大提高。商朝时期的木构技术较原始社会已有很大提高，并出现了刀、斧、锯、凿、钻、铲等加工木构件的工具；土、木、砂、石等天然材料仍作为建筑材料而得到广泛应用；一些高大的宫室建筑中出现了陶质材料和青铜制品等一些人工材料，如在二里头和殷墟遗

图2-1 二里头遗址

址中已发现用作排水的陶管，这是我国卫生防护工程的一项创举。除了规模宏大的王宫建筑外，商代可能已经出现了皇家园林。这些园林不仅供狩猎，同时也是游乐场所，具有生产与观赏的双重性。

◎ 2.3 封建社会前期建筑

2.3.1 战国时期建筑

我国历史上的春秋至战国时期是社会发生巨大变动的时期，到战国已经形成七个国家分治天下的局面，秦经过商鞅变法，一跃成为强国，后攻灭六国，统一全国，中国正式进入封建社会，社会生产力与生产关系有了较大的发展，进一步促进了城市的繁荣。齐国的淄博、赵国的邯郸、楚国的鄢郢和魏国的大梁等大规模的城市纷纷出现，这些都是热闹非凡、工商业发达的大城市；由于斧、锯、锥、凿等铁制工具的广泛运用，为制作

封建社会
早期建筑

复杂的榫卯和花纹雕刻提供了有利条件。瓦的发展和砖的出现，又极大地带动了建筑的发展，使木架建筑的结构技术、艺术水平以及施工质量和效率都大为提高，从而可以兴建较大规模的宫室和高台建筑。战国时期各地营造了许多都邑，兴建了大量的台榭建筑，夯土技术已经广泛应用于筑墙造台。这些建筑的形式和规模较以往的建筑形式更为夸张，追求恢宏的建筑形象。战国时期对大型建筑组群的规划和设计已经达到很高的水平了，建筑材料、技术和艺术也有一定的进步，筒瓦、板瓦在宫殿建筑上得到了广泛应用，有时还涂上朱色。还在楔形砖、空心砖上印制各种花纹，使其轻便美观。模制的花纹省时省力，便于大批量生产。这些带有花纹的砖，既有承重作用，又有增加美观的装饰作用。

2.3.2 秦汉时期建筑

秦汉时期历经数百年，由于国家统一，国力富强，社会经济得到了极大的发展。经过商、西周、春秋、战国的长期发展，中国建筑体系到了秦汉时期基本确立，并形成了我国古代建筑史上的第一次发展高峰。中国古代建筑结构主体的木构架在秦汉时期已趋于成熟，重要建筑物上普遍使用斗拱；屋顶形式多样化，出现了庑殿顶、歇山顶、悬山顶、攒尖顶、盝顶等形式，并被广泛应用；制砖及砌体结构和拱券结构有了新的发展。秦汉建筑类型以都城、宫殿、祭祀建筑和陵墓为主，如秦筑长城、修驰道、开灵渠、建阿房宫和骊山陵等。汉朝大规模地营建宫殿、苑囿和陵墓，如长乐宫、未央宫、游园苑囿等，均显示了该时期建筑设计艺术的发展技艺。皇家园林多以山水宫苑的形式出现，把皇家的离宫别苑与自然山水环境相结合。秦汉建筑艺术的风格是豪放朴拙、雄浑质朴，表现出建筑艺术发展早期的一些特点。

1. 秦代建筑

秦始皇统一全国后，统一货币和度量衡、统一文字，修驰道通达全国，并筑长城以御匈奴。这些措施稳定了国家，同时集中全国人力、物力、财力在咸阳修筑都城、宫殿、陵墓。秦灭六国时，曾绘制各国宫室的样式图，在咸阳照样修建，并先后征用数十万人修建宫殿和陵墓。秦都咸阳的建设在布局上具有独创性，它摒弃了传统的城郭制度，在渭水南北广阔的地区建造了许多离宫。据推测，当时的宫殿建筑规模已经非常宏大，可以说是集中国建筑之大成。

东周后，各诸侯国家竞相建造高台基的台榭式宫殿建筑，到秦始皇时营造阿房宫，在规模和豪华程度上达到了新的高度。阿房宫遗址和秦始皇遗址目前尚未完成发掘，在秦始皇陵的东侧发现了大规模的兵马俑队列埋坑（图2-2）；阿房宫规模宏大，其残存夯土地基，东西长约1000余米，南北宽约500米，后部残高8米，上可坐万人，下可建五丈旗，如此规模的宫殿仅是全部建筑群中的一个前殿，由此可见秦朝宫殿建筑规模之大。

公元前221年秦统一六国后，为防御匈奴，秦始皇在北方秦、燕、赵长城的基础上扩建、修缮、修筑起西起临洮、东至鸭绿江的连成万里的防御线。秦时所筑长城至今犹存一部分遗址（图2-3），后历经汉、北魏、北齐、隋、金等各朝修建，现在所留砖筑长城一般为明代遗物。

图2-2 秦始皇陵兵马俑

图2-3 秦长城遗址

2. 汉代建筑

汉代是我国封建社会的上升期，社会生产力的进步推动了建筑艺术的发展，形成中国古代建筑发展的又一个繁荣期。汉代在秦代基础上加以发扬光大，它的突出表现是木架建筑渐趋成熟，砖石建筑、拱券结构以及装饰技术都得到了很大发展。

（1）都城建设规模宏大

西汉都城长安建造了大规模的宫殿、坛庙、陵墓、苑囿，当时长安的面积约为同时期罗马城的2.5倍。对长安的大量考古发掘工作已揭示了城墙、城门、道路、武器库、长乐宫、未央宫、桂宫、北宫、东市、西市，以及西郊的建章宫和南郊的13座礼制建筑（明堂辟雍、宗庙、社稷坛等）的位置与范围，有助于了解西汉都城的布局和建筑发展水平。分布在西安附近的11处西汉陵墓，其地上部分形制大体与秦始皇时期相似，为方形截锥体土阜。陵区仿宫殿的形式，四面设陵墙、陵门，陵旁有寝殿、便殿等设施。汉武帝刘彻在长安城内修建了桂宫、光明宫，西南郊的建章宫以及皇家园林——上林苑。上林苑是在秦代的基础上进行的改建，苑中既有皇家住所，还有动物园、植物园、狩猎区等。建章宫的太液池中建有蓬莱、方丈和瀛洲（三座"仙山"），中国皇家园林中"一池三山"的做法由此一直延续到清代。

（2）木构架建筑日趋成熟

汉朝的木结构技术已基本定型，并出现了高层木结构建筑。东汉时期，高台建筑逐渐减少，多层阁楼已较普遍，但西汉末年长安南郊的宗庙建筑仍沿用春秋战国时期高台建筑的建筑方法，说明当时大空间建筑技术问题还未解决；由于大规模宫室的修建，汉代木构架建筑的样式也开始多样化起来，抬梁式、穿斗式两种主要的木结构形式已经形成，并且大量使用了梁、柱、枋、斗拱等建筑部件。斗拱在长期不断的应用中，其结构变化趋向于合理。屋顶形式已有庑殿顶、歇山顶、悬山顶和攒尖顶等多种形式，其中悬山顶和庑殿顶的样式最为普遍，歇山顶与攒尖顶也有应用。

（3）砖石技术和拱券结构快速发展

汉代的砖石建筑和拱券结构也有了很大突破。战国时出现的大空心砖，也出现在河南一带的西汉墓中，在汉代还出现了楔形砖和有榫砖。在洛阳等地还发现了用条砖与楔形砖砌拱做成的墓室。砖拱券墓是一种由小块陶砖砌筑，上部采用拱券和穹顶形成的墓葬形式，在西汉末期被推广开来，被社会各阶层使用，直至清朝晚期仍作为我国古代墓葬的主要形式。到了东汉，纵联拱成为主流，并出现了砖砌穹窿顶墓室。这一时期，石建筑也有了很大发展，出现了用石材砌筑的梁板式墓室或拱券式墓。石墓是用经加工后的石材构筑而成的石构墓，多是按照地面建筑形式建造的多墓室形式，除了采用条石抹角或叠涩的顶部之外，墓室中的石梁（柱）都仿照地面木结构建筑的样式雕刻而成，墓室中的石板壁上绘有大量壁画装饰。地面石建筑主要是贵族官僚的墓阙、墓祠、墓表、石兽、石碑等遗物，如图 2-4 和图 2-5 所示。

图 2-4　高颐墓石阙实景照片

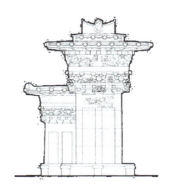

图 2-5　高颐墓石阙西立面

2.3.3　三国至南北朝时期建筑

三国至南北朝时期是中国历史上第一个大分裂、大融合时期，长达数百年的政治不稳定、长期的战乱与分裂，造成社会生产发展缓慢。建筑上主要是继承汉代的营造技艺，缺少创造和革新。佛教的传入促进了宗教建筑的发展，佛教建筑的兴建吸收了一定的外来影响，高层佛塔开始出现，并带来了印度、中亚一带的绘画、雕刻、石窟艺术，同时也影响到建筑艺术，两汉时期的质朴风格变得更为成熟。

1．都城建设

三国时期，经济有所恢复，魏的国力最强，魏国统治者为巩固统治、笼络人心，彰显自身的正统地位，先后兴建邺城、许昌、洛阳三个都城及宫殿。以魏国的邺城和吴国的建康为代表的都市开创了中国封建城市的全新格局，宫殿加强了宫前主街道的纵深长度，创建了主殿与东西堂并列的布局，主殿居全城南北中轴线上，这些都城宫室上的创新被后世的都城建设沿用了数百年。邺城是中国历史上第一座轮廓方正、分区明确、有中轴线的都城，宫室与祭祀建筑也进一步规整化，里坊制在此时也日趋成熟。

2．佛寺、佛塔和石窟得到空前发展

佛教在东汉传入中国，促进了佛教建筑的发展。十六国时期，战乱致使百姓流离失所、生活苦难，人们在佛教中求得精神寄托，魏、晋、南北朝时期大兴修佛寺、建佛塔之风，建造了大量的佛寺、佛塔和石窟。北魏时期建的佛寺竟达三万多所，仅在洛阳就建成

1367 所佛寺。

早期寺院的布局与印度相仿，是以塔为中心的一种简洁形式。北魏时，由于王室贵族多"舍宅为寺"，早期佛寺在建筑样式及布局上和我国原有的大型宅邸基本相同，私家园林也成为佛寺的一部分，形成以殿堂为主的寺庙。新建的佛寺塔在佛殿之前，使佛寺进一步中国化。佛塔为供奉舍利、经卷或法物而设，佛塔传入中国后缩小成塔刹，与多层木构楼阁相结合，形成了中国式楼阁式木塔，史载最大木塔是北魏洛阳永宁寺塔。永宁寺塔外形呈方形，为9层木塔，塔座位于3层台基上，面阔9间，各开三门六窗，门皆为朱漆金钉；塔各层四角悬铃，上面有金顶，雄伟高耸、华丽富贵。北魏洛阳永宁寺塔遗址，如图2-6所示。

南北朝时期，全国各地开凿石窟寺，并大肆造像，形成气势浩大的石窟佛像。凿崖造寺之风遍及全国，石窟是在山崖陡壁上开凿出来的洞窟式的佛寺建筑，著名的石窟有大同云冈石窟（图2-7）、甘肃敦煌莫高窟、甘肃天水麦积山石窟、洛阳龙门石窟等。

图2-6　北魏洛阳永宁寺塔遗址

图2-7　山西大同云冈石窟第20窟平面

3. 石刻技艺有了进一步提高

在建筑装饰方面，此时的石刻艺术在继承前朝的基础上有了进一步提高。纹饰、花草、鸟兽、人物的表现脱离了汉时格调，创新了作风，丰富了中国古代建筑的形象。如南朝陵墓的辟邪简洁有力，概括力强，墓表比例精当，造型凝练优美，细部处理贴切，如图2-8所示。

4. 自然山水园林兴盛

这一时期的园林布局有了新的发展，日益受到人们的重视。此时的士大夫们在谈玄避世、寄情山水的过程中，逐步孕育出清寂内省、无为出仕的文化倾向，促进了自然式山水园林的兴盛。许多人将他们的

图2-8　南朝萧景墓石辟邪

私家庄园建造在优美的自然环境之中，只点缀少量的建筑，即使是人造的山水风景也模仿和再现自然山水的面貌，这些优秀的园林设计为后世的园林树立了楷模。

◎ 2.4 封建社会中期建筑

隋、唐时期处于我国封建社会中期，也是中国古代建筑发展的鼎盛时期，在城市建设、木架建筑、砖石建筑、建筑装饰、设计和施工技术等方面都有巨大的发展。

2.4.1 隋代建筑

公元589年隋统一中国，经历了隋末短暂的变乱后，为封建社会经济、文化的进一步发展创造了条件，但由于隋炀帝骄奢淫逸，隋朝很快灭亡了。在继两汉以来的成就的基础上，隋代在建筑上的主要成就是兴建大兴城和东都洛阳城，以及大规模的宫殿和苑囿，并开建南北大运河、修筑长城等。大兴城是隋文帝时期所建，洛阳城是隋炀帝时期所建，后来直接被唐代继承和发展，形成了东西二京，奠定了我国古代宏伟、方正的方格网道路系统的基础。隋代建有河北赵县安济桥（又称赵州桥），它是世界上最早出现的敞肩拱桥，大拱由28道石券并列组成，跨度达37m。这种设计不仅可以减轻桥的自重，而且可以减少山洪对桥身的冲击力，在技术上、造型上都达到了很高的水平，是我国桥梁建筑的瑰宝。

☆知识链接

赵州桥（图2-9）是一座位于河北省石家庄市赵县城南洨河之上的石拱桥，因赵县古称赵州而得名。当地人称之为大石桥，以区别于城西门外的永通桥（小石桥）。赵州桥始建于隋代，由匠师李春设计建造，后由宋哲宗赵煦赐名安济桥，并以之为正名。

赵州桥是世界上现存年代十分久远、跨度最大、保存最完整的单孔坦弧敞肩石拱桥，其建造工艺独特，在世界桥梁史上首创"敞肩拱"结构形式，具有较高的科学研究价值；雕作刀法苍劲有力，艺术风格新颖豪放，显示了隋代浑厚、严整、俊逸的石雕风貌，桥体饰纹雕刻精细，具有较高的艺术价值。

图2-9 河北赵县赵州桥

2.4.2 唐代建筑

唐朝前期百余年全国统一和相对稳定的局面，为社会经济文化的繁荣昌盛提供了条件。到唐中期的开元、天宝年间达到极盛时期。虽然"安史之乱"以后开始衰弱下去，但终唐之世，仍不愧为我国封建社会经济文化的发展高潮时期，建筑艺术和技术也有巨大发展和提高。唐代建筑主要有下列特点：

1. 城市建设规模宏大、规划严整

隋朝兴建的大兴城和东都洛阳城，经唐代继承并发展，成为我国古代严整的方格网道系统城市规划的范例。唐时期的城市建设达到了空前规模和成就，尤以隋朝兴建的大兴城（即唐代长安城）最有代表性。隋唐时期的都城长安成为秦汉以来中国历史上经济最繁盛、规模最大、建筑最多、最为严整的都城，也是当时世界上少有的宏大、繁荣的城市。唐长安城中的太极宫，面积相当于清朝紫禁城总面积的三倍多，还有面积和太极宫差不多大的大明宫。长安城内的兴庆宫，属于离宫别馆，面积约为清朝紫禁城的两倍。唐长安城大明宫的格局采用"三朝五门"的布局方式，堪称唐代时期宫殿建筑设计方面的杰出典范（图 2-10）。

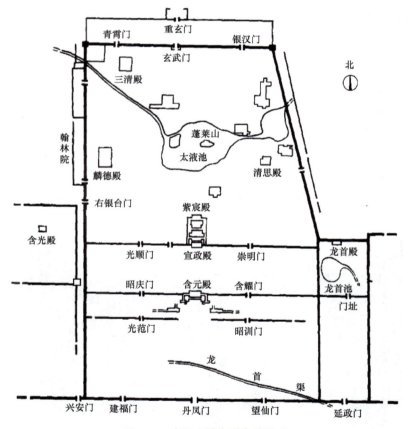

图 2-10　唐长安城大明宫总平面

2. 单体建筑达到空前规模、建筑群体处理趋于成熟

隋唐时期的单体建筑已经解决了大面积、大体量的技术问题，并已定型化。如大明宫麟德殿（图 2-11）采用了面阔 11 间、进深 17 间的柱网布置，由四座殿堂前后紧密串联

而成，面积约 5000 平方米，结构阔大而复杂，面积约等于明清故宫太和殿的三倍，是已知古代殿堂里面积最为宏大、气势极其恢宏的一座。

大明宫的布局，从丹凤门经第二道门至龙尾道、含元殿，再经宣政殿、紫宸殿和太液池南岸的殿宇到达蓬莱山，轴线长达 1600 余米，这个长度大于北京天安门到保和殿的距离。含元殿利用高起的龙首原作为殿基，再加上两侧双阁的陪衬和轴线空间上的变化，营造出宫殿群的威严气氛。

乾陵的布局（图 2-12），不采用堆山为陵的办法，而是利用地形，以梁山为坟，以墓前双峰为阙，再以二者之间顺势而向上坡起的地形为神道，神道两侧列门阙、石柱、石兽、石人等，用以衬托主体，效果瞩目。这种利用地形和前导空间与前导建筑物陪衬主体的手法为后世明清宫殿、陵墓的布局所继承。

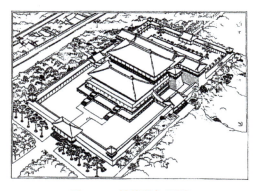

图 2-11 麟德殿复原图

图 2-12 乾陵俯瞰图

3. 木构架技术问题已定型化，技术、艺术完美统一

隋唐时期不再采用汉代以来一直沿用的夯土高台外包小空间木建筑的结构形式，而是采用了定型化的木构架技术，如五台山南禅寺大殿（图 2-13）和佛光寺大殿（图 2-14）。当时木架结构尤其是斗拱部分，构件形式及用料已规格化，用材制度的出现，加快了施工速度，便于控制木材用料，掌握工程质量，对建筑发展也有促进作用。现存唐代木建筑上斗拱的结构、柱子的形象、梁的加工等都令人感受到构件本身的受力状态与形象之间的内在联系，反映出建筑艺术加工与结构的统一，包括斗拱、柱子、房梁等在内的建筑构件均体现了力与美的完美结合。

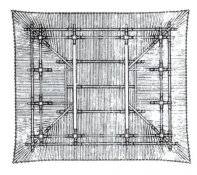

图 2-13 五台山南禅寺大殿仰视图

图 2-14 五台山佛光寺梁架结构示意

4. 设计与施工水平提高

唐代出现了掌握设计和施工的民间技术人员，专业技术熟练，专门从事公私房屋的设计和现场施工指挥，称为"都料"。房屋都在墙上画好图后按图施工。

5. 砖石建筑进一步发展

唐代的木楼阁式塔是塔的主要类型，数量众多，但木塔易燃，常遭火灾，又不耐久，实践证明砖石塔更经得起时间考验。目前，我国保存下来的唐塔全是砖石塔，唐代砖石塔有楼阁式、密檐式与单层塔三种。楼阁式砖石塔是由楼阁式木塔延续而来的，可登高望远，例如西安大雁塔（图2-15）就是这种类型。密檐式砖石塔的平面多为方形，外轮廓较柔和，砖檐多用叠涩法砌成，例如西安小雁塔（图2-16）等。

图2-15 西安大雁塔外观

图2-16 西安小雁塔外观

2.4.3 五代建筑

唐中期经过"安史之乱"后，加上藩镇割据，宦官专权，唐朝日趋衰落，中原经济遭到严重破坏。之后，政权落入军阀朱温之手，建立了后梁，迁都于汴，中国开始进入五代十国的分裂时期。在建筑上，五代时期以继承唐代为主，很少有创新，仅吴越、南唐的石塔和砖木混合结构的塔在唐代基础上进一步发展。石塔如南京栖霞寺舍利塔、杭州灵隐寺双塔；砖木混合结构的塔如苏州虎丘山云岩寺塔（图2-17）、杭州保俶塔等，都是在唐代砖石建筑基础上进一步发展的仿楼阁式塔。

2.4.4 宋、辽、金时期建筑

1. 宋代建筑

公元960年，宋太祖赵匡胤统一了黄河以南地

图2-17 云岩寺塔外观

区，结束了五代十国分裂与战乱的局面，建立了宋朝。北方有契丹族和辽政权与北宋对峙。北宋末年，长白山一代的女真族建立金朝，先后灭亡了辽和北宋，形成了金朝与南宋对峙的局面，直至元朝。北宋初期随着统一政权的进一步巩固，社会经济的恢复与繁荣，中国的建筑艺术又进入了一个新的发展阶段，成为继汉唐之后的又一个高峰。位居中原地区的北宋政权在高度发达的商品经济与巨大人口数量的综合作用下，建筑发展取得了一系列重要的突破。南宋虽偏安一隅，但在整体上继承了北宋的相关规制，并有所发展。这一时期，在建筑组合方面加强了进深方向的空间层次，以衬托主体建筑，并大力发展建筑装修与色彩。

（1）城市的结构和布局发生了根本性的变化

随着城市经济的逐渐发达，宋代的城市打破了唐代的里坊制和集中市场制，开始实行街巷制，准许沿街设店，以街为市，街道变窄，如北宋东京汴梁就一改自汉以来延绵千余年的里坊制，开始沿街设肆，形成繁华的商业大街，以适应手工业和商业发展的需要，和唐代以前的都城格局全然不同。宋代画家张择端的《清明上河图》生动描绘了京城汴梁繁华的街市情景，如图2-18所示。

图2-18 《清明上河图》局部

（2）开始采用古典的模数制

宋代的木架建筑普遍采用了古典的模数制，在木构架建筑设计与施工上都达到了一定程度的规范化，根据朝廷颁布的建筑规范《营造法式》中的详细规定把"材"作为造屋的尺度标准和工料定额。《营造法式》是我国古代十分完善的一部建筑技术专书，这部书的颁行，使北宋建立起了一套世界领先的建筑工程管理体系，使中国古代建筑构件的标准化、各工种的操作方法和工料估算都有了较严密的规定，反映出宋代在工程技术与施工管理方面达到了一个新的历史水平以及木构架体系的高度成熟，不仅极大地便利了估工备料，还提高了设计、施工的速度，达到了省时、省工、省料的目的。

（3）砖石建筑达到新的高度

宋代的砖石技术不断提高，达到了一个全新水平，尤以佛塔和桥梁的建造成就最为突出。这时期的佛塔形式十分丰富，设计、施工水平都很高，形制多为八边形，轮廓曲线优美圆浑，建筑结构比较稳定，反映了当时砖石加工与施工技术的水平。典型范例如浙江杭州灵隐寺塔、河南开封繁塔（图 2-19）、河北定县开元寺塔（图 2-20）和上海龙华塔等。

图 2-19　开封繁塔

图 2-20　河北定县开元寺塔

（4）园林兴盛

在宋代，中国的社会经济得到了一定程度的发展，注重意境的园林在这一时期开始兴起。宋代盛行的享乐主义与逃避现实的社会心态大大促进了园林建筑的发展，上自帝王，下至官绅，无不大兴土木，广营园林。宋代皇家园林、私家园林、寺观园林数量之多、分布之广，皆远超前朝。无论是以艮岳为代表的皇家园林，还是遍布大江南北的私家园林，在造园意蕴与手法上，追求写意化、小型化、精致化，与生活密切结合是本时期园林最突出的特点，较有代表性的宋代园林有沧浪亭（图 2-21）。

2. 辽、金建筑

辽、金时期，契丹族建立的辽朝、女真族建立的金朝、党项族建立的西夏不断向南扩张与北宋对峙。此时期的建筑规模整体变小，辽、金各朝在整体上均采取了学习汉族先进文化、重视儒学、推崇宗教的政策，在城市布局、建筑技术与艺术上都有不少提高与突破。

（1）辽朝建筑

在建筑技术方面，辽朝较多地继承了唐末至五代的技术特征，建筑风格较为刚劲简约。佛塔以砖砌的密檐塔为主，楼阁式塔较少，在外观上极力仿木结构建筑。山西应县佛宫寺释迦塔是我国现存的唯一一座辽朝木塔，是我国古代木构高层建筑的代表（图 2-22）。

（2）金朝与西夏建筑

金朝与西夏建筑更多地受到了宋代的影响，呈现出精致细密的特征。金朝建筑既沿袭了辽朝传统，又受到宋代建筑的影响，在建筑上则继承辽宋两朝的特点而有所发展，其建筑装饰和色彩相比宋代要更加富丽堂皇。

教学单元 2　中国古建筑的发展

图 2-21　沧浪亭

a)

b)

图 2-22　山西应县佛宫寺释迦塔

a）外观　b）立面图

◎ 2.5　封建社会末期建筑

元、明、清三朝统治中国数百年，期间除了元末、明末短时战乱外，中国大体上保持着统一的局面。元代营建的大都及宫殿，明代营造的南北两京及宫殿，在建筑布局方面，较宋代更为成熟、合理。明、清时期大肆兴建帝王苑囿与私家园林，形成中国历史上又一个造园高潮。明、清两代有许多建筑佳作得以保留至今，如京城的宫殿、坛庙，京郊的园林，两朝的帝陵，佛教寺塔、道教宫观，以及民间住居，城垣建筑等，构成了中国古代建筑史最后的光辉华章。

2.5.1　元代建筑

元代的中国，经济、文化发展缓慢，元代的统治使宋代以来高度发展的封建经济和文化遭到极大摧残，建筑发展也处于凋敝状态，至忽必烈执政后，才逐步有所改善。元代统治时期，虽然元大都等个别城市获得了巨大的建设成就，但整个社会发展始终处于停滞甚至衰败之中。

1. 都城建设

元朝定都燕京后对都城进行了规划完整、规模宏大的城市建设，在其东北部以琼华岛为中心，建造新的都城——元大都。元大都与前朝都城最大的不同之处，是以水面为中心设置城市的布局，新城采用外城、皇城和宫城三城相套的传统形式，是我国第一个按照《考工记》建造的城市。元大都具有方整的格局、良好的水利系统以及纵横交错的街道和繁荣的市街景观。城内以连通各面城门的通道为主要道路，在这些主干道之间又有井格状街巷，不同等级的街巷宽度不同，但大都以垂直交叉的方式设置，形成规则的棋盘格式布局。元代的都城大都（今北京北部）规模宏大且形制得以延续，明、清两朝皇城——北京就是这一时期创建的。

2. 宗教建筑兴盛

由于统治者崇信宗教，元代宗教建筑相当发达，除了延续尊崇中原地区的佛教、道教之外，以藏传佛教为核心的宗教建筑在统治者的支持下获得了很大发展，建造了许多喇嘛教寺院和塔。其中，具有代表性的是在元大都兴建的大圣寿万安寺释迦舍利灵通宝塔，也就是今天北京的妙应寺白塔。妙应寺白塔由尼泊尔工匠阿尼哥设计，是中国现存最大的元代喇嘛塔，如图2-23所示。

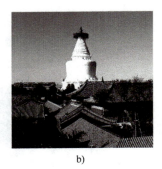

a)　　　　　　　　b)

图2-23　妙应寺白塔

a) 立面图　b) 外观

2.5.2　明代建筑

明代是中国封建社会晚期中的一个繁荣期，随着各地工商业和经济文化的发展，地方城市也日渐繁荣，建筑技术得到了较大提升。这一时期的建筑样式，大都继承于宋代而无显著变化，但建筑设计规划以规模宏大、气象雄伟为主要特点。

1. 建筑群布局更加成熟

得益于元代的大一统局面，各地的建筑技术与文化获得了广泛的交流，为明代的建筑发展奠定了基础。明代以恢复汉族正统为标榜，各项规制以复古为先。官式建筑越发趋于标准化和定型化，以便于施工。建筑形制多宏伟壮丽、规模宏大、规范严谨，建筑群的布置更为成熟。明清北京故宫、明十三陵、北京天坛等都是优秀的建筑群范例，体现了中国古典建筑深刻的文化内涵。

2. 砖砌建筑得到广泛运用

得益于元代建筑技术的发展，明代建筑中砖拱券技术得到了很大发展。明代继续大力修筑宏伟的防御建筑——长城，长城许多重要段落的墙体和城关堡寨都用砖砌，建筑水平达到历史新高。砖的产量和质量的提升使砖墙得以普及，砖墙在各地已普遍用于城墙与民居建筑，促进了硬山屋顶的发展，并出现了全部用砖拱砌成的建筑物——无梁殿。

3. 官式建筑的装饰日趋定型化

明代建筑装饰与技术日趋成熟，进一步发展了木构架艺术、技术，官式建筑形象较为严谨稳重，其装修、彩画日趋定型化，色彩更加丰富，应用更广泛。在建筑中大量使用琉璃瓦与砖瓦，明代琉璃瓦的数量、质量远超前朝，宫殿建筑呈现出前所未有的金碧辉煌之感，中国古典建筑斑斓多姿的特色得以形成。由于生产技术的改进，附属于建筑的砖雕得到很大发展。

4. 私家园林盛极一时

明代的私家园林建设非常发达，尤其以经济繁荣、文人荟萃的江南一带更为兴盛，苏州、杭州、扬州、南京、无锡等地都有不少私园，园林内建筑、假山等造园要素增多。中国古典园林发展至明代，已形成相当完备的设计理念和造景手法。

2.5.3　清代建筑

清代是我国历史上最后一个封建王朝，这一时期的建筑大体承袭明代传统，但也有发展和创新，建筑物更崇尚工巧华丽。百年的社会稳定与经济发展给清代建筑的发展提供了优质的物质保障。清代的宫殿建筑和陵寝制度皆沿袭明代传统，除做局部完善与重建外，少有改进，但是在宫苑建筑的数量和质量上都超过了明代，并取得了不少创新性的发展。

1. 园林兴盛

清代官私园林建筑繁盛，尤以"康乾盛世"时为最，热衷于大兴土木，修造精美的建筑和园林以供享乐。在清代，皇家苑囿和私家园林建设的数量、规模皆远超前代，建设成就格外辉煌。在帝王的影响下，各地官僚和富商也竞建园林，使私家园林空前兴盛。清代建筑在继承明代建筑技术与艺术的同时，更注重总体布局以及艺术意境的营造，使自然之美达到了宏大、变幻无穷和秀美无比的地步，把中国园林建设推向了又一个高峰。

2. 形成了一套严谨的装饰装修体系

清代在建筑装饰艺术方面取得的成就是前所未有的，形成了一整套严谨的规制，为清代建筑的发展提供了专业的技术保障。

3. 住宅建筑百花齐放

由于清朝疆域辽阔，民族众多，地理气候条件、生活习惯、文化背景、建筑材料与构造方式等的不同，使清代的住宅建筑呈现出形式多样、丰富多彩的格局。

4. 藏传佛教建筑兴盛

清代喇嘛教建筑兴盛，风格独特的藏传佛教建筑在这一时期有较大发展。仅内蒙古地区就有喇嘛庙千余所。这些佛寺造型多样，打破了原有寺庙建筑传统单一的程式化处理，创造了丰富多彩的建筑形式，其中以西藏拉萨的布达拉宫（图2-24）、日喀则的扎什伦布寺和河北承德避暑山庄的外八庙成就最高。布达拉宫依山而建，雄伟峭拔，体现了藏族工匠的建筑才华。

图2-24　西藏拉萨布达拉宫

单元总结

本单元概括讲述了中国古建筑的发展历程和各个历史时期建筑发展的重要成就。原始社会处于建筑发展的萌芽时期，居住形式有穴居、巢居，慢慢发展到地面建筑；奴隶社会是建筑发展的加速时期，建筑结构、技术得到较快发展，建筑规模趋于宏伟；封建社会是建筑发展的繁荣时期，建筑结构、技术达到了成熟，中国古建筑技术和艺术成就走向了新的高峰，并形成独特的东方建筑体系。

实训练习题

一、选择题

1. 山西应县佛宫寺释迦塔是我国现存的唯一一座（　　　）木塔。
 A. 元朝　　　　　B. 辽朝　　　　　C. 唐朝　　　　　D. 宋朝

2. 我国已发现了大量的氏族社会时期的房屋遗址，其中具有代表性的两种主要形式及其遗址是（　　　）。
 A. 干阑式——河姆渡；木骨泥墙——半坡村
 B. 干阑式——半坡村；穴居式——仰韶文化
 C. 洞穴式——山顶洞人；巢居式——有巢氏
 D. 干阑式——半坡村；木骨泥墙——龙山文化

3. 目前，我国已知最早、最典型的农耕聚落遗址是（　　　）。
 A. 陕西临潼姜寨遗址　　　　　　B. 浙江余姚河姆渡遗址
 C. 陕西岐山凤雏村遗址　　　　　D. 西安半坡村遗址

4. 西安大雁塔属于（　　　）。
 A. 木楼阁式塔　　　B. 密檐式塔
 C. 楼阁式砖塔　　　D. 单层塔

5. 古代长城最早是在哪个时期开始修筑的（　　　）？
 A. 战国　　　　　B. 秦　　　　　C. 春秋　　　　　D. 汉

二、简答题

1. 举例说明中国原始社会的居住形式，并分析其适用环境。
2. 简述汉代建筑发展的主要成就。
3. 简述唐代建筑发展的成就，并举例说明。
4. 简述宋代建筑发展的成就。
5. 简述明、清时期建筑发展的成就。

教学单元 3

城 市 建 设

教学目标

1. 知识目标

（1）了解汉至明、清时期中国古代都城在选址、防御、道路规划等方面的主要成就。
（2）理解《考工记》"匠人营国"中的周王城的规划思想。
（3）掌握城市结构形态演变的重要阶段。
（4）掌握唐长安城、北宋东京城、明清北京城的城市布局特点。
（5）了解在城市公共工程方面的经验。

2. 能力目标

（1）通过对古代都城建设经验的认识提高城市规划设计能力。
（2）能够结合选址、防御、道路规划以及营造思想等因素去分析中国古代都城建设的成因。

思维导图

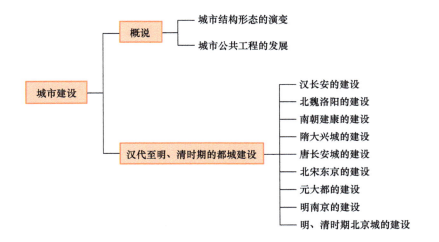

在古代，城市是奴隶主和封建主进行统治的据点，同时也集中表现了古代经济、文化、科学、技术等多方面的成就。由于劳动人民付出的辛勤劳动，在我国历史上出现过不少宏伟壮丽的城市，有着卓越的城市建设成就与经验。

◎ 3.1 概说

3.1.1 城市结构形态的演变

中国古代城市的3个基本要素：统治机构（宫廷、官署）、手工业和商业区、居民区，各时期的城市形态随着这三者的发展而不断变化，其间大致可以分为四个阶段：

中国古代城市形态的四个阶段

1. 城市初生期（相当于原始社会晚期和夏、商、周三代）

原始社会晚期生产力的提高使社会贫富分化加剧，阶级对立开始出现，氏族间的暴力斗争促使以集体防御为目的的主城活动兴盛起来。目前，我国境内已发现的原始社会城址已有30余座，这些城垣都用夯土筑成，技术比较原始，城的面积最大2.5平方公里。许多城市内除众多的居住遗址外，还有大面积的夯土台，推测是统治者的居住地和活动场所。这些迹象似可表明城市处于萌芽状态中。在河南偃师二里头发现的大规模宫殿遗址（图3-1～图3-3），占地达12万平方米，周围分布着青铜冶铸、陶器骨器制作的作坊和居民区，其间还出土了众多玉器、漆器、酒器等，表明这里曾有过较为发达的手工业和商品交换活动。商代的几座城市遗址，如郑州商城（图3-4）、偃师商城（图3-5）、湖北盘龙商城（图3-6）、安阳殷墟（图3-7），也有成片的宫殿区、手工业作坊区和居民区。上述城市中各种要素的分布还处于散漫而无序的状态，中间并有大片空白地段相隔，说明此时的城市还处于初始阶段。

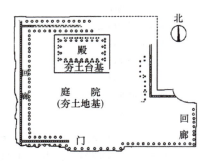

图3-1 河南偃师二里头一号宫殿遗址平面

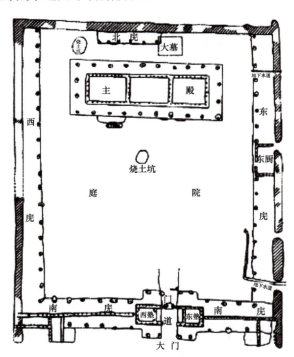

图3-2 河南偃师二里头二号宫殿遗址平面

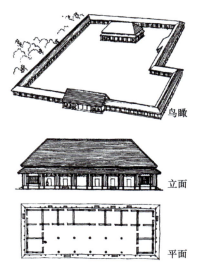

图 3-3　河南偃师二里头一号宫殿复原图

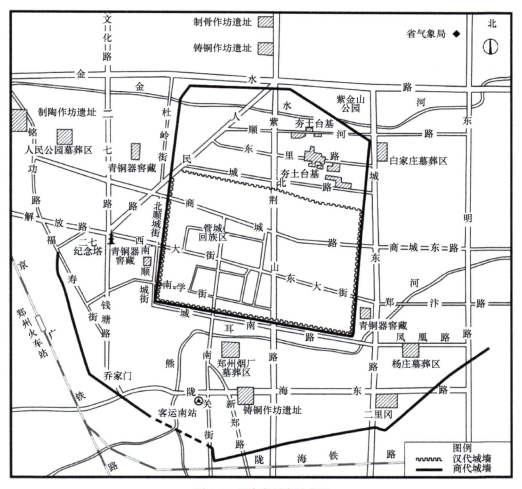

图 3-4　河南郑州商城范围

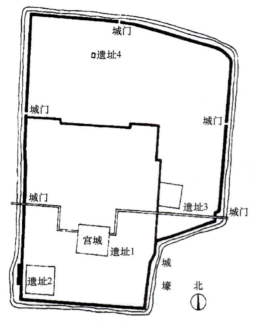

图3-5 河南偃师尸乡沟商代城址平面　　　　图3-6 湖北黄陂盘龙城遗址

2. 里坊制确立期（相当于春秋时期至汉代）

铁器时代的到来、封建制度的建立、地方势力的崛起，促成了中国历史上的第一个城市发展高潮，新兴城市如雨后春笋般出现，"千丈之城，万家之邑相望也"。把全城分割为若干封闭的"里"作为居住区，商业与手工业则限制在一些定时开闭的"市"中，统治者们的宫殿、衙署占有全城最有利的地位，并用城墙保护起来。"里"和"市"都环以高墙，设里门与市门，由吏卒和市令管理，全城实行宵禁。到汉代，列侯封邑达到万户才允许单独向大街开门，不受里门的约束。这时期的城市总体布局还比较自由，形式较为多样：有的是大城（郭）包小城（宫城），如曲阜鲁国故都及苏州吴王阖闾故城；有的是二城东西并列，如易县燕下都故城。战国时成书的《考工记》记载的"匠人营国，方九里，旁三门。国中九经九纬，经涂九轨，左祖右社，面朝后市，市朝一夫"，被认为是当时诸侯国都城规划的记录，也是中国最早的一种城市规划学说。

3. 里坊制极盛期（相当于三国时期至唐代）

三国时期的曹魏都城——邺（图3-8），开创了一种布局规则严整、功能分区明确的里坊制城市格局：平面呈长方形，宫殿位于城北并居中，全城进行棋盘式分割，居民与市场纳入这些棋盘格中组成"里"（"里"在北魏以后又称"坊"）。这时的"里"与"市"虽然仍由高墙包围，按时启闭，和汉代并无本质区别，但到后期，管制已有所放松。如唐长安城中三品以上的官员府邸及佛寺、道观都可以向大街开门，一些里坊中甚至"昼夜喧呼，灯火不绝"，夜市屡禁不止。而江南一些商业发达的城市如扬州、苏州，夜市十分热闹。唐人笔下描述的扬州是："十里长街市井连""夜市千灯照碧云"，已丝毫看不出都城长安那种夜禁森严和里市紧闭的阴沉景象，城市生活和经济的发展已向里坊制的桎梏发起猛烈冲击。

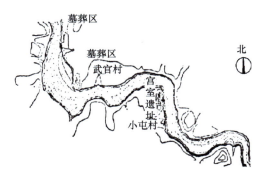

图3-7 河南安阳小屯村殷墟遗址

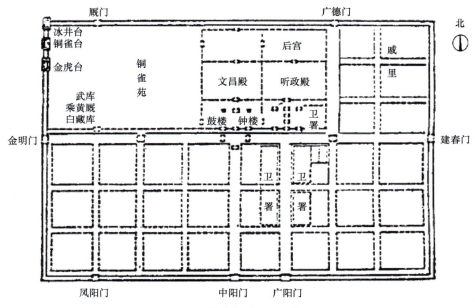

图3-8 曹魏邺城平面想象图

4. 开放式街市期

唐末，一些城市开始突破里坊制，在此基础上，北宋都城汴梁也取消了夜禁和里坊制。汴梁原是一个经济繁荣的水陆交通要冲，五代后周及宋朝建都于此后加以扩建。发达的交通运输和荟萃四方的商业，使京城不得不取消阻碍城市生活和经济发展的里坊制，于是在中国历史上沿用了上千年的这种城市模式正式宣告消亡，代之而起的是开放式的城市布局。

3.1.2 城市公共工程的发展

通过长期的实践，中国古代城市建设在选址、防御、规划、绿化、防洪、排水等方面都积累了丰富的经验，对于都城的选址历朝都很重视，往往派遣亲信大臣勘察地形与水文情况，主持营建。如春秋时期的吴王阖闾委派伍子胥"相土尝水"，建造阖闾大城。汉刘邦定都时，也经过反复争论，从政治上、军事上、经济上分析比较了洛阳和长安的利弊之后才定都长安（图3-9），由丞相萧何主持建造。首先要保证饮用水，隋文帝曾因汉长安故城地下水"咸卤"不宜饮用而另建新城——大兴城（图3-10）；此外，还要供应苑囿用水和漕运用水。漕运是京城粮食和物资的供应线，每个朝代都视为生命线，如汉朝长安城开郑渠，隋唐两朝修运渠，元朝疏凿通惠河与南北大运河相接，明朝永乐年间疏通大运河等，都是为了解决漕运问题。

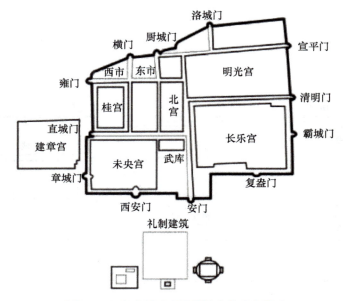

图3-9　汉长安城及南郊礼制建筑遗址平面

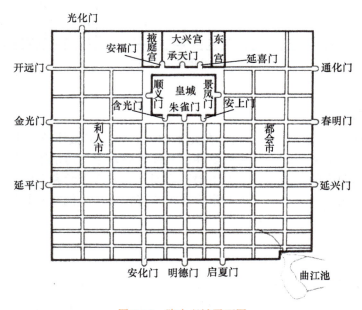

图3-10　隋大兴城平面图

1. 城与郭的设置

从春秋一直到明、清时期，各朝的都城都有城郭之制，就连春秋时期的一个小小的淹城，也有三重城墙、三道城濠。"筑城以卫君，造郭以守民"，城和郭的职能很明确：城，是保护国君的；郭，是看管人民的。齐临淄、赵邯郸和韩故都的郭，是附于城的一边，而吴阖闾城和曲阜鲁城的郭包于城之外，"内之为城，城外为之郭"，就是这种情况。各个朝代赋予城、郭的名称不一：或称子城、罗城；或称内城、外城；或称阙城、国城，名异而实。一般京城有三道城墙：宫城（大内、紫禁城）；皇城或内城；外城（郭）；而明代南京与北京则有四道城墙；唐宋时期的府城通常有两道城墙：子城、罗城。筑城的办法，夏商时期已出现了版筑夯土城墙，但夯土易受雨水冲刷。东晋以后，渐有用砖包夯土墙的例子，例如东晋、南朝时期的建康（图 3-11），其宫城与军事要塞"石头城"都用青砖包砌于土墙外侧。城门门洞结构，早期多用木过梁，宋朝以后砖拱门洞开始逐步推广。水乡城市依靠河道运输，又另设水城门。为了加强城门的防御能力，许多城市设有两道以上城门，形成"瓮城"。

2. 城市道路系统绝大多数采取以南北向为主的方格网布置

以南北向为主的方格网布置，是由中国传统的方位观念和建筑物的南向布置延伸出来的均齐方整的布置方式，只用于地形平整和完全新建的城市；而其他改建或有山丘河流的城市，则根据地形变通处理，不拘轮廓的方整和道路网的均齐。如汉长安城，是在秦离宫的基础上逐步扩建的，因此道路系统和轮廓就不太规则（图 3-12）；明南京城中有较多的水面和山丘，又包罗了南唐时沿用下来的旧城，所以布局更为自由。历史上城市道路的宽度最大的可达 50 米，东晋建康城内已有砖铺路面遗存发现，但唐长安城仍是土路，没有路面，宋代以后砖石路面在南方城市得到广泛应用。

3. 城市居民的娱乐场所

从南北朝到唐代，佛教寺院以及郊区的风景区佛寺中的浮屠佛像、经变壁画、戏曲伎乐等都是市民游观的对象。汉代以后，三月上巳节去郊外水边修禊以及九月重阳节登高的风俗逐渐盛行，市民出城踏青、春游、秋游的逐渐增多。唐长安城南的曲江、宋东京郊外的名胜和一些私家园林，都是春游的胜地。宋画《清明上河图》中的一部分就是描绘北宋东京市民到郊外春游的盛况。宋朝都城的戏场单独成立"瓦肆"（或称为瓦舍、瓦市、瓦子），包括各种技艺：小唱、杂剧、木偶戏、杂耍、讲史、小说、猜谜、散乐、影戏等，名目繁多。金、元朝以后，戏台作为一种建筑类型，已被各地广泛采用。

4. 古代都城绿化

西汉长安，西晋洛阳，南朝建康，北魏平城，隋、唐长安等历代帝都的道路两侧都种植树木。北方以槐、榆为多，南方则柳、槐并用，由京兆尹（府）负责种植和管理唐长安街道两侧的槐树是成行排列的，所以当时称为"槐衙"。对于都城中轴线上御街的绿化布置，更为讲究：路中设御沟，引水灌注，沿沟植树。隋代东都洛阳的中央御道宽 100 步（约 180 米），两旁植樱花、石榴两行，人行其下，长达 9 里（约 4860 米）。

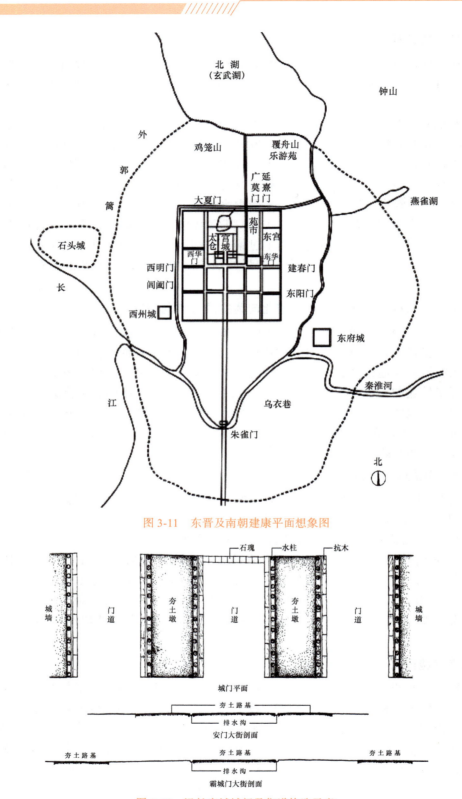

图 3-11 东晋及南朝建康平面想象图

图 3-12 汉长安城城门及街道构造示意

5. 城市防火问题

宋东京是在唐末商业城市汴州的基础上建成的，它地处江南与中原之间的交通要冲，五代与北宋建都后，城市发展很快，房屋密集，接栋连檐常有火烛之患，所以城内每隔1里（约530米）设负责夜间巡逻的军巡铺，并在地势高处砖砌望火楼用于瞭望，且屯兵百余人，备救火用具，一有警报，就奔赴扑救。南宋临安地狭人多，防火措施比北宋东京更严，军巡铺更密。南北朝以后，都城及州（县）城设鼓楼、谯楼，供报时或报警之用。从元大都开始，在城市的居中地区建造高大的钟楼与鼓楼，明朝的南京、西安，明、清时期的北京均设置钟（鼓）楼。

6. 城市排水的处理

汉长安城已采用陶管和砖砌下水道；唐长安城是在街道两侧挖土成明沟，但由于沟渠系统宣泄不畅，遇暴雨，城中低洼的里坊常有水淹之灾。宋东京有四条河道穿越而过，对用水、漕运、排水都有很大好处。苏州在春秋末期建城时，即考虑了城内的河道系统和水城门设置，所以虽称江南泽国，但未曾有水涝之患，且可以兼收运输与洗濯、灌注之利。明朝时，北京设有沟渠以供排泄雨水。清代，北京的沟渠疏浚由董姓商人世袭承揽，称为"沟董"，并绘有详尽的北京内城沟渠图。

我国古代都城规模宏大，面积与人口都居世界前列，其中唐长安城占地84平方公里，占第一位，北魏洛阳约73平方公里，元大都约50平方公里，明、清时期的北京约60平方公里；北宋东京城遗址因深埋地下，目前尚难取得确切资料，但按宋尺推算，面积约50平方公里。

◎ 3.2 汉代至明、清时期的都城建设

中国古代都城的地域选择有一个由西向东推移的趋向（由关中和中原向沿海方向发展），其原因是经济重心的东移。以长安为中心的关中和以洛阳为中心的中原，地理位置适中。但是，由于政治中心长期落在这两个地区，使它们遭到频繁的战争破坏和因森林砍伐带来的严重生态环境恶化，水土流失，农业衰退，昔日依托富饶之乡而建立起来的京城，不得不日益依赖江淮地区的供应来维持其政权的运作，这种形势到北宋已不可逆转，元、明两朝则是最后完成了整个东移的过程。

中国古代都城建设的模式大致有三种类型：

1. 新建城市

原来没有基础的新建城市，基本上是平地起城。这种情况主要发生在早期，如先秦时期的许多诸侯城和王城，后期的明中都凤阳则是一个不成功的例子。

2. 依靠旧城建设新城

汉以后的都城较多依靠旧城建设新城，如西汉初年旁倚秦咸阳旧城，并利用部分旧离宫建造长安新城；隋初紧靠西汉至后周的旧都，在其东南建造大兴城；元代旁倚金中都旧城在其北侧建造新城大都等。这类都城又有两种情况：一种是新城建成后，旧城废弃不用，如隋大兴城；另一种是旧城继续使用，新城旧城长期共存，如元大都。

3. 在旧城基础上的扩建

明初的南京和北京，都属于在旧城基础上的扩建。其优点是能充分利用旧城的基础，为新都服务，投入少而收效快。

都城在建设程序上也是先宫城、皇城，然后才是都城和外郭城；在布局上，宫城居于首要位置，其次是各种政权职能机构和王府、大臣府邸以及相应的市政建设，最后才是一般庶民住处及手工业、商业地段。自汉至清，历代都城莫不如此。

3.2.1 汉长安的建设

汉朝由于手工业、商业进一步发展，出现了不少新兴城市。其中手工业城市有产盐的临邛、安邑，产刺绣的襄邑，产漆器的广汉等；著名的商业城市有洛阳、邯郸、江陵、成都、合肥、番禺等；临淄则在春秋和战国时期的基础上，以产丝绸和商业繁盛著称于当时。

长安是西汉的首都，是当时中国政治、文化和商业的中心，也是商、周以来规模最大的城市。汉长安位于今陕西西安市渭水南岸的台地上，地势南高北低。最初以秦朝的离宫兴乐宫建造长乐宫，并建未央宫和北宫。汉长安城周约22.5公里，城墙用黄土筑成，最厚处约16米，城的每面各有三座门，每门有三个门洞，各宽8米，可容四辆车通行，与《考工记》所载以车轨为标准来定街道宽度的原则相符。据记载，城门上还建有重楼。

汉长安城内有八条主要道路，都与城门相通，街道都是直线，方向采取正东正北，作十字形或丁字形相交。现在经考古探明，通向城门的八条主干道即是"八街"，这些大街分成3股道，用排水沟分开，中央是皇帝专用的驰道，街两旁植槐、榆、松、柏等树木，街道上都是土路，排水沟通至城门。

汉武帝时，兴建城内的桂宫、明光宫和城外西南郊的建章宫、上林苑。据文献记载，这时的长安城内还有九府、三庙、九市和一百六十个闾里，分布在城的北部及南部的未央、长乐二宫之间，城的南郊还有十几个规模巨大的礼制建筑遗址。每个遗址的平面沿着纵横两条轴线，采用完全对称的布局方法，外面是方形围墙，每面辟门，而在四角配以曲尺形房屋。围墙以内，在庭院中央都有高起的方形夯土台，个别土台上还留下若干柱基础，可推测原来在土台上建有形制严整和体形雄伟的木构架建筑群。其中，位于汉长安东端的遗址，外凿圆形水渠，可能是西汉末年按照统治阶级的礼制要求而建造的明堂辟雍。这些建筑的布局方法，是在沿着纵轴线组织纵深的建筑群以外，自成一种体系。

3.2.2 北魏洛阳的建设

洛阳是我国五大古都之一（五大古都分别是西安、洛阳、开封、南京、北京，后又增加了杭州、安阳，合称七大古都），由于地理位置适中，在经济上、军事上都有重要地位，因此从东周起，东汉、魏、西晋、北魏等朝均建都于此。西周初年，为了看管殷商"顽民"，在此建成周城以居之，又在其西建王城作为东都，以监督这些遗民（这种设立陪都的两京制，一直被秦、汉、隋、唐所沿用）。周平王东迁，以王城为都城，是为东周。到春秋末期的周敬王时，为了避乱，又从王城迁都至成周，并把成周扩大，奠定了以后各朝都城的基础。秦和西汉仍以洛阳为陪都；东汉时定都于此，长安降为陪都，此后洛阳成为全国或北方的政治中心达数百年之久。北魏洛阳是在西晋都城洛阳的废墟上重建的。

据记载，北魏洛阳东西长约9270米，南北长约6952米，有约320个里坊，有外郭、京城、宫城三重。北魏洛阳北倚邙山，南临洛水，地势较平坦，自北向南有坡度向下。宫城偏于城北，京城居于外郭的中轴线上。官署、太庙、太社太稷和灵太后所营建的永宁寺9层木塔，都在宫城前的御道两侧。城南还设有灵台、明堂和太学。市场集中在城东的洛阳小市和城西的洛阳大市两处，外国商人则集中在南郭门外的四通市，靠近四通市有接待外国人的夷馆区。

据《洛阳伽蓝记》记载，北魏洛阳的居民有10万9000余户，郭南还有1万户南朝人和夷人，加上皇室、军队、佛寺等，人口当在六七十万以上。城东建春门外的郭门是通向东方各地的出入口，洛阳士人送迎亲朋都在此处。里坊的规模是460米见方，但从考古勘察所得结果来看，未必都很整齐划一。每里开4座门，每门有里正2人、吏4人、门士8人管理里中的住户，可见当时对居民控制是很严的。

北魏洛阳城中宫苑、御街、城濠、漕运等用水主要是依靠谷水，因为谷水地势较高，由西北穿外郭与都城而注入华林园天渊池和宫城前的铜驼御道两侧的御沟，再曲折东流出城，注于阳渠、鸿池陂等以供漕运。北魏洛阳城内的树木很多，登高而望，可以看到"宫阙壮丽，列树成行"，谷水所经，两岸多植柳树。

3.2.3 南朝建康的建设

从东吴孙权迁都建业起，历东晋、宋、齐、梁、陈各朝，数百年间，共有六朝建都于此。东吴时称建业，东晋时改称建康。建康位于秦淮河入江口地带，西临长江、北枕后湖、东依钟山，形势险要，风物秀丽，有"龙盘虎踞"之称。建康城内有鸡笼山、覆舟山、龙广山等布列于城北及城西一带，地势十分险要。建康城南北长、东西略窄，北面是宫城所在地，宫城平面呈长方形，宫殿布局大体仿魏晋旧制，正中的太极殿是朝会的正殿，正殿的两侧建有皇帝听政和宴会的东西二堂，殿前又建有东西两阁。

3.2.4 隋大兴城的建设

在结束了东汉之后数百年的分裂和战乱之后，隋文帝杨坚开始大规模建造新都，先造宫城，次造皇城，最后筑外郭罗城，因杨坚曾被封"大兴公"，故定名为大兴城（图3-13）。大兴城是由高颖和宇文恺二人负责建设的，它是按照规划图纸进行建造的，参考了曹魏邺城和北魏洛阳城的布局。隋文帝总结以往各朝都城的经验，把官府集中于皇城中，与居民市场分开，功能分区明确。

大兴城的规划大体上仿照汉、晋至北魏时所遗留的洛阳城，故其规模尺度、城市轮廓、布局形式、坊市布置都和洛阳很相似，比洛阳城更为规整。据记载，大兴城东西18里115步，南北15里175步（实测东西9721m，南北8652m），城内除中轴线北端的皇城与宫城外，划分为109个里坊和2个市，每个坊都有名称。城市道路宽而直，全城形成规整的棋盘式布局。

3.2.5 唐长安城的建设

唐长安城是在隋大兴城的基础上发展建造的,是我国严整布局的都城典范,在规划布局上继承了中国古代都城规划的传统。唐长安城平面方正,每面开三门,宫城居中,宫前左右有祖庙和社稷等,符合《考工记》上所列的王城制度(图3-14)。唐长安城的规划对中国古代都城的规划建设有很大影响,后建的东都洛阳城类似唐长安城,宋代的东京汴梁也受其影响,金中都仿效北宋东京,元大都又模仿金中都,所以它们都受到了唐长安城的影响。

唐长安城

图3-13 隋大兴城复原想象图

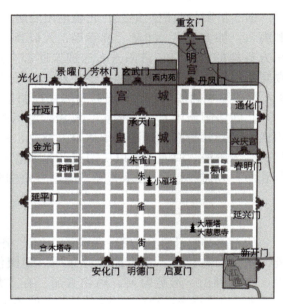

图3-14 唐长安城平面图

唐长安城的规划也是当时国内外一些城市的学习榜样,如唐代渤海国,其上京龙泉府的布局方式基本与长安城相同(图3-15)。它的宫城、皇城设于郭城北部正中,郭城南北墙各辟3门,东西墙各辟2门,以对着南墙正中城门的南北大街为全城纵向主轴,由纵横相交的街道把郭城划分为规整的里坊,整个上京龙泉府如同一个缩小了的唐长安城。日本的奈良平城京和京都平安京(图3-16)也是完全模仿唐长安城的规划,把宫城置于京城北部正中,设朱雀大街于京城南北主轴,在京城主轴东西对称地建置东市、西市,明显地模仿唐长安制度。

3.2.6 北宋东京的建设

在中国城市规划史上,北宋东京城(图3-17)是一个划时代的转折。宋太祖赵匡胤夺得后周政权建立宋朝后,仍利用后周的都城建都。北宋东京城有三套城墙,三套护城河,南北较长,东西较短,平面形状并不方正规则,这种布局为后代都城所沿袭。

图 3-15　唐代渤海国上京龙泉府平面模型

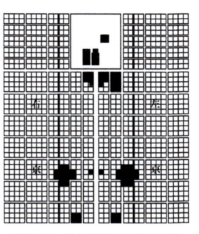

图 3-16　日本京都平安京平面图

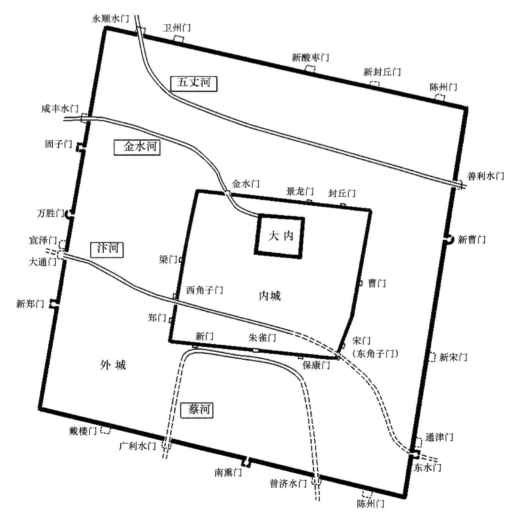

图 3-17　北宋东京城平面示意

1. 三重城墙

最内是皇城（大内），原是唐代宣武节度使衙署，五代初期的梁朝在此修建建昌宫，后晋时改称大宁宫，周世宗又加扩建，北宋的宫城继续原址营造，宋太祖建隆四年（公元963年）按洛阳宫进行扩建。城南正门是宣德门，左有左掖门，右有右掖门；城东是东华门，城西是西华门，城北是拱宸门。四面开门与宫城居中有关，这种方式也影响了金中都、元大都的建设。第二重为里城，各城门都有瓮城，通御路的四个门，门又有三重，各城门正对；其他城门有四重，各门不正对。里城和罗城（外城）外都有宽阔的城濠。最外一层的罗城是周世宗显德二年（公元956年）修建，城门位置多与里城城门相对，城垣平面形状不太规则。

2. 城市道路

城市干道系统以宫城为中心，正对各城门，形成井字形方格网，一般道路和巷道也多呈方格形，也有丁字相交的。北宋东京在成为首都之前就已是一个历史悠久的商业城市，与一些根据军事或政治需要新建的都城不同，不是十分方正规则，道路划分也有一定的自发倾向，商业分布城市各处。北宋东京的三套城墙、宫城居中、井字形道路系统等对之后各朝都城的规划影响很大。

3. 宫城布局

北宋东京宫城是在唐汴州衙城的基础上，仿洛阳宫殿改建的（图3-18）。宫城由东、西华门横街划分为南、北部分，南部中轴线上建用于大朝的大庆殿，其后在北部建用于日朝的紫宸殿；又在西侧并列一条南北轴线，南部为带日朝性质的文德殿，北部为带常朝性质的垂拱殿。紫宸殿在大庆殿后部，而轴线偏西不能对中，整体布局不够严密。但各组正殿均采用工字殿，这是一种新创，对后面金、元、明、清时期的宫殿有深远影响。

4. 城门形象

北宋东京宫城的正门宣德门，墩（台）平面呈倒凹字形，上部由正面门楼、斜廊和两翼的朵楼、穿廊、阙楼组成。从宋徽宗赵佶所绘的《瑞鹤图》（图3-19）上可以见到宣德门正楼为单檐庑殿顶，朵楼为单檐歇山顶的形象。宣德门前有宽200余步的御街，两旁有御廊，路中设置杈子，辟御沟，满植桃李莲荷，显现出颇有特色的宫前广场。

图3-18 北宋东京宫城复原想象图

图 3-19　辽宁省博物馆藏宋徽宗赵佶《瑞鹤图》

3.2.7　元大都的建设

1. 道路交通

元大都是当时世界上著名的大都市，始建于元世祖至元四年（1267年），由刘秉忠主持规划建设（图 3-20）。元大都是以宫城、皇城为中心布置的，因为地势平坦，又是新建，所以道路系统规整砥直，呈方格网，城市的轮廓趋于方形。城市的中轴线即宫城的中轴线，平面的几何中心在中心台（今北京鼓楼西侧，积水潭东岸）。城市道路分干道和胡同两类，干道宽约 25 米，胡同宽约 6～7 米；胡同以东西向为主，在两个胡同之间的地段再划分住宅基地，这种有规律的街巷布置，和唐代以前的里坊制形成两种不同的居住区处理方式。

元大都

2. 城市布局

皇城偏于城南，包括宫城、太液池西岸的隆福宫、兴圣宫和御苑，环绕一片广阔的水面展开，和传统的宫殿布置方式手法迥异，是元代的一种创新。由于皇城位置与南面的旧城靠近，所以新城区大部分在皇城之北，这是由当时的具体条件所决定的布局方式，并非套用《考工记》面朝后市的概念。皇城东面设太庙，西面设社稷坛。城墙有宫城、皇城、都城三重，都城城门共 11 座，门外加瓮城，瓮城门洞用砖砌筑，以防火攻。元大都城内南北大道设有石砌沟渠以排泄雨水，在全城的中心地带设有钟楼和鼓楼。

3. 规划建设特点

元大都规划建设有以下几个特点：
1）保留金中都旧城，在其东北另建新城。
2）形成宫城、皇城、都城三重相套的格局。
3）对河湖水系的特别关注，开发了积水潭、金水河两个系统的河湖水系。
4）规整的街巷布局。
5）突出都城的壮观景象。

元大都是今天北京城的前身，其城址的选择和城市的规划设计，直接影响到日后明、清时期北京城的建设。

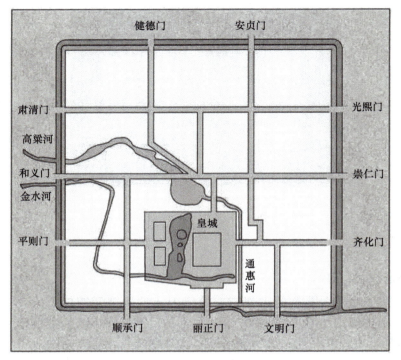

图 3-20 元大都布局复原图

3.2.8 明南京的建设

1. 城市布局

明初洪武元年到永乐十八年间,全国政治中心所在地为南京,它以独特的不规则城市布局而在中国都城建设史上占有重要地位。南京地处江湖山丘交汇之处,地形复杂,旧城居民稠密,商业繁荣,交通方便。朱元璋在选择宫城位置时,避开了整个旧城,而在它的东侧富贵山以南的一片空旷地上建造新城,又把旧城西北广大地区围入城内,供军队建营驻扎之用。这样就形成了南京城内三大区域的功能划分:城东是皇城区;城南是居民和商业区;城西北是军事区。城墙就沿着这三大区的周边曲折环绕。

明南京城

2. 宫城形制

新建宫城的布局以富贵山作为中轴线的基准点向南展开,宫城东西宽约 800 米,南北深约 700 米,前面布置太庙和社稷坛,是标准的"左祖右社"格局。宫城之外环以皇城,皇城南面的御街两侧是文武官署,一直延伸到洪武门;正阳门外设有祭祀天地的大祀殿、山川坛和先农坛等礼制建筑,明、清两代都城布局的范式自此形成。

3. 城墙布局

明南京城墙(图 3-21)高 14~21 米,顶宽 4~10 米,周长约为 33680 米,全部用条石与大块城砖砌成。其中,环绕皇城东、北两面约 5 公里长的一段城墙是用砖实砌而成（其他的区段是土墙外包砖石），所用城砖是沿长江各省百余县烧造供给的，每块砖上都印有承制工匠和官员的姓名，严格的责任制使砖的质量得到了充分的保证。城墙上共设垛口 13000 余个，窝铺 200 余座；城门共 13 座，都设有瓮城，其中聚宝、三山、通济三门有三重瓮城（即四道城门），在砖城的外围还筑有一道土城（外郭），长约 60 公里，郭门 16 座，从而使明南京城的宫殿围有四重城墙——宫城、皇城、都城、外郭。

图 3-21　明南京城墙

3.2.9　明、清时期北京城的建设

1. 城市规划

明代北京城是利用元大都的原有城市改建的（图 3-22、图 3-23）。明成祖朱棣建都时，为了仿明南京的制度，在皇城前建立五府六部等政权机构衙署，逐渐形成了凸字形的城市平面。清北京城的规模没有再扩充，城市的平面轮廓也不再改变，主要是营建园囿和修建宫殿。

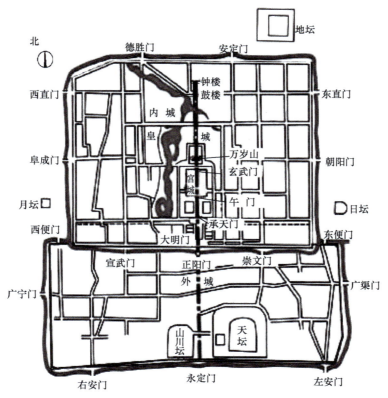

图 3-22　明、清时期北京城平面图

图3-23 明北京城城墙遗址

2. 宫城布局

作为皇城核心部分的宫城（紫禁城），位居全城中心部位，四面都有高大的城门，城的四角建有华丽的角楼，城外围以护城河。按照礼制思想，在宫城前的左侧建太庙，右侧建社稷坛（祭土、谷之神）；在内城外四面建造天坛、地坛、日坛、月坛。明代紫禁城是在元大都宫城（大内）的旧址上重建的，但布局方式是仿照明南京宫殿，只是规模比其更为严整宏伟。

北京全城有一条全长约7.8公里的中轴线贯穿南北，轴线以外城的南门永定门作为起点，经过内城的南门正阳门、皇城的天安门、端门以及紫禁城的午门，然后穿过大小6座门、7座殿，出神武门越过景山门（清代称为景山门，明代称为万岁门）和地安门，止于北端的鼓楼和钟楼。中轴线两旁布置了天坛、先农坛、太庙和社稷坛等建筑群，体量宏伟，色彩鲜明，与一般市民的青灰瓦顶住房形成强烈的对比，从城市规划和建筑设计上强调帝王的权威和至尊无上的地位。

3. 道路交通

内城的街道坊巷仍沿用元大都的规划系统，由于皇城立于城市中央，又有南北向的什刹海和西苑阻碍了东西直接的交通，故而内城干道以平行于城市中轴线的左右两条大街为主。这两条干道，一条自崇文门起，另一条自宣武门起，一线引伸，直达北城墙，北京的街道系统都与这两条大干道联系在一起。与干道相垂直而通向居住区的胡同，平均间距约为70余米，这是元大都时留下的尺度。北京的市肆共132行，相对集中在皇城四侧，各行业有"行"的组织，通常集中在以该行业为名的坊巷里。

☆知识链接

中国古代地方城市的建设多因地制宜，灵活布局。平原地带的城市多方整规则，道路平直，城市中心常设鼓楼、钟楼，如明、清时期的西安。在地形复杂多变的地区，城市布局多样化，道路系统往往呈不规则状。依山筑城的，主要街道沿等高线展开；沿江建城的，往往形成带状城市；水网地区则充分利用水路，街道房屋沿两岸布置，如古城苏州。

单元总结

本单元概括地阐述了中国古代城市发展沿革的历程，并简要讲解了中国古代都城在选址、防御、道路、市肆等方面的具体做法；简要介绍了《考工记》"匠人营国"中的王城规划思想；概括地介绍了汉代至明、清时期具有代表性的都城，在城市总体布局、道路、防御、市肆等方面的建设情况及各自的特征。

实训练习题

简答题

1. 中国古代城市是如何加强军事防御的？
2. 试讨论《考工记》"匠人营国"中有关王城的规划思想对后世都城的影响？
3. 简述唐长安城的规划布局特色。
4. 试分析明、清时期北京城的城市布局特色。

教学单元 4

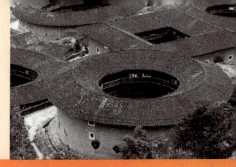

住 宅

教学目标

1. 知识目标
（1）了解我国住宅建筑的形制演变。
（2）掌握我国住宅建筑的主要类型及其主要特点。
2. 能力目标
（1）通过对我国古代住宅建筑的认识，提高住宅分析和设计能力。
（2）能够结合我国不同地域住宅的典型建筑案例，从气候条件、自然地理条件、地域文化等方面，分析建筑的特点及住宅地域特征形成的成因。

思维导图

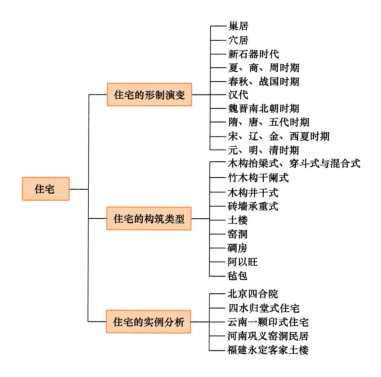

民居建筑是最基本的建筑类型，出现最早，分布最广，数量最多。中国民居的发展始于秦汉时期，至唐宋时期达到成熟。遗存至今的中国古代民居，除少数建于明代和清中期之前，绝大多数都是清末和民国时期建造的，住宅的结构类型十分丰富，呈现出地域性、多样性的特点，主要有木构抬梁式、穿斗式与混合式，竹木构干阑式，木构井干式，砖墙承重式，土楼，窑洞，碉房，阿以旺，毡包等多种结构类型。

◎ 4.1 住宅的形制演变

大约在一万年前（旧石器时代晚期），出现了人为的生活空间。由于我国南北方气候、地理环境差异较大，南方为躲避潮湿与虫蛇而构木为巢；北方却掘土为穴，以防严冬的风雪。原始社会的两种主要构筑方式：巢居和穴居，由此确定。

4.1.1 巢居

我国古代文献中很早就有关于巢居的记载，《庄子·杂篇·盗跖》中有"古者禽兽多而人民少，于是民皆巢居以避之。"由此推测，巢居可能是地势低洼潮湿而多虫蛇的地区采用的一种原始居住方式，而干阑式建筑是由巢居直接演化来的。浙江余姚河姆渡村发现的建筑遗址是干阑式建筑具有代表性的遗址，为我国已知的最早采用榫卯技术构筑木结构房屋的实例。已发掘的部分是长约23米、进深约8米的木构架建筑遗址，推测是一座长条形的、体量相当大的干阑式建筑。木构件遗物有柱、梁、枋、板等（图4-1），许多构件上都带有榫卯，有的构件还有多处榫卯（图4-2）。根据出土工具来推测，这些榫卯用于石器加工。这种木构方式距今超过7000年，至今仍在应用。

图4-1 浙江余姚河姆渡遗址的榫卯构件

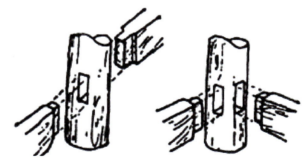

图4-2 河姆渡遗址榫卯构件用法

著名的例子除了浙江余姚河姆渡遗址外，还有云南剑川海门口遗址等。早期的干阑式建筑多采用多桩密集排列的方式，在剑川海门口遗址，发现有二百多根密集的松木桩（图4-3）。浙江吴兴钱山漾的干阑遗址也是密桩，桩上搭梁铺板。在海门口遗址发现的四根松木横梁，一面较平整，另一面两端有榫槽。在河姆渡和马家浜遗址中也可看到成套的榫卯结构技术，说明当时木构技术已经发展到了一定的水平。

4.1.2 穴居

在古代的许多传说中，关于穴居也有记载，《周易》中有"上古穴居而野处，后世圣人易之以宫室"；《墨子·辞过》中有"古之民未知为宫室时，就陵阜而居，穴而处。"早期的穴，多为竖穴，也有上小下大呈袋形的竖穴，山西方泉县荆村遗址就是一例。新石器时代的袋穴也有旁边有踏步（树枝）可以上下的。

图 4-3　云南剑川海门口遗址

黄河流域的土壁不易倒塌，便于挖洞穴。原始社会晚期，竖穴上覆盖草顶的穴居成为该区域氏族部落广泛采用的一种居住方式。在黄土沟壁上开挖横穴而成的窑洞式住宅，也在山西、甘肃、宁夏等地广泛出现，其平面多为圆形，如山西石楼县岔沟村的十余座窑洞遗址，绝大多数是圆角方形平面，其室内地面及墙裙都用白灰抹成光洁的表面。山西襄汾县陶寺村还发现了"地坑式"窑洞遗址，这种窑洞是先在地面上挖出下沉式天井院，再在院壁上横向挖出窑洞，这是至今在河南等地仍被使用的一种窑洞。

随着原始人营建经验的不断积累和技术的提高，穴居经历了竖穴、半穴居，最后到地面建筑三个阶段。由于不同文化、不同生活方式的影响，在同一地区还存在着竖穴、半穴居及地面建筑交错出现的现象，但地面建筑更具有使用性，最终取代竖穴、半穴居，成为建筑的主流，最后发展成木骨泥墙建筑。

4.1.3 新石器时代

新石器时代，农业逐渐发展，到后期成为主要的生产方式。黄河中游原始社会晚期，具代表性的是母系氏族社会的仰韶文化和父系氏族社会的龙山文化。仰韶文化的氏族在黄河中游肥美的土地上劳作生息，他们以农业为主，同时从事渔猎和采集，过着定居生活，逐步发展成为母系氏族社会。仰韶文化之后是龙山文化，母系氏族社会进入父系氏族社会，自此，私有制得以萌芽和发展，阶级分化产生，中国原始社会逐步走向解体。

仰韶文化晚期聚落遗址具代表性的是西安半坡遗址（图4-4），已发掘区域南北约300米，东西约200米，分为三个区域：南面是居住区，有45个房屋；北端为墓葬区；居住区的东面是陶窑场。居住区、窑场和墓地之间有一条大壕沟隔开。这种布局充分反映了氏族社会的社会结构，说明人们在生产和生活中的集体性质与成员之间的平等关系。居住区周边有壕沟环绕，住房围绕广场布置，早期多为方形半穴居，晚期有方形、圆形两种地面建筑。在广场西侧，还有一座面向广场的半穴居大房子，平面略呈方形，东西长10.5米，南北长10.8米。泥墙厚0.9～1.3米，高约0.5米。大房子内部有4根中心柱，其平面呈前部（东部）一个大空间，后部（西部）3个小空间的格局，这是已知最早"前堂后室"的布局，推测前堂应当是氏族成员聚会和举行仪式的场所，后室可能是氏族首领的住所与老弱病残的集体宿舍。如编号为F24的遗址柱洞（图4-5），有显著的大小差异分化出承重大柱和木骨排柱。12根大柱洞组成较为规整的柱网，显现出"间"的锥形。它标志着中国以间架为单位的木构框架体系已趋于形成。此屋的3开间柱网也显露出木构框架建筑"一明两暗"基本型的起源。

龙山文化的居住遗址，多数为圆形平面的半地穴式房屋，室内多为白灰面的居住面。但早期遗址的平面形状不限于圆形，有大有小，时间稍晚的遗址则多是圆形平面。

龙山文化的住房遗址留有家庭私有的痕迹，既有圆形单室，也有前后二室均作方形，中间连以狭窄的门道，整个建筑平面呈吕字形（图4-6）。后室与前室均有烧火面，是煮食与烧火的地方，前室墙中常挖小龛作灶，有的灶旁还放置小型窖

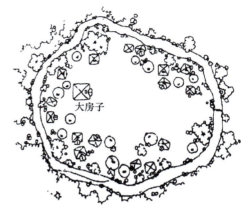

图4-4 西安半坡遗址

穴，前后二室在功能上明显具有分工作用。据考古发现，陕西渭水流域的庙底沟二期文化类型遗址，其房内地面均为白灰面地面，平坦而光滑的墙壁上也涂有白灰面；墙壁与地面垂直或呈近似直角，在白灰面下涂有草泥土，在遗址中发现的灰坑经火烧烤后极为坚硬，其形制多为袋形或不规则形，灰坑口径为1～2m，最大的有3～4m。

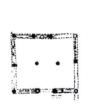 

图4-5 西安半坡遗址编号F24大房子复原图　　图4-6 西安客省庄龙山文化房屋遗址平面

与仰韶文化时期相比，龙山文化时期为适应个体小家庭生活的需要，大多数房屋的面积缩小了；光洁坚硬的白灰面层虽在仰韶文化时期出现，但对其的广泛使用是在龙山文化时期，使地面具有防潮、洁净和明亮的特点；此外，龙山文化时期还发现了土坯砖。

4.1.4 夏、商、周时期

夏朝建筑遗存极少，河南偃师二里头遗址，是夏代都城之一——斟鄩的遗址，共发现大型宫殿和中小型建筑数十座。其中，一号宫殿规模最大，其夯土台南高北低，土台东西宽为108米，南北深101米，近于方形，东北角出缺；周边环廊，形成庭院，南正中是门，庭院北部有一堂基，上有一座宽八间、进深三间的殿堂。

位于陕西岐山的凤雏村，是西周早期的建筑遗址（图4-7、图4-8），整组建筑建在1.3米高的夯土台面上，呈严整的两进院格局。南北通深45.2米，东西通宽32.5米。该遗址是我国已知的四合院最早实例。湖北蕲春西周木架建筑遗址散布在约5000平方米的

范围内，遗址建筑密度高，根据遗址留有大量木板、木柱、枋木及木楼梯残迹来看，推测其为干阑式建筑（图4-9）。干阑式木架结构建筑可能是西周时期长江中下游地区一种常见的居住建筑类型。

图4-7　陕西岐山凤雏村建筑遗址鸟瞰图

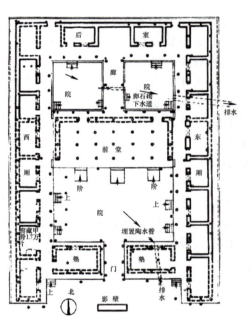

图4-8　陕西岐山凤雏村建筑遗址平面想象图

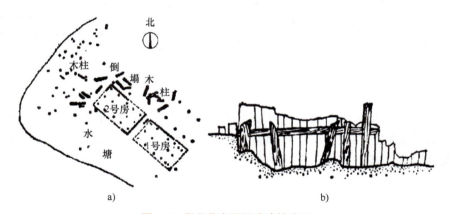

图4-9　湖北蕲春干阑式建筑遗址
a）水塘中木架建筑遗存　b）部分木外墙遗物

4.1.5　春秋、战国时期

《仪礼》中记载了春秋时期士大夫住宅的平面形制，其中庭院式住宅由门、堂、庭院、左右厢房以及后寝组成（图4-10）。这与后来汉族习用的合院住宅平面有许多共同之处，这个时期的院落组织可看作是汉族习用的合院式民居院落的雏形。

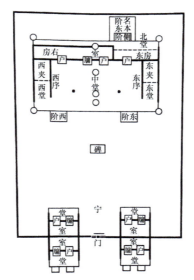

图 4-10 《仪礼》记载的春秋时期士大夫住宅

4.1.6 汉代

汉代的住宅建筑,根据墓葬出土的画像石、画像砖、明器陶屋和文献记载,主要有下列几种形式:

1)规模较小的住宅。这种住宅的平面常为方形或长方形,屋门开在房屋一面的当中,或偏在一旁。房屋的构造除少数用承重墙结构外,大多数采用木构架结构。墙壁用夯土筑造。窗的形式有方形、横长方形、圆形多种。屋顶多采用悬山顶或盝顶。

2)规模稍大的住宅。这种住宅的平面无论是一字形或是曲尺形,平房或楼房都以墙垣构成一个院落。也有三合院、"口"字形与"日"字形平面的住宅(图4-11)。"日"字形平面有前后两个院落,而中央一排房屋较高大,正中有楼高起,其余次要房屋都较低矮,构成主次分明的外观。

图 4-11 广东广州汉墓明器住宅形式

a)"L"形住宅和围墙形成的"口"字形平面 b)三合院 c)"日"字形平面

此外,明器中还有坞堡,也称为坞壁(图 4-12),是一种防御性很强的建筑,多是东汉地方豪强割据的情况在建筑上的反映。大门一般位于南墙正中,入内有庭院,院中建主要的厅堂及楼屋。辅助建筑多置于北面后门,常位于东墙的北端。著名的坞壁有许褚壁、白超坞、合水坞等。

3）规模更大的住宅。这种住宅见于四川出土的画像砖中（图4-13），其布局分为左右两部分：砖右侧有门、堂，是住宅的主要部分；左侧是附属建筑。右侧外部有安装栅栏的大门，门内又分为前后两个庭院，绕以木构的回廊，后院有面阔三间的单檐悬山式房屋，用插在柱内的斗拱承托前檐，而梁架是抬梁式结构，屋内有两人席地对坐，应该是堂。左侧部分也分为前后二院，各有回廊环绕。前院进深稍浅，院内有厨房、水井、晒衣的木架等。后院中有方形高楼一座，在除了庑殿顶下饰以斗拱，可能是瞭望或储藏贵重物品的地点。从此所住宅所反映的规模和居住者的生活情况看，应是当时官僚、地主或富裕商人的住宅。

图4-12　东汉坞壁

 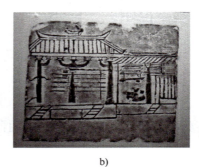 

a)　　　　　　　　　　　　b)　　　　　　　　　　　　c)

图4-13　四川成都画像砖

4）贵族的大型宅第。这种住宅通常外有正门，屋顶中央高、两侧低，其旁设小门，便于出入。大门内又有中门，它和正门都可通行车马。门旁还有附属房间可以居留宾客，称为门庑。院内以前堂为其主要建筑。堂后以墙、门分隔内外，门内有居住的房屋，但也有在前堂之后再建用于饮食歌乐的后堂。这种布局自春秋时期的"前堂后室"扩展而成。除此以外，还有车房、马厩、厨房、库房以及奴婢的住处等附属建筑。

4.1.7　魏晋南北朝时期

魏晋南北朝时期，住宅继承传统建筑形制，崇尚山水。贵族住宅的正门往往用庑殿顶和鸱吻，围墙上有成排的直棂窗，可能墙内建有围绕着庭院的走廊。有些房屋在室内地面布席而坐，也有在台基上施短柱与枋构成木架，再在其上铺板与席的。墙上多数装设直棂窗，悬挂竹帘与帷幕（图4-14）。

魏晋南北朝时期由于民族大融合的结果，室内家具发生了若干变化（图4-15）。一方面，席坐的习惯仍然未改，传统家具有了不少新发展。如睡眠的床已增高，上部还加床顶，周围施以可拆卸的矮屏；起居用的床（榻）加高加大，下部以壸门作装饰，人们既可以坐于床上，又可垂足坐于床沿；床上出现了倚靠用的长几、隐囊和半圆形凭几（又称曲几）；两摺四牒可以移动的屏风发展为多摺多牒。另一方面，西北民族进入中原地区以后，不仅东汉末年传入的胡床逐渐普及到民间，还输入了各种形式的高坐具，如椅子、方凳、圆凳、束腰形圆凳等。这些新家具对当时人们的起居习惯与室内的空间处理产生了一定影响，成为唐代以后逐步废止床榻和席地而坐的前奏。

图 4-14　南北朝时期的住宅

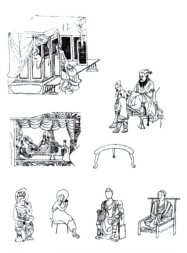

图 4-15　魏晋南北朝时期的家具

4.1.8　隋、唐、五代时期

隋、唐、五代是中国古代建筑的又一个发展时期，民间住宅在此时期达到空前繁荣，对宅第制度的重视达到非常严格的程度，一切设施都有具体的等级差别和礼仪制度。贵族宅第的大门采用乌头门形式，"五品已上，堂舍不得过五间七架，厅厦两头；门屋不得过三间两架，仍通作乌头大门。"在唐代里坊制（图4-16）的居住规划的影响下，民居建筑的用地及计划皆取正向轴线布局，大多采用廊院形制。大宅可有大门、中门，分为内外两院，外为杂用及客房，内为生活起居用房，体现内外有别的礼制；内院有中堂、北堂，并配以东西厢房；全院周围以廊庑围护环绕，相连相通。

图 4-16　唐代里坊制示意

唐代公卿贵戚和文人名士的住宅呈现出三种融合自然的方式：一是以山居形式将宅屋融入自然山水；二是将山石、园池融入宅第，组构人工山水宅院；三是在院庭内点缀竹木山池，构成富有自然情趣的小庭院。

4.1.9　宋、辽、金、西夏时期

北宋时期城市数量大量增加，城内废除了里坊制的宵禁制度，拆除了坊墙，商店可沿街设置，住宅入口也可临街开设，所以在民居建筑方面有很大的变化，是重大转折期。由于宋画的遗存，人们可以看到更多宋代住宅的具体形象。

1.《清明上河图》中的住宅形象

宋代张择端的《清明上河图》（图4-17～图4-19）是描绘北宋汴京城内外的一幅工笔画，表现逼真。图中所绘城外的农宅比较简陋，有些是墙体低矮的茅屋，有些以草葺、瓦葺混合构成一组房屋。城市住宅屋顶采用悬山顶或歇山顶，除茅葺瓦顶外，屋顶多用竹棚。房屋转角处的结构十分细密精巧，往往将房屋两面正脊延长，构成十字相交的两个气窗。四合院的门屋，常用勾连搭的形式。

清明上河图中的宋代民居形式

图4-17 《清明上河图》局部（一）

图4-18 《清明上河图》局部（二）

图4-19 《清明上河图》局部（三）

2.《千里江山图》中的住宅形象

北宋王希孟的《千里江山图》（图4-20、图4-21）所绘乡村景色中有许多住宅，一般有院落，多用竹篱木栅为院墙。住宅设有各种形式的大门，并设左右厢房。而民间住宅的主要部分一般是由前厅、穿廊和后寝所构成的工字屋，有的住宅大门内建照壁，前堂左右附以夹屋。

3. 宋代住宅的形制

（1）官僚贵族的住宅形制

贵族官僚的宅第外部建乌头门或门屋，而后者中央一间往往采用"断砌造"，以便车马出入。厅堂与后部卧室之间，用穿廊连成"丁"字形、"工"字形或"王"字形平面，而堂、寝的两侧还有耳房或偏院。房屋形式多是悬山式，饰以脊兽和走兽。

图 4-20 《千里江山图》局部

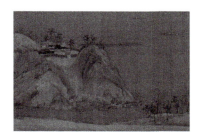

图 4-21 《千里江山图》中的大型村舍

（2）宋代家具对住宅的影响

1）家具种类。宋代是中国家具发展的重要阶段，从东汉末年开始酝酿的垂足坐方式，历时近千年，到宋代已全面普及，完成了低型家具向高型家具的转型，形成了品类丰富的高型家具系列。在桌案类中，有方桌、条桌、圆桌，有书案、画案、香案；在椅凳类中，有方凳、圆凳、圆墩，有靠背椅、扶手椅、灯挂椅和折叠式的交椅（图 4-22、图 4-23）；屏风的发展也趋于完备，有直立板屏、多扇曲屏等。

2）家具结构造型。宋画《唐五学士图》和《清明上河图》（图 4-24、图 4-25），从中可以看出高型家具在上层文士书斋和下层市民饮食店中广为普及的景象。家具的结构和构造出现了重要变化，梁柱式的框架结构取代了箱形壸门结构。桌椅构造并存着无束腰和有束腰两种做法。装饰性线脚和枭混曲线的应用，丰富了家具的造型。宋代家具注重实用，没有宋代建筑那样趋向华美，而是走向简约、挺秀，为明式家具艺术发展高峰吹响了前奏。

3）坐式家具对住宅的影响。宋代垂足而坐的起坐方式终于完全改变了商、周以来的跪坐习惯。桌椅等坐式日用家具在民间已十分普遍。民间住宅随着家具的演化也相对地产生了变化，室内的干阑式地板地面变为泥土地坪。由于坐式日用家具的广泛使用，房屋由原来的低矮尺度、宽深空间变得高瘦挺拔，窗槛高度也相对地提高。

图 4-22 宋代桌凳

图 4-23 宋代桌椅

图4-24 《唐五学士图》中的家具

图4-25 《清明上河图》中的家具

4.1.10 元、明、清时期

1. 元代住宅

元代的胡同规划方式彻底改变了唐代里坊制的居住区规划模式，代表性的有后英房元代居住遗址，整个住宅分中、东、西三部分，中路为主体院落，庭院北有正房三间，左右附建挟屋（耳房）各一间，总面阔（宽度）为19.6米，前出轩屋三间，后出廊屋三间，形成一组规模较大、外形为"凸"字形的厅堂，整体建在台基上。该遗址表现的前出轩、后出廊，两侧附建挟屋是宋代建筑常用的手法，而工字殿更是宋、元时期建筑的流行形制。

2. 明、清时期住宅

明代住宅现存的类型很多，主要有窑洞、北方四合院、福建土楼和云南一颗印式住宅等。明代由于制砖手工业的发展，砖结构的民间住宅比例大为提高。明代虽仍继承旧制，制定了严格的住宅等级制度，但不少达官富商和地主不一定严格遵守这些规定，屋宇多至千余间，园亭瑰丽、宅院周匝数里。现存明代住宅，如浙江东阳官僚地主卢氏住宅（图4-26），经过数代经营，成为规模宏阔、雕饰豪华的巨大组群。安徽歙县现存的明代住宅以精丽著称，装修缜密、彩画华艳。

明代还出现了我国已知最早的单元式楼房。福建省华安县沙建乡的齐云楼（图4-27），是一座椭圆形楼，建于明万历十八年（1590年）；用花岗石砌筑外墙的圆楼升平楼，建于万历二十九年（1601年）。这两座楼都是大型土楼，中心为一院落，四周的环形建筑被划分为十几个和二十几个单元，每个住宅单元都有自己的厨房、小天井、厅堂、起居室、楼梯，独立地构成一个生活空间。

清代的夯土、琉璃、木工、砖券等技术都得到很大的发展，但民间住宅在建筑形式上没有大的突破和创新。

图 4-26　卢氏住宅木构架

图 4-27　福建齐云楼外观

3. 风格特点

明、清时期的民间住宅的大木结构形式逐步简单化、定型化，中原地区许多屋顶柔和的线条轮廓消失，呈现出比较沉重、拘束、稳重、严谨的风格。尤其是清代康熙、雍正年间，民间住宅家具装饰风甚浓，豪华宅院从额枋到柱子都有雕刻。硬山式建筑山墙上的山花镂刻十分精美，且图案复杂，檐下走廊的两端一般设水磨砖墙。南方民间住宅在封火山墙的变化上大做文章，使建筑产生瑰丽荣华的感觉。

明、清时期南北方民居的差异，主要体现在北方因天气寒冷，建筑多砌砖墙，外观较封闭；南方气候温湿，因此建筑多开敞。北方民居因用砖石较多，故砖石雕装饰较为发达，南方则尤以木雕见长。在建筑风格上，北方民居多偏于沉稳凝重，南方民居多偏于秀丽轻盈。院落开阔、建筑考究的四合院为北方民居的主要形式；南方民居院落多为二层建筑围合而成的天井院，不同地区则又有不同的装饰特征和建筑细节。

◎ 4.2　住宅的构筑类型

4.2.1　木构抬梁式、穿斗式与混合式

1. 抬梁式

抬梁式木构架（图 4-28）是我国传统木构建筑中十分常用的构架形式，最下层为立柱，柱上横支木梁和枋，有大式和小式之分，"大式大木"做法用于宫殿、庙宇等高级建筑；而"小式大木"做法用于一般住宅和低等级建筑。北方多用抬梁式木构架。

东阳民居

优点：构架结实牢固，经久耐用，构架内部有较大的使用空间。
缺点：结构复杂，要求加工细致，搭建时要严格按照设计施工。
主要分布地：北京、浙江、安徽、江西、湖北、云南、四川、湖南、贵州等。
典型代表：北京四合院正房。

2. 穿斗式

穿斗式木构架（图 4-29）在汉代便已成熟，在较细、较密的柱子之间用枋木相互穿

连而成，柱子紧密排列，间距基本相等，多使用小型木料。

优点：可以用较小的木料建造较大的房屋，穿斗式木构架的柱子与木串整齐排列，形成了细密的网状结构，加强了构架整体的稳定性。

缺点：房屋内部柱多、枋多，不能形成相互连通的大空间。

主要分布地：多见于我国南方的四川、湖南等地区。

典型代表：云南白族住宅的主体部分。

图4-28 抬梁式木构架

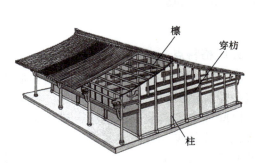

图4-29 穿斗式木构架

3. 混合式

混合式木构架（图4-30）是抬梁式木构架和穿斗式木构架的混合形式，即房屋中间的构架部分使用抬梁式木构架，使室内产生较大的使用空间，而两个山墙处则使用穿斗式木构架，以节约大型木料，达到了材料、功能、外观等多方面的有机融合。

优点：增强抗风性能，房间内部空间开敞、庄重，节约材料。

主要分布地：安徽、浙江、江西等地区。

典型代表：安徽地区的民宅。

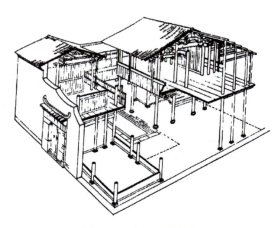

图4-30 混合式木构架

4.2.2 竹木构干阑式

竹木构干阑式住宅以竹、木梁、柱架起房屋，底层架空，其上使用穿斗式木构架形式。浙江余姚河姆渡遗址的竹木构干阑式建筑，是长江以南地区新石器时代的代表性建筑。广州出土的汉明器，证明汉代竹木构干阑式建筑已经很盛行。竹木构干阑式建筑在宋代称为"阁阑""麻阑"；在元、明时期称为"榔盘"，在清代称为"阑"。明、清两代，南方一些少数民族地区一直大量使用竹木构干阑式建筑，北方自汉代以后较少使用。

优点：风格朴实，大多为木架、草顶；底层架空可以通风祛潮、防毒虫猛兽、防洪排涝、储藏柴草、圈养猪牛等。

主要分布地：主要用于潮湿的山区或水域等地区，分布于广西、海南、贵州、四川等少数民族地区。

典型代表：侗族竹木构干阑式民居。

贵州侗族村寨

4.2.3 木构井干式

木构井干式住宅（图 4-31）是比竹木构干阑式住宅更为原始、朴实的一种木构架形式，它是用原木（采伐后未经加工的木料）建造而成的，用井干壁体作为承重结构墙。木构井干式构架是用原木作为墙体材料，横向水平放置，并层层相叠，转角处相扣合，形成稳定和完整的构架，以支撑屋顶。木构井干式住宅的建造过程非常简单、容易，但房屋比较简陋。东汉张衡的《西京赋》里有"井干叠而百层"的说法。

优点：材料是自然原木，建造简单。

缺点：特别耗费木材，一般只在有大面积森林覆盖而又经济相对落后的地区使用，使用范围小。因受木材长度限制，通常面阔和进深较小，使用空间太小，房屋较为简陋。

主要分布地：在东北、云南等的林区有较广泛的应用。

典型代表：云南木构井干式住宅。

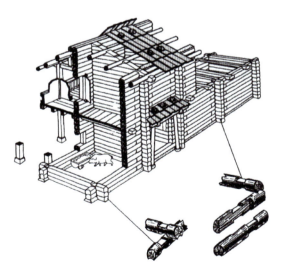

图 4-31　木构井干式住宅剖视图

4.2.4 砖墙承重式

在汉代洛阳郡的河南县考古工地上出土的汉代仓房，以砖砌方室较多，证明当时砌砖技术已很发达，但在地面住宅中用砖却不普及。在明代，砖普遍用于住宅砌墙并承重，在北方形成和普及了硬山式住宅，也就是砖墙承重式住宅。一般北方住宅多为四合院，每面各三间，在前、左、右三面房屋的正中间砌墙，除解决架檩传载外，火坑位置也可合理安排，从而形成一间半式房屋。

主要分布地：山西、河北、河南、陕西。

典型代表：山西襄汾砖墙承重式住宅。

4.2.5 土楼

福建土楼（图4-32）是世界上独一无二的山区大型夯土民居建筑，创造性的生土建筑艺术杰作，自成体系，既具有节约材料、坚固、防卫能力强的特点，又富有美感，属于生土高层建筑类型。

福建土楼

优点：防卫能力强，圆形的外墙厚度在1.5米左右，有的甚至厚达2.4米。由于墙壁较高较厚，既可防潮保暖，又可隔热纳凉，优点甚多。建造时常将松枝、竹子加入土墙内，起到肋筋的作用，并配以石块、石粉混合，以夯土技术将墙面处理得非常坚实，犹如一座坚固的城堡，能够有效地防御外敌攻击，易于防盗和防匪。

主要分布地：广东、福建、江西三省接壤地区，以及广西、台湾、海南等地。

典型代表：福建永定土楼住宅。

图4-32 福建土楼鸟瞰图

4.2.6 窑洞

窑洞住宅以天然土起拱为特征，主要流行于黄土高原和其他干旱少雨、气候炎热的地区。汉、唐时期的交河、高昌古城遗址，仍可见半地下的顶上起拱的穴居情形。现存的甘肃、陕北一带的窑洞，拱线接近抛物线形，跨度3～4米；豫西地区的窑洞则多为半圆拱。窑洞最普遍的类型有平顶式、靠崖式和下沉式。

1）平顶式窑洞（图4-33）是在没有开挖窑洞条件的地方，在平地上用土坯、砖、石等叠砌而成的发券结构房屋，别具特色。

2）靠崖式窑洞（图4-34）是利用天然的崖面开凿窑洞，利用崖畔的地势，向内深挖，形成了不同空间的窑洞，既可以是单孔，也可以是套联的，还有母子窑、拐窑等样式，正面以砖护面。

图4-33　平顶式窑洞

图4-34　靠崖式窑洞

3）下沉式窑洞（图4-35）是在没有天然崖面的情况下，在平地上挖坑，然后在坑的四壁上凿挖窑洞，形成宅院。坑口部位用砖砌筑护坡墙，以台阶和坡道连接坑底和地面，院内挖有水井和渗井以便解决用水、排水问题。

优点：窑洞不仅节省建筑材料、十分经济，而且冬暖夏凉、防火隔声、抗震性能强、经济实用、少占农田等。

缺点：潮湿、阴暗、空气不流通、施工周期长等。

主要分布地：主要分布在豫西、晋中、陕北、甘肃等黄土层较厚的黄土高原地区。

典型代表：豫西窑洞（图4-36）、陕北窑洞。

图4-35　下沉式窑洞——地坑院

图4-36　豫西窑洞

4.2.7　碉房

我国以石材为主要材料的住宅构筑类型是藏族碉房（图4-37），石材主要作为墙体的砌筑材料，墙体风格粗犷、自然。石砌的碉房，建在高原群山之中，坚固结实、稳重浑厚，形似碉堡，因而得名"碉房"。碉房是藏族地区的主要民居形式，具有较强的防御性，其形成原因：

①气候、地理条件。藏族所处地区风多、气候干燥、寒冷，日照多，日光辐射强，温差大，所以民居在选址、朝向、窗户开设等方面，均因地制宜。碉房一般背山面水、背山面路而建，选址位于山南，可回避寒风侵袭。

②材料来源。藏族地区盛产石料，民居多以石为主建材。碉房以石料为主，结合当地出产的木材，建成了当地特有的、富有藏地特色的民居建筑形式。碉房少的两层，多的可达五六层。

③历史延续性。藏族碉房历史悠久，如今的藏族碉房，仍然保持了早期堡垒的很多特色与特征。

主要分布地：青藏高原、内蒙古等地区。

典型代表：藏族碉房。

4.2.8 阿以旺

"阿以旺"是新疆地区常见的一种住宅形式，有数百年历史。阿以旺是一种带有天窗的夏室（大厅），中留井孔采光，天窗高出屋面40～80厘米，供起居、会客之用，后部作为卧室（冬室），各室用井孔采光。阿以旺顶部以木梁上排木檩，厅内周边设土台，高40～50厘米，用于日常起居。室内壁龛较多，用石膏花纹做出装饰。墙面一般用织物装饰。屋侧有庭院，夏日葡萄架下，可用于日常活动。阿以旺既有相对开敞的庭院空间，又相对封闭内敛，既符合室外活动需要，又适宜居家生活。

主要分布地：新疆地区。

典型代表：和田阿以旺（图4-38）。

图4-37 藏族碉房

图4-38 阿以旺民居内部

4.2.9 毡包

毡包可以说是一种可拆卸安装、易于搬运的装配式建筑，属于一种半固定、半流动性的居住样式，以适应游牧生活。毡包在先秦时期已有，汉时常见于记载，唐时牧民也喜用之，取其逐水而居、迁徙方便之利。毡包往往二三成组，附近用土墙围为牲畜圈。毡包的外形多为圆形，用木条编骨架，外面覆盖毛毡、牛皮等防风保暖材料，然后以皮绳束紧拉至墙根部位。毡包高约 2 米,直径 4～6 米不等。顶部用圆形天窗通风、采光。

主要分布地:内蒙古、新疆等地区。

◎ 4.3 住宅的实例分析

4.3.1 北京四合院

北京四合院

元大都的城市规划产生了胡同以及两条胡同之间的四合院住宅,经过明、清两朝,这种住宅进一步得到发展,于是"北京四合院"成了北京住宅的代名词。

1)布局形制。北京四合院(图 4-39)在布局上中轴对称,院落多取南北方向,大门开在东南角,进门即为前院,前院之南与大门并列的一排房屋称为倒座房,中央有一座垂花门,进门即为住宅内院。内院正面坐北朝南为正房,院左右两边为厢房;南面为带廊子的院墙。正房、厢房的门窗都开向内院,房前有檐廊与内院周围的廊相连。在正房的后面还有一排后罩房,这就是北京四合院比较完整的标准形式。

内院的正房为一家的主人居室,两边厢房供儿孙辈居住,前院倒座房为客房和男仆住房,后罩房为女仆住房及厨房、贮存杂物间。内院四周有围廊相连,可便于雨天和炎热的夏季行走。

2)院落环境。四合院进门迎面是一座影壁,在影壁上多有砖雕作为装饰,内容以植物居多,也有象征着吉祥、长寿、多福的动物纹样,有的还在影壁前布置堆石、花木等盆景,使这里成为进门后的第一道景观。前院北墙正中的垂花门(图 4-40),是通向住宅内院的大门,造型端庄而华丽。住宅内院中央有十字砖铺路面,其他部分多种植花木以美化环境。四合院所用花木颇有讲究,多要求春季有花,夏季有荫,秋季有果,最好还有某种象征意义,常见的有海棠、梨、枣、石榴、葡萄、夹竹桃、月季等。

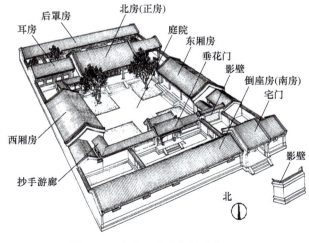

图 4-39 北京四合院布局示意

图 4-40 垂花门

3）等级要求。四合院等级分明、秩序井然，宛如京城规制的缩影。其规模与讲究程度随住宅主人身份地位而定。普通百姓之家，只有四边房屋围合成院；官吏、富商等殷实之家，通常为几座标准四合院纵向或横向相串联组合而成大型的四合院住宅，这种串联不是简单的叠加重复，而是有主有从，根据使用的要求有大小与比例上的变化。

四合院大小、等级的区别也反映在大门形制上，王府的大门是最高等级，京城文武百官和贵族富商之家多用"广亮大门"（图 4-41），广亮大门的形式是门安装在房屋正脊的下方，房屋的砖墙与木门做工很讲究，墙上还有砖雕作为装饰。其余的大门是用门扇安装在大门里的前后不同位置来区分它们的等级，门扇的位置越靠外的等级越低，一般分为金柱大门、蛮子门和如意门。普通百姓居住的四合院大门不用独立的房屋，一般采用蛮子门和如意门。

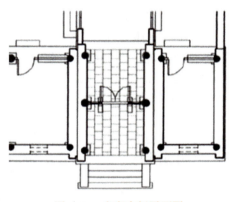

图 4-41　广亮大门平面图

四合院住宅保证了住宅的私密性和家庭生活所要求的宁静，在使用上能够满足中国封建社会的各种等级要求。其色彩低调，偏青色、灰色，以灰色屋顶和青砖为主。

4.3.2　四水归堂式住宅

江南民居的布局同北方的四合院大体一致，只是院子较小，称为天井，仅作排水和采光之用。因为屋顶内侧坡的雨水从四面流入天井，所以这种住宅布局又称为"四水归堂"（图 4-42）。四水归堂式住宅的个体建筑以传统的"间"为基本单元，房屋开间多为奇数，一般为三间或五间。每间面阔 3～4 米，进深五檩到九檩，每檩 1～1.5 米。各单体建筑之间以廊相连，和院墙一起围成封闭式院落。为了利于通风，多在院墙上开漏窗，房屋也前后开窗。天井其实也是一种院落，只是各面房屋多是楼房，包围的露天空间甚小且高。天井式院落是以四周楼房环绕，天井成为封闭性的中心，有时也呈三面凹形的格式，屋顶的雨水流入天井中，再通过天井中的地沟流出宅外。四水归堂式住宅以天井、高墙、镂空石雕窗等为元素，蕴含着深厚的地域特征。房舍净高较大，多楼房，通常正房朝南，面阔三间，楼梯设在进深很浅的两厢中的一侧。楼下明间为客厅，次间为主房；楼上明间是祖堂，次间住人。住宅外围环绕着高大的垣墙，这是因为出于防火的需要，须用高墙隔断，以防止火势蔓延。封火山墙上有马头翘角，俗称"马头墙"。四水归堂式住宅一般规模不大，主要以布局紧凑、装修华美、用材精良见长；墙线次序井然、错落有致，白墙黛瓦，

4.3.3 云南一颗印式住宅

一颗印式住宅（图 4-43）普遍存在于以昆明为中心的滇中广大地区，是一种两层楼、面阔仅三间的小型庭院式建筑。宅基地盘方整，墙身高耸光平，窗洞甚少，远望之其形如印，故称为"一颗印"。

图 4-42　四水归堂

图 4-43　一颗印式住宅鸟瞰

典型的一颗印式住宅的规制为"三间四耳倒八尺"，即正房三间，两厢称为耳房，每侧两间，共称四耳；另在耳房前端临大门处有倒座房一间，进深仅八尺，故名倒八尺。各个方向的房屋均为两层楼房，在正房与耳房相接处留有窄巷，安放楼梯，称为楼梯巷。天井在中央，面阔仅一间，比例狭小如井，是最小形制的天井院。住宅各间用途以正房为主，正房中间为厅堂，供日常起居，不做装修，呈敞口厅形式，与天井院混为一体。二层中间为祖堂或佛堂，正房上下楼的次间为卧室。左右耳房的进深较浅，一般作书房、客房之用，农家则作为灶房及畜圈等用。

4.3.4 河南巩义窑洞民居

河南巩义（古代为巩县）处于黄土高原南缘，黄土覆盖层面积大，占全县面积的 60%，厚度由十米至百余米，气候干燥，因此适宜开挖窑洞居住。隋代时，巩县用于居住的窑洞已有文字记载，宋代时民间窑洞已普及。位于巩义康店镇中的明、清"康百万庄园"窑群，是我国黄土高原地区规模较大的靠崖窑住宅群。康百万庄园窑群占地面积 64300 平方米，除了砖砌锢窑 73 孔外，住宅区还有 16 孔砖拱靠崖窑，整个窑群依黄土崖头呈折线形布置，组成了 5 个并列的窑房混合四合院。

巩义康百万庄园

巩义窑洞以向土层方向求得空间、少占覆地为原则，以拱券为结构特征。需要多室时，可横向并联数窑，也可向纵深发展（可达 20 多米），形成串联的"套窑"；也有大窑一端挖小窑的"拐窑"；还有与大窑相垂直的"子母窑"等。一般窑口附近空气充足，可安排灶、炕及日常起居用具，深处用于储藏；窑脸饰砖，或呈圆券形，或仿木构雕以垂花门式。

巩义窑洞具有冬暖夏凉、防火隔声、经济适用、少占农田等优点，但也存在潮湿、阴暗、空气不流通、施工周期长等缺点。巩义窑洞如图4-44、图4-45所示。

图4-44 巩义窑洞（一）

图4-45 巩义窑洞（二）

4.3.5 福建永定客家土楼

客家土楼在形制上有许多共同之处：

1）土楼以祠堂为中心，是客家聚族而居的必须内容，供奉祖先的中堂位于建筑正中央。

2）无论是圆楼、方楼还是户型楼，均中轴对称，保持北方四合院的传统格局性质。

3）基本居住模式是单元式住宅。

永定客家土楼分为圆楼和方楼两种。

圆楼以承启楼为例，布局上共有4环：中心为大厅，建祠堂；内一圈为平房；外一圈为两层；最外一环平面直径达72米，高12.4米。底层用作厨房、畜圈、杂用，二楼用于储藏，一楼和二楼对外不开窗，三楼和四楼为卧室，以回廊相通各室。外环高大，内环和祠堂低矮，故内院各卧室采光、通风均良好。全楼约400个房间，仅3个大门、2口井，各圈有巷门6个。

方楼的杰出代表为遗经楼，位于福建省龙岩市高陂镇上洋村，它以3座并列的5层正楼为主体，以正楼前大厅为中心，左右两端分别垂直连着一座4层回廊式围楼，构成"回"字形楼群；楼群前有一个数十平方米的石坪，石坪左右两侧建学堂，供楼内本族子弟读书；石坪尽处是大门楼，高6米，宽4米，气势十分恢宏。

单元总结

本单元概述了我国住宅建筑的形制演变和主要构筑类型,详细讲解了我国住宅建筑的典型实例,如北京四合院、四水归堂式住宅、福建永定客家土楼、河南巩义窑洞民居、云南一颗印式住宅的平面布局和建筑特征;同时,简要介绍了毡包、碉房、竹木构干阑式住宅、阿以旺等的特点。

实训练习题

一、填空题

1. 我国现已知最早最严整的四合院实例是_____。
2. 常见的窑洞有三种类型_____、_____、_____。
3. 汉代的住宅形式主要有_____和_____两种。

二、简答题

1. 简述北京四合院住宅的平面布局特点。
2. 简述河南巩义窑洞民居建筑的主要形式。
3. 简述云南一颗印式住宅的典型特征。

教学单元 5

宫殿、坛庙、陵墓

教学目标

1. 知识目标

（1）了解中国古代坛庙建筑的发展简况和坛庙建筑的分类。

（2）理解明、清时期北京太庙建筑组群和曲阜孔庙建筑组群空间布局的艺术特点。

（3）了解不同时期的陵墓形制及布局。

（4）掌握中国古代宫殿建筑的发展概况；掌握唐大明宫和明、清时期北京故宫的总体布局特征和建筑成就。

（5）掌握明、清时期北京天坛建筑组群的总体规划和设计思想，以及明、清时期北京社稷坛的设计思想。

2. 能力目标

（1）具备分析中国古代宫殿建筑群的总体布局特征的能力。

（2）能分析中国古代坛庙建筑设计和文化的内涵；能分析中国古代坛庙建筑的空间布局特点。

（3）能根据时代特点、文化背景分析中国古代陵墓建筑的发展过程。

思维导图

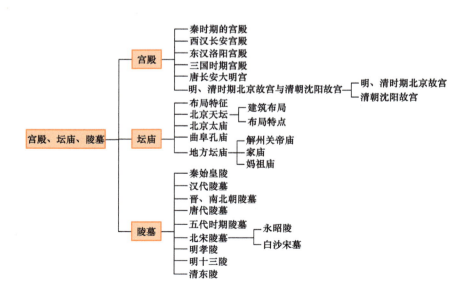

教学单元 5　宫殿、坛庙、陵墓

人类历史长河中，具代表性的留存较为久远的莫过于皇家建筑，人们所熟知的北京故宫、沈阳故宫、明十三陵、天坛、地坛、太庙、孔庙等，无一不是汇集当时最先进的技术、最雄厚的资金、大量的人力与物力建造而成的。这些建筑大体归结为宫殿建筑、坛庙建筑以及陵墓建筑，这三类建筑可以反映当时的建筑成就。

◎ 5.1　宫殿

宫殿是帝王的居所，同时也是国家权力中心，为国家的象征。宫殿建筑在各类建筑类型中发展最为成熟、规模也最大，是中国建筑技术和艺术的集中代表。宫殿是历代帝王实施统治、处理政务和居住的场所，是帝王至高无上的权力与地位的象征，具有明显的政治性。在中国现存的古代建筑中，宫殿建筑集中体现了中国古代建筑的突出成就和鲜明的民族特色。它不仅最大限度地满足了帝王的物质生活需求，还以严谨的空间布局、宏大的规模来突出帝王的威严，给人以宏观壮丽的视觉感受。任何一个朝代的皇帝，都把建造宫殿作为其十分重要的工程，不惜耗用大量的人力和物力在都城建造规模宏大、巍峨壮观的宫殿，在精神上给人们带来无比威严的感觉。与一般的建筑相比，宫殿建筑对传统礼制的象征与标志作用表现得更为明显和突出，体现在采取严格的中轴线对称的布局方式。中轴线上的建筑高大华丽，轴线两侧的建筑相对低小简单，格局为前朝后寝或外朝内廷。据文献记载，秦代的阿房宫、汉代的未央宫、唐代的大明宫，都是气势非凡的宫殿建筑群，殿宇毗连，楼阁高台，气象万千。中国的宫殿和庙宇常常采用金色、黄色、红色、蓝色等鲜艳的色彩，并且绘有动物、植物的图案。屋顶铺有彩色的琉璃瓦，门窗、隔扇、梁枋、栏杆、柱子和天花板施以多种色彩，有的金碧辉煌，有的典雅庄重。

夏、商时期的宫殿建筑，参考 3.1.1 节和 4.1.4 节，此处不再赘述。

从春秋至战国时期，宫殿建筑的趋势是大量建造台榭。陕西岐山凤雏村西周遗址，是迄今所知较早的用瓦建筑，出现了板瓦、筒瓦、"人"字形断面的脊瓦和圆柱形瓦钉。这种瓦嵌固在屋面泥层上，解决了屋顶防火问题。只是出土瓦的数量不多，可能只用在屋脊、屋檐和天沟等关键部位。西周早期瓦还比较少，到西周中期，瓦的数量就多了，并且出现了半瓦当。此外，在凤雏的建筑遗址中，还发现了在夯土墙或坯墙上用的三合土抹面（石灰＋细砂＋黄土），这标志着当时的中国建筑已突破了"茅茨土阶"的简陋状态，开始向较高级的"瓦屋"过渡和发展（图 5-1）。

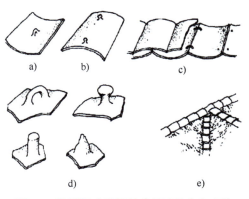

图 5-1　陕西岐山凤雏村建筑遗址中出土的西周瓦

a) 盖瓦瓦环　b) 仰瓦瓦环　c) 用绳联结的瓦
d) 瓦钉与瓦环　e) 用作屋脊与斜天沟的瓦

5.1.1　秦时期的宫殿

秦始皇在统一中国的过程中，不断吸取各国的建筑风格和技术经验，在此基础上兴建新宫。首先是在渭水南岸建起一座信宫,作为咸阳各宫的中心,然后从信宫前开辟一条大道通骊山,建甘泉宫。继信宫和甘泉宫两组建筑之后,又在北陵修筑北宫。

在用途上,信宫用于大朝,咸阳旧宫是正寝和后宫,而甘泉宫则是避暑处。此外,还有兴乐宫、长杨宫、梁山宫……以及上林苑、甘泉苑等。公元前212年,秦始皇又开始兴建更大的一组宫殿——朝宫,朝宫的前殿就是历史上有名的阿房宫(图5-2)。这次建宫计划,在渭南上林苑中,以阿房宫为中心,建造了许多离宫别馆。秦二世(胡亥)即位后,为了集中力量修筑始皇的陵墓,把阿房宫的兴建工程停工一年。第二次开工时缩小了计划范围,没有等到竣工,秦朝就被农民起义所推翻。现在阿房宫只留下长方形的夯筑土台,东西约1000米,南北约500米,后部残高7~8米,台上北部中央还残留不少秦瓦。

图5-2　阿房宫复原图

5.1.2　西汉长安宫殿

西汉之初,仅修建未央宫、长乐宫和北宫,到汉武帝时才大建宫苑。未央宫是大朝所在地,位于长安城的西南隅,利用龙首山岗地削成高台,为宫殿的台基,可见战国时期的高台建筑在西汉时仍盛行,东汉起才逐渐减少。未央宫以前殿为其主要建筑,殿平面阔大而进深浅、呈狭长形,是这时宫殿建筑的特点(图5-3)。殿内两侧还有处理政务的东、西厢。这种在一个殿内划分为三个部分,兼用于大朝、日朝的方法,与周朝前后排列三朝的制度有所不同。

图5-3　西汉长安未央宫复原图

太后住的长乐宫位于长安城的东南隅,北面和明光宫连属,周长1万余米,内有长信、长秋、永寿和永宁四组宫殿。北宫在未央宫之北,是太子居住的地点。建章宫在长安西郊,是宫苑性质的离宫,其前殿高过未央宫前殿。建章宫有凤阙,脊饰铜凤;又有井干楼和放置仙人承露盘的神明台。宫内还有河流、山冈和辽阔的太液池,池中起蓬莱、方丈、瀛洲三岛;宫内还养有珍禽奇兽,种植奇花异木。在建章宫前殿、神明台及太液池三岛等的遗址中曾发现夯土台和当时下水道所用的五角形陶管。

从长乐宫、未央宫和建章宫等的文献和遗迹可知,汉代"宫"的概念是大宫中套有若干小宫,而小宫在大宫(宫城)之中各成一区,自立门户,并充分结合自然景物。

5.1.3 东汉洛阳宫殿

东汉洛阳宫殿根据西汉旧宫建造南北二宫，其间连以阁道，仍是西汉宫殿的布局特点。北宫主殿德阳殿，平面为1∶5.3的狭长形，与西汉未央宫前殿相似。这时期已很少建造高台建筑，德阳殿的台基仅高4.5m。

5.1.4 三国时期宫殿

三国时期，魏文帝自邺迁都洛阳，就以原来的东汉宫殿故址营建新宫。在布局上，并未因袭汉代在前殿内设东、西厢的方法，而是在大朝太极殿左右建有处理日常政务的东、西堂。这种布局方式可能从东、西厢扩充而成，后为南北朝沿用了数百年，到隋朝才废止。

5.1.5 唐长安大明宫

大明宫位于唐长安北侧的龙首原，又称"东内"，以其相对于唐长安宫城之"西内"（太极宫）而言。它的南半部为宫廷区，北半部为苑林区，也就是大内御苑，呈典型的宫苑分置的格局。沿宫墙共设宫门11座，南面正门为丹凤门，北面和东面的宫墙均做成双重的"夹城"，一直往南连接"南内"兴庆宫和曲江池，以备皇帝车驾游幸。

宫廷区的丹凤门内为外朝之正殿含元殿（图5-4），面阔11间，雄踞龙首原最高处，其前有长达75米的坡道"龙尾道"，左右两侧稍前处又有翔鸾、栖凤二阁，以曲尺形廊庑与含元殿连接；其后为宣政殿，再后为紫宸殿（内廷正殿），正殿之后为蓬莱殿，这些殿堂与丹凤门均位于大明宫的南北中轴线上，这条中轴线往南一直延伸正对慈恩寺内的大雁塔。这个凹字形平面的巨大

图5-4 唐长安大明宫含元殿复原想象图

建筑群，其中央及两翼屹立于砖台上的殿阁和向前引伸、逐步下降的龙尾道相配合，充分表现了中国封建社会鼎盛时期的宫殿建筑之浑雄风姿和磅礴气势。

5.1.6 明、清时期北京故宫与清朝沈阳故宫

现存完整的中国古代宫殿仅有明、清时期的北京故宫和清朝沈阳故宫。

1. 明、清时期北京故宫

明、清时期北京紫禁城又称为"故宫"，是世界上现存规模最大、最完整的古代木结构建筑群，始建于明永乐四年（1406年），完成于永乐十八年（1420年），共有数十位皇帝先后在此登基。北京故宫鸟瞰图如图5-5所示。

1）礼制思想。历代都城建设都有一定的规制，尤其尊崇礼法，"王者必居天下之中，礼也"，因而都城及其宫城的选址都突出择中思想，"择天下之中而立国，择国中之中而立宫"。北京故宫位于北京城的中心，正是遵循这一礼制思想的结果。北京故宫内建筑一

律用红墙+黄色琉璃瓦，大面积的原色产生强烈的对比，在北京城内大片民居灰瓦的映衬下，更显得金碧辉煌。北京故宫富于变化的建筑及院落空间构成了一组秩序严谨、井井有条，又突出中心的宫殿建筑群。

2）建筑形制及其布局。北京故宫可分为外朝（皇帝举行大典和召见群臣、行使权力的主要场所）和内廷（皇帝和后妃们居住生活以及处理日常政务的地方）两大部分。外朝以太和殿、中和殿、保和殿为主，它们前后排列在三层汉白玉须弥座台基上，殿前宽度达200余米的广场增加了建筑群庄严雄伟的气氛。

图 5-5　北京故宫鸟瞰图

主殿太和殿（图5-6）为重檐庑殿顶建筑，面阔十一间，俗称"金銮殿"。太和殿用于举行最隆重的皇家仪式：登基、冬至朝会、庆寿、颁诏等，因此殿前不仅有宽阔的月台，还有面积达三万多平方米的广场，可供上万人聚会和各色仪仗的布置。中和殿是皇帝在大朝前的休息处；保和殿是每年除夕皇帝赐宴外藩王公的场所，殿试进士也在这里举行。从保和殿往北，过了乾清门，就进入内廷的范围了。

图 5-6　太和殿（正面）

内廷以乾清宫、交泰殿、坤宁宫为主体，它们也坐落在中轴线上。乾清宫是明朝皇帝的寝宫，象征天，也代表阳；坤宁宫是明朝皇后的寝宫，象征地，也代表阴。明嘉靖年间，根据"天地交泰，阴阳调和"的说法，在两宫之间建造了交泰殿，于是形成了对应外朝"三大殿"的内廷"三宫"的格局。内廷三宫的东西两侧为东六宫、西六宫，为嫔妃的居住之处，这12座宫殿代表着12星辰，拱卫着象征天地的乾清宫和坤宁宫。

北京故宫四周有护城河环绕，城墙四隅都有角楼，角楼有三重檐七十二条脊，造型华美。城墙四面辟门，正门午门最为突出，它的平面呈"凹"字形，中间开三门，两边各开一门，城楼正中为重檐庑殿顶，两边端头都有角亭，以廊庑相连。宫城前仿宋制设千步廊，廊东为太庙，廊西为社稷坛，继承"左祖右社"的布局。

角楼

3) 艺术特色。北京故宫内的主要建筑物都布置在一条明确的轴线上，这条轴线与北京全城轴线重合，体现了帝王宫殿的至尊地位。在中轴线上用连续、对称的封闭空间，形成逐步展开的建筑序列，又有多座院落相陪衬，建筑群主从分明、前后呼应、左右对称、秩序井然，衬托出中轴线上三大殿的崇高、宏伟。

2. 清朝沈阳故宫

清朝沈阳故宫（图5-7）位于沈阳旧城中，是清代努尔哈赤和皇太极两朝的宫殿。它始建于1625年，至1636年基本建成，乾隆时期续有改建、扩建，占地约6万平方米，整体布局分东、中、西三路。中路为宫殿主体，由三进院组成。

1) 建筑布局。中轴线上布置有大清门、崇政殿、凤凰楼和清宁宫。

大清门为皇宫正门，门前东、西街设文德、武功两座牌坊，街南由东、西奏乐亭和朝房、司房围成广场。崇政殿是皇宫主殿，面阔5间，前后出廊，硬山屋顶。殿后的凤凰楼和清宁宫共同坐落在高3.8米的高台上。凤凰楼平面呈方形，高3层，歇山顶，为全宫制高点，是皇帝议事、宴饮的场所。高台上的清宁宫及其前方的4座配殿是皇后和妃嫔的住所。清宁宫为五开间的前后廊硬山顶建筑，其平面布置很特殊，正门开于东次间，东边一间为暖阁，用作帝后寝室，置南北二炕，隔为南北二室，供冬夏分别住用；西四间连通，布置万字炕，并设锅台，作为宫内萨满教的祭神场所。

中路左右两侧在乾隆时期增建了东宫、西宫两组跨院。东路为一狭长大院，北部居中建重檐八角攒尖顶的大政殿（图5-8），殿前两侧呈梯形排列10座歇山顶殿，称十王亭。最北两座王亭为左右翼王亭，其余8座是按八旗方位排列的八旗亭。这组建筑建造较早，是努尔哈赤举行大典和商议军国大计的场所，其布局形式显然是脱胎于旷野军事会盟的八旗帐幄的排列形式。西路建造最晚，前部建嘉荫堂、戏台，后部有收藏《四库全书》和《古今图书集成》的文溯阁和仰熙斋，这部分建筑均按北京官式做法修建。

图5-7 清朝沈阳故宫俯视图

图5-8 清朝沈阳故宫大政殿

2）艺术特色。清朝沈阳故宫的早期建筑带有浓厚的文化边缘特色，总体布局与建筑形制都偏离官式正统，主要建筑崇政殿、清宁宫、大清门用的都是屋顶中最低档的硬山顶；寝宫建于高台是女真部落的历史传统；清宁宫、凤凰楼各置4个配殿，反映的是满族民居"正四厢"的格局，再加上建筑细部中融入藏传佛教的雕饰、彩画，这些都表明，清朝沈阳故宫体现的是汉、满、蒙的文化交流和文化融合。

☆知识链接

西方古代以其单体建筑的宏伟、典雅、豪华而给人以深刻的印象，那么中国古代这些具有纪念意义的建筑物，则以群体布局的空间处理见长，在基址选择、因地制宜地塑造环境以及空间、尺度、色彩处理等方面都富有特色和创造性。

中国古代宫殿建筑的发展大致有四个阶段："茅茨土阶"的原始阶段；盛行高台宫室的阶段；宏伟的前殿和宫苑结合的阶段；纵向布置"三朝"的阶段。纵观汉、唐、明三代宫室，其发展趋势是：规模渐小，汉长安的长乐、未央两宫占地面积分别为约6平方公里及约5平方公里，唐长安大明宫占地面积为3.2平方公里，明北京紫禁城（宫城）仅占地0.73平方公里；宫中前朝部分加强纵向的建筑结构和空间层次，门、殿增多；后寝居住部分由宫苑相结合的自由布置，演变为规则、对称、严肃的庭院组合，汉未央宫、唐大明宫中的台殿、池沼错综布列，富有园林气氛，不似明、清时期的故宫森严、刻板。

◎ 5.2 坛庙

坛庙具有礼的性质，是一种礼制建筑，在中国古代建筑中占有重要地位。坛是用土、石头或木料建造的台，庙是供奉祖先、诸神排位或造像的殿堂。两者都是用于礼教祭祀的场所，坛庙中祭祀的对象大致可分为两类：一类是自然神，包括天上诸神（如天帝、日月星辰、风云雷雨之神）及地上诸神；另一类是鬼神，即人死之后的神灵（包括祖先和历代圣贤英雄人物等）。坛庙的出现源于人们对自然的崇拜，对未知事物的合理解释。最早的坛庙起源于祭祀，最早大约出现在旧石器时期；到新石器时期，出现了良渚文化祭坛、红山文化祭坛及女神庙等。从不同时期的考古发现中可以研究当时人们对于祭祀的态度。早期的祭祀活动也为后来的坛庙发展打下了基础。

明、清时期的坛庙建筑已经比较成熟，皇帝将祭祀列为大事，尤其是祭天之礼尤为重视。根据古人天圆地方的思想，在建造建筑物时同样会考虑圆与方的关系，同时还将数字运用到极致，真正做到法天象地、天人合一。在明、清时期主要的祭祀坛庙有：祭祀皇帝祖先的太庙、祭祀天地的天坛和地坛、祭祀日月的日坛和月坛、祭祀孔子的孔庙和祭祀先农神的先农坛等。

5.2.1 布局特征

坛庙建筑是沟通人、自然和神灵的场所，因此坛庙建筑具备以下几个基本特征：
1）建筑布局严整有序，气氛庄严肃穆。
2）建筑形式多带有象征意义，如建筑物的高度、形状，柱子的数量，台基的层数等，都可能与古人对宇宙天地的观念相合。

3）建筑群中往往需要一些世俗建筑所没有的、专用于祭祀功能的特殊建筑，如神厨、宰牲亭、神乐署、具服台（殿）等。坛庙建筑要帮助使用者满足幻想中的精神需求，因此必须通过空间塑造来表达一种实际上仅仅存在于人们心灵之中的虚幻。这对坛庙建筑的艺术性提出了相当高的要求。明、清时期的坛庙建筑在空间环境氛围塑造和单体建筑造型方面成就最大的，当推天坛。

5.2.2 北京天坛

1. 建筑布局

天坛

明、清时期的北京天坛位于北京外城永定门内大街东侧，它有内外两重坛墙，都是东南、西南呈方角，东北、西北呈圆角。

内坛墙内偏东形成一条主轴线，轴线南段为祭天的圜丘坛组群，轴线北段为祈祷丰年的祈谷坛组群。圜丘坛的主体由3层圆台基构成，外围方圆两重墙，这里是举行祭天仪礼的场所。它的北面有一组圆形小院，主殿皇穹宇（图5-9）是一座单檐攒尖顶圆殿，内供神版，东、西配殿内供有从祀神位。皇穹宇以及三库、神厨、宰牲亭等构成了圜丘坛的配套建筑。

图 5-9 皇穹宇仰视图

祈谷坛组群包括祈年门、祈年殿、配殿、皇乾殿、具服台、神厨、宰牲亭等，其中的主要建筑由一圈壝墙围合成长方形大院。壝墙的东、西、南三面各辟一座砖券洞门。大院内部有一重由祈年门和东、西配殿组成的三合院，形成院内套院的格局。由三层圆台基组构的祈谷坛就处在大院后部中心，祈谷坛的正中矗立起三重圆攒尖顶的祈年殿（图5-10）。祈谷坛实质上成了祈年殿放大的台基，与祈年殿融为一体。皇乾殿则隐藏在大院北墙外的小院内，殿内神龛供奉神版，它与祈谷坛的关系类同于皇穹宇与圜丘坛的关系。天坛内有一条联结南北两坛的甬道——丹陛桥。这条甬道长约360米，宽约30米，由于天坛地形南高北低，故甬道南端仅高出地面少许，而北端已高出地面3.35米。高高突起的丹陛桥成了强有力的纽带，把分布在南北两端的圜丘坛组群和祈谷坛组群联结成整体，突出了天坛主轴线的分量。在这条轴线的西侧，有一组供皇帝斋戒的建筑——斋宫。它坐西朝东，占地约4万平方米，由两重宫墙、两道禁沟和百余间回廊围成正方形的宫院，内有无梁殿的正殿、五开间的寝宫和钟楼、铜人亭、奏书亭等。斋宫作为皇帝在天坛斋宿的住所，以其森严的警卫戒备和浓厚的肃宁氛围，给人留下深刻的印象。

2. 布局特点

天坛的总体布局（图5-11）蕴涵着中国古代规划设计大型建筑组群的思路：超大规模的占地，突出天坛环境的恢宏壮阔；大片满铺的茂密翠柏，渲染天坛的肃穆静宁；圜丘坛、祈谷坛两组有限的建筑体量，通过丹陛桥的连接，组成超长的主轴线，控制住超大的坛区空间；

高高突起的圜丘坛、祈谷坛和丹陛桥，提升人的视点，造就天的崇高、旷达、神圣的境界；通过一系列的数的象征、方位的象征、色彩的象征和"天圆地方"之类的图形象征，充分显现崇天的意识。历经明、清两代扩建、改建的北京天坛，堪称中国古代建筑组群的典范。

图 5-10　天坛祈年殿

图 5-11　天坛鸟瞰图

5.2.3　北京太庙

北京太庙（图 5-12、图 5-13）是明、清两代帝王祭祀祖先的宗庙，位于紫禁城前方御道的东侧，与西侧的社稷坛形成"左祖右社"的对称格局。它始建于明永乐十八年（1420 年），明嘉靖二十四年（1545 年）重建，后经清代增修，有内外三重围墙，主体建筑由位于第三重围墙内的正殿、寝殿、祧殿组成。

正殿用作祭殿，原为 9 间，乾隆时改为 11 间。上覆黄色琉璃瓦重檐庑殿顶，下承三重汉白玉须弥座台基，属最高等级形制。殿内主要柱枋包镶沉香木，内壁也以沉香木粉涂饰，芳香袭人。寝殿与祧殿均为面阔 9 间的单檐庑殿顶。寝殿内供奉历代帝后神位，祧殿则供奉世代久远、从寝殿中迁出的帝后神位。为此，将祧殿单独隔于后院，颇为得体。太庙的总体设计，以大体量的、最高规制的正殿为主体，以大面积的、满铺的柏树林为环境烘托，在较短的距离内安排了多重门、亭、桥、河的铺垫，取得了祭祀建筑所需要的静宁、肃穆、庄重的氛围。

图 5-12　太庙布局示意

图 5-13　太庙内部

5.2.4 曲阜孔庙

曲阜孔庙

中国古代社会尊孔，很多城市乃至一些乡镇都建有祭祀孔子的庙宇。其中规模最大、等级最高的是位于山东曲阜的孔庙，它是全国仅次于北京紫禁城的大型古建筑群。

曲阜孔庙坐北朝南，平面呈纵向长方形，前后共九进院落，各类建筑共 460 余间。其中，前三进是由牌坊、棂星门等几重门禁和大片遮天蔽日的松柏所形成的引导空间，用以营造庄重肃穆的朝圣气氛。自大中门起是孔庙的主体部分，分别为同文门、奎文阁、碑亭区、大成门、大成殿（图 5-14）、寝殿和圣迹殿等，最后为神厨、神庖。大成殿东、西庑内供奉着七十二弟子和历代名儒的牌位。

自北宋时期的大修以来，曲阜孔庙经历了多次兴衰变迁，才形成了现有的规模。其中大成门以北的格局基本为宋代已有，大成门以南为宋后历代加建。现存单体建筑绝大多数为明、清时期重建或新建。主殿大成殿坐落于"土"字形双层汉白玉台基之上，面阔 9 间，进深 5 间，重檐歇山顶，屋顶用琉璃瓦（图 5-15）。殿内柱子使用楠木，彩画绘以金龙，藻井形制与太和殿相同。

图 5-14　曲阜孔庙大成殿

图 5-15　大成殿琉璃瓦

5.2.5 地方坛庙

1. 解州关帝庙

解州关帝庙坐落在山西运城解州镇，坐北向南，整个庙宇占地约 22 万平方米，从南向北依次由结义园、庙区和寝宫三部分组成，规模宏大，布局严谨，气度恢宏。

1）在建筑规格上，解州关帝庙现存布局为我国古代建筑最高等级的宫殿式建筑群，主要表现在：

① 具有皇家宫阙所独有的端门、雉门、午门、文经门、武纬门、东（西）华门、东（西）便门等门庑，虽然体量较小，但位置、门额皆与帝宫类似。

② 午门和崇宁殿前铺设浮雕蟠龙和流云的云路，且崇宁殿前竖立华表，以表威仪。

③ 端门外设有"挡众"，阻止官吏马轿通过。

④ 庙门两侧建设内外两重高大宫墙，前沿墙上垛口罗列，犹如北京紫禁城的宫墙形

制。左右两侧宫墙折角处设钟、鼓二楼，与故宫午门两侧角楼作用相同。

2）平面布局上，解州关帝庙沿用了中国古代建筑群传统的中轴线对称的布局方式。庙区设立东、中、西三道轴线，以中轴线的主庙为主轴，庙两侧分置东宫和西宫，三道轴线以内用围墙和廊庑间隔。宫分东西，又各立轴线，除了解州关帝庙，其他佛寺道观皆无此制。

3）立体布局上，解州关帝庙合理利用自然地势，充分地考虑了各建筑物的功能、体量、造型、式样、空间容量以及它们之间的主从位置、先后次序、格局规范、层次差异和等级分布等因素。庙区的主体建筑，设计者以御书楼和崇宁殿居中，通过抬升地面和加高基台的方式，既凸显了帝王宫阙的庄严肃穆，又达到了全庙的第一个高潮。而生活区寝宫于地势最高处构筑两层三檐九级式楼阁，规模宏大，气势巍峨，构成了关庙建筑的第二个高潮。

4）在建筑性质上，解州关帝庙既有浓厚的宗教建筑特征，又有鲜明的纪念性和祭祀性建筑的体例。由于关公"汉封侯、宋封王、明封大帝，儒称圣、释称佛、道称天尊"，位于关公故里州治所在地的解州关帝庙，合"圣帝"与"神灵"于一堂，集宫廷与庙宇为一体，其庙堂建筑以关公的祭祀崇拜为中心，既有宫城中前朝后寝、午门持重的建筑规制，又有庙堂中楼阁在前（御书楼）、崇奉主体（关圣殿）居中、藏经阁（春秋楼）居后的布局。主庙中无佛道神祇，也没有佛寺道观的设施（仅琉璃影壁，钟、鼓楼，焚表炉和殿内神龛与佛寺道观相近），碑石文献也无崇佛奉道的记载，是既参照佛寺道观，又迥异于佛寺道观的庙宇体系。

2. 家庙

家庙即儒教为祖先立的庙，属于中国儒家学派祭祀祖先和先贤的场所。古时有官爵者才能建家庙，作为祭祀祖先的场所。家庙在上古时期叫宗庙，唐朝始创私庙，宋朝开始改称家庙。《云麓漫钞》有文："文潞公作家庙，求得唐杜岐公旧址。"

依周礼，"天子七庙，卿五庙，大夫三庙，士一庙。""太庙"是帝王的祖庙，其他凡有官爵的人，也可按制建立"家庙"。汉代以后，庙逐渐与神社（土地庙）混在一起，蜕变为阴曹地府控辖江山河渎、地望城池之神社。庙作为祭鬼神的场所，还常用来敕封、追谥文人武士，如文庙——孔子庙，武庙——关羽庙。

3. 妈祖庙

妈祖是流传于中国沿海地区的民间信仰，是历代航海船工、海员、旅客、商人和渔民共同信奉的保护神。民间在海上航行前，要先祭妈祖，祈求保佑顺风和安全，在船舶上立妈祖神位供奉。

湄洲妈祖祖庙建于宋初，开始仅"落落数椽"，名叫"神女祠"，经过多次修建、扩建后形成规模化。其中，郑和、施琅等历史人物就力主扩建过，形成了有16座殿堂楼阁，99间斋舍客房的雄伟建筑群，内部画梁雕栋，金碧辉煌，恰似"海上龙宫"。后来庙宇几经损坏，日渐破败，几乎"夷为平地"。

经过重建后的湄洲妈祖祖庙建筑群是以前殿为中轴线进行总体规划布局，依山势而建，形成了纵深数百米，高差数十米的主庙道，从庄严的山门，高大的仪门到正殿，由323级台阶连缀两旁的各组建筑，气势不凡。在祖庙山顶，还建有14.35米高的巨型妈祖石雕像，面向大海，面向台湾海峡，栩栩如生。在湄洲妈祖祖庙附近，有"升天古迹""观澜石""妈祖镜""潮音洞"等景观，祖庙里还有重修碑记、御赐金玺、御赐匾额等文物。石壁上隐约可见千年前仅"落落数椽"的"神女祠"以及"人"字形造型。

◎ 5.3 陵墓

古代帝王的陵墓，是中国古代建筑的一个重要类型。陵墓在中国特别受到重视，有悠久的发展史并取得了高度的艺术成就，中国历代帝王都十分重视营造他们死后的陵寝，甚至超过了宫殿的修建。陵寝建筑尽量模仿世间前朝后寝的形制，出现了"视死如生"的建筑艺术。在漫长的历史进程中，中国陵墓建筑得到了长足的发展，产生了举世罕见的、庞大的古代帝、后墓群，而且在历史演变过程中，陵墓建筑逐步与绘画、书法、雕刻、自然环境融于一体，成为反映多种艺术成就的综合体。陵墓建筑是中国古建筑中十分宏伟、十分庞大的建筑群，其营造比宫殿、坛庙的营造更加复杂，它涉及各种有形的和无形的因素，包括陵墓的方位、地址、地貌、水文、朝向等。中国的陵墓建筑有其明显的艺术特色，整体建筑具有肃穆、崇高、永恒的气氛，凸显同自然界的亲近协调。陵墓一般是利用自然地形，靠山而建，融人工建筑于自然美景之中。地表建筑中心突出，地上建筑部分一般由封土、享殿、神道、石像生、望柱、牌坊、碑亭等组成，地下墓室的建筑材料及其结构形式因时代不同而多有变化。陵园内松柏苍翠、树木森森，给人以肃穆、宁静之感。

5.3.1 秦始皇陵

秦始皇陵（图5-16）是古代陵墓中的宏伟作品，是中国历史上体形最大的陵墓。史称"骊山"的秦始皇陵在陕西临潼骊山北麓，现存陵体为三层方锥形夯土台，东西长约345米，南北长约350米。周围有内外两重城垣，内垣周长约3000米，外垣周长约6300米。陵北为渭水平原，陵南正对骊山主峰。陵自始皇即位初兴工，至公元前210年入葬，工期约30年。陵东侧附葬大冢十余处，可能为殉葬的近侍亲属。在秦始皇陵东1.5公里处，发现了大规模的兵马俑队列埋坑（图5-17）。秦始皇陵兵马俑坐西向东呈品字形排列，其中共出土了约7000件秦代陶俑及大量的陶马、战车和兵器，代表了秦代雕塑艺术的最高成就。秦始皇陵兵马俑陪葬坑均为土木混合结构的地穴式坑道建筑，像是守卫地下皇城的"御林军"。从各坑的形制及兵马俑装备情况判断，一号坑为步兵和战车组成的主体部队；二号坑为步兵、骑兵和车兵穿插组成的混合部队；三号坑则是军事指挥所。

俑坑布局合理，结构奇特，在深5米左右的坑底，每隔3米架起一道东、西向的承重墙，兵马俑排列在墙间的过洞中。其中，一号坑东、西长230米，宽62米，面积达14260平方米，深达5米左右，俑像排列成38路纵队，兵马俑达六千多件。此外，坑内还有一些青铜剑、戟等兵器。

陵区还发现有陶水管及石水道，地上有大量瓦砾，表明曾有规模宏大的地面建筑。秦始皇陵的形制对后世有较大的影响，它气势庞大，平面舒展，轴线对称，显示了当时工匠高超的技艺。

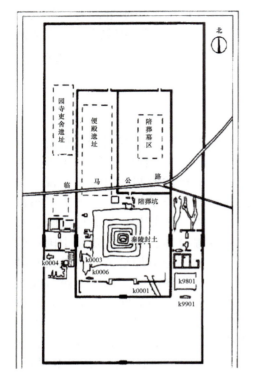

图 5-16 秦始皇陵平面图　　　　　图 5-17 秦始皇陵兵马俑

5.3.2 汉代陵墓

西汉诸陵，少数位于渭水南岸，多数在咸阳以西的渭水北坂上，陵体宏伟。陵的形状承袭秦制，累土为方锥形，截去上部称为"方上"，最大的方上约高20米，方上斜面堆积许多瓦片，说明其上曾建有建筑。陵内置寝殿与苑囿，周以城垣，陵旁有贵族陪葬的墓，陵前置石造享堂，其上立碑，再于神道两侧排列石羊、石虎和附翼的石狮。最外侧模仿木建筑形式建两座石阙，石阙的形制和雕刻以四川雅安高颐阙为代表，是汉代墓阙的典型作品。

东汉陵墓在墓前还建有石制墓表。在结构上，汉初仍采用木椁墓，以柏木作主要承重构件材料，防水措施仍以沙层与木炭为主。战国时代末期先后出现的空心砖和普通小砖逐步应用于墓葬方面，墓室结构由此得到改变。墓道用小砖，而墓顶用梁式空心砖。不久，墓顶改为两块斜置的空心砖，自两侧墓壁支撑中央的水平空心砖，由此发展为多边形砖拱。到西汉末期，改为半圆形筒拱结构的砖墓，东汉初期又改为砖穹窿。在多山的地区，崖墓较为盛行，其中以四川的白崖悬棺墓群最为突出，在长达1公里的石岸上共凿有56个墓室。由于砖墓、石墓和崖墓的发展，商、周以来长期使用的木椁墓逐渐减少，至汉末和三国时期几乎绝迹。

此外，陵墓的发展使得汉朝的制砖技术及拱券技术有了巨大进步。大块空心砖及普通长条砖已大量出现在河南一带的西汉墓中。空心砖长约1.1米，宽约0.405米，厚约

0.103米，砖表面压印各种花纹；普通长条砖长0.25～0.378米，宽0.125～0.188米，厚0.04～0.06米。还有特制的楔形砖和企口砖（图5-18），陕西兴平曾发现用这种砖砌的下水道，在洛阳等地还发现用条砖与楔形砖砌拱制成的墓室，有时也采用企口砖来加强拱的整体性。汉代的筒拱顶有纵联砌法与并列砌法两种，东汉时期纵联拱成为主流，并已出现了在长方形和方形墓室上砌筑的砖穹隆顶。穹隆顶的矢高比较大，壳壁陡立，四角起棱，向上收结呈盝顶状（图5-19）。采用这种陡立的方式，可能是为了便于无支模施工，同时可使墓室比较高敞。由空心砖到砖券穹隆的演变如图5-20所示。

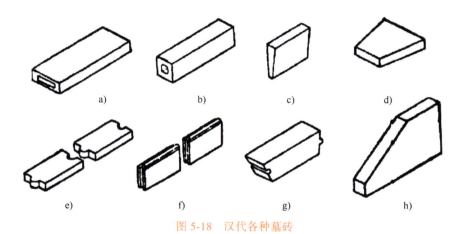

图5-18　汉代各种墓砖
a）空心条砖（一）　b）空心条砖（二）　c）楔形砖（一）　d）楔形砖（二）
e）企口砖（一）　f）企口砖（二）　g）楔形企口砖　h）墓门空心砖

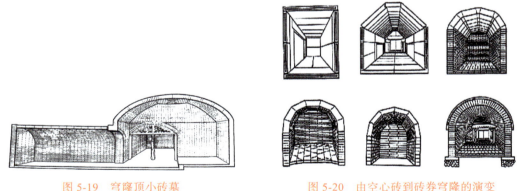

图5-19　穹隆顶小砖墓　　　　图5-20　由空心砖到砖券穹隆的演变

5.3.3　晋、南北朝陵墓

建康（现江苏省南京市）曾先后是东晋和南朝的宋、齐、梁、陈的都城，陵墓有很多，其中南京西善桥大墓，是南朝晚期贵族的大墓（图5-21）。墓室为纵深的椭圆形，长10米，宽与高均为6.7米，上部为砖砌穹隆顶。甬道由砖砌成，甬道墙上用花纹砖拼装，设有石门两道，门上有人字形叉手浮雕。

现存的南朝陵墓大都无墓阙，而是在神道两侧置石兽，其中皇帝陵墓用麒麟，贵族墓用辟邪，左右有墓表或墓碑。其中萧景墓的墓表形制简洁、秀美，是汉代以来墓表中十分精美的一个（图5-22）。在河南邓州市曾发现一座南朝时期的彩色画像砖墓，墓的券门上画有壁画，壁画之外砌了一层砖，中间灌以粗砂土（图5-23）。墓分为墓室和甬道两部分，墓壁左右各有几根砖柱，柱上砌有38厘米×19厘米×6.5厘米的画像贴面砖，由7种颜色涂饰。由此可以看出这个时期的墓室色彩处理手法和效果。

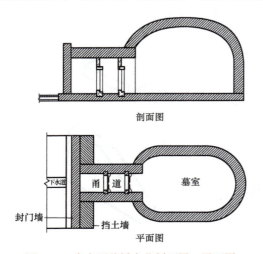

图 5-21 南京西善桥大墓剖面图、平面图

图 5-22 梁朝萧景墓墓表

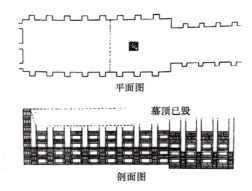

图 5-23 河南邓州市彩色画像砖墓平面图、剖面图

5.3.4 唐代陵墓

1. 陵墓布局特征

唐朝不仅在都城的规划和宫殿建筑上表现了它的威势，也在陵墓建筑上反映了这一时期的博大之气。唐代陵墓在总体上继承了前代的形制，以陵体为中心，陵体之外有方形陵墙相围，墙内建有祭祀用建筑，陵前有神道相引，神道两旁立石雕，但它与前朝不同的是选用自然的山体作为陵体，代替了过去的人工封土的陵体，陵前的神道比过去更长，石雕也更多，总体气魄上比前朝陵墓更为博大。

2. 唐乾陵的形制

1）地理位置。唐高宗和皇后武则天合葬的乾陵（图5-24）是唐代陵墓中最突出的代表。乾陵位于陕西乾县，它选用的自然地形就是乾县境内的梁山，乾陵地宫在最高的北峰之下，开山石辟隧道深入地下。

图5-24　唐乾陵鸟瞰图

2）布局形制。北峰四周筑方形陵墙，四面各开一门，按方位分别为东青龙门、西白虎门、南朱雀门、北玄武门，四门外各有石狮一对把门。朱雀门内建有祭祀用的献殿，陵墙四角建有角楼，在北峰与南面两峰之间布置主要神道及楼阁式的阙台建筑。往北，神道（图5-25）两旁依次排列着华表、飞马、朱雀各一对，石马五对，石人十对，碑一对（图5-26）。为了增强整座陵墓的气势，将神道引伸往南，设置三道阙门，门内神道两旁立有当年臣服于唐朝的外国君王石雕群像数十座。

图5-25　唐乾陵神道

图5-26　神道上的石像生

乾陵以高耸的北峰为陵体，以两座南峰为阙门，陵前神道自第一道阙门至北峰下的地宫，共长4公里有余，其气魄是依靠人工堆筑的土丘陵体所无法比拟的。

3）规划特点。陵园整体模拟唐长安城格局：第一道门阙比附郭城正门，神道两侧星罗棋布地散布着皇帝近亲、功臣的陪葬墓；第二道门阙比附皇城正门，以石人石兽象征皇帝出巡的卤簿仪仗；第三道门阙比附宫城正门，以朱雀门内的"内城"象征帝王的"宫城"。这组气象磅礴的陵园规划，渗透着强烈的皇权意识，也充分展现出善于利用自然、善于融合环境的设计意识。

5.3.5 五代时期陵墓

1. 南唐二陵

五代十国时期的帝陵，较出名的有南唐二陵和前蜀永陵。由于分属割据王朝，这些帝王陵墓的规模都较小。

南唐二陵（图 5-27）位于南京市江宁区祖堂山南麓，二陵均沿唐制依山为陵，墓室建于山坡上，相隔仅数十米。南唐一共三代帝王，其中后主李煜，在宋灭南唐之后被迁往开封居住，此二陵埋葬的分别是李昪和李璟。南唐二陵墓室结构相似，都是前、中、后三进墓室配以若干耳室，其中埋葬李昪的钦陵规模较大，建造和装饰也较精美。

2. 前蜀永陵

前蜀永陵的外形为半球形土堆，高约 15 米，直径约为 80 米，陵台四周下部砌以四层条石。墓室分前、中、后三室，全部石造。在墓室两侧的壁柱上，建半圆形券（图 5-28），券上再铺石板。墓内地面铺石板，四壁涂红色，室顶涂天青色。中室的棺座采用须弥座形式，所雕人物花纹生动精美，是五代石刻艺术的代表作品（图 5-29、图 5-30）。

图 5-27　南唐二陵

图 5-28　前蜀永陵内部

图 5-29　扶棺力士（一）

图 5-30　扶棺力士（二）

5.3.6 北宋陵墓

宋代皇陵没有沿袭唐代依山为陵的制度，因为规定每朝皇帝死后才能开始建陵，而且必须在 7 个月内完工下葬，所以尽管皇陵本身的形制还是以在地上起夯土陵台为中心，四周围有陵墙，四面有门，南门外设神道，道旁立石人、石兽，最前面也立有双阙门，但是在规模上比唐代皇陵要小得多。

1. 永昭陵

北宋皇陵有 8 座，全部建在离汴梁（现开封）不远的巩县（现巩义）境内。皇陵的陵区又称为"兆域"，兆域中建夯土陵台，称为"上宫"，陵台地下为地宫墓室，其南有献殿。上宫环以神墙，称为"方城"，方城四角建有阙楼，四面辟门。兆域南门至方城南门之间为神道，神道排列有石人、石马。"下宫"位于上宫北偏西，由正殿、影殿和斋殿等建筑组成，是日常供奉的场所。受宋代流行的风水术"五音姓利"的影响，北宋陵区的布局呈南高北低之势，即从神道到上宫走的是下坡路，与其他王朝的陵墓走势相反。各陵具体的布局方式，以永昭陵为代表。

永昭陵是宋仁宗赵祯的陵墓。帝陵由上宫、下宫组成，上宫西北附有后陵。上宫中心为覆斗形夯土陵台，称"方上"，底方 56 米，高 13 米。四面围神墙，每面长 242 米，正中开门，上建门楼，四角有角楼。各门外列石狮一对。正门南出为神道，设雀台、乳台、望柱及石像生（图 5-31）。下宫是供奉帝后遗容、遗物和守陵祭祀之处，后陵以北的建筑遗址当是下宫的所在。永昭陵的石像生雕刻没有唐陵雕刻的雄伟气势，但也不失为浑厚严谨之作。

图 5-31　永昭陵神像

2. 白沙宋墓

北宋时期，由于手工业和商业的发展，城市生活繁荣，商业和住宅建筑得到发展，这在一些地主、富商的坟墓中得到了反映。建造于北宋元符二年（1099 年）的河南禹州白沙宋墓（一号墓）可以说是这一类墓的代表。墓室分前后墓室，全部用砖筑造，前室（图 5-32）为方形，后室为六角形，屋顶用砖叠涩筑成盝顶形和藻井形，下有斗拱过渡到墙体，四周墓壁上用砖做出梁、柱及门窗的式样，还有墓主人夫妇对饮等装饰砖雕（图 5-33），而在所有这些砖制构件的表面均有五彩的彩画。

图 5-32　白沙宋墓一号墓前室西北隅　　　　图 5-33　白沙一号墓前室西壁壁画

前室表现的是主人宴乐，后室表现的是主人梳洗及整理财物等，反映了古代住宅前室后寝的传统布局。整座墓规模不大，前有长约 6 米的甬道下到墓室，前后室宽均不足 3 米，但墓室做工细致，装饰华丽，十分形象地反映了墓主人生前的生活和环境。

5.3.7　明孝陵

明孝陵（图 5-34）是朱元璋和马皇后的合葬陵，以整个钟山为兆域，规模甚大。陵区的最前面是下马坊，碑刻"诸司官员下马"六个大字，为了表示对皇帝的尊敬，大小官员从这里开始就必须下马步行。下马坊北是陵园的大门，再往北行是"四方城"，内有明成祖朱棣为其父亲朱元璋立的"神功圣德碑"。

四方城北过御河桥就是神道，神道两侧排列着石像生（图 5-35）。过了石像生，神道向北拐，迎面是一对石柱，然后是文臣和武臣各两对石像生。到了神道的尽头，就是棂星门了，棂星门后折东至金水桥，从这里开始，南北轴线才正对钟山主峰，沿轴线布置了孝陵门、祾恩门、祾恩殿（祭祀用的享殿）、方城、明楼，穿过方城明楼下的隧道就是陵园最后部分——宝城。宝城内巨大的封土陵台，突破了秦汉以来历代陵寝封土多采用覆斗形的传统，改成圆丘形，称为"宝顶"，宝城下就是放置帝后棺椁的地宫所在地。

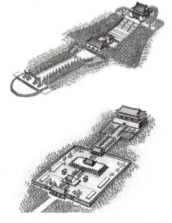 

图 5-34　明孝陵建筑布局手绘图　　　　图 5-35　明孝陵神道石像生

5.3.8 明十三陵

明朝迁都北京后,在其北郊昌平天寿山地区形成了集中的陵区,是中国历史上最宏大的陵寝建筑群,埋葬着明代十三位皇帝,故称"十三陵"(图5-36)。

1. 长陵的布局

十三陵以长陵为中心,它的中轴线正对着天寿山主峰,东西各有一座被称为"砂山"的小山——蟒山和虎峪山,代表风水学说中的青龙、白虎守卫陵寝,体现了"陵制当与山水相称"的规划思想。

陵区的入口是一座高大的五间石牌坊,过石牌坊即踏上了长达七公里的神道(图5-37)。神道在左右砂山之间蜿蜒向前,略偏向体量较小的那座砂山,使两座砂山的体量在视觉效果上得到巧妙的平衡。神道经大红门、碑亭、石像生至龙凤门(相当于棂星门)。在其中长约800米的神道两侧共有石像生18对,从南向北有石狮两对,獬豸两对,骆驼两对,石象两对,石麒麟两对,石马两对。其后有将军、品官、功臣共12尊石人,皆为立像。这些石雕数量之多,形体之大,雕琢之精,保存之好,为古代陵园中罕见。

图5-36 明十三陵地理环境

图5-37 明长陵神道

长陵墙垣上开三个门洞,进入陵园,过祾恩门,就到了祾恩殿(图5-38、图5-39)。祾恩殿为重檐庑殿顶,面阔九间,殿内有12根金丝楠木柱,最大的四柱直径达到了1.17米。

图5-38 长陵祾恩殿

图5-39 祾恩殿内部梁架

2. 十三陵的布局特点

十三陵既是一个统一的陵区，各陵又自成系统，每座陵墓占据一座山丘，基本上沿用南京明孝陵的体制，包含祾恩门、祾恩殿、明楼和宝城几个部分，增置了勋臣的石像，加大了各石像生的间距，使其前导空间显得更加深远和舒展。由于之后的其他帝陵尊奉长陵为祖陵，选址于长陵的左右，又为了体现对祖先的尊敬而"逊避祖陵"，故而缩减了建筑规模，使长陵的规模和形制都强烈地凸显出来，成为明代帝陵的典型代表。

5.3.9 清东陵

清东陵（图 5-40～图 5-42）的选址是一个环形盆地，北有燕山余脉昌瑞山为后靠，西有黄花山为右弼，东有鹰飞倒仰山为左辅，南有金星山等山脉为照山；中间有数十平方公里的原野坦荡如砥，西大河等河流贯穿其间，山水灵秀，郁郁葱葱。

陵区内以顺治孝陵（图 5-43）为主体，左右分列景陵（康熙）、裕陵（乾隆），最西为定陵（咸丰）；陵区最东为惠陵（同治），陵区的南面东侧为昭西陵，其余三座后陵、五座妃园寝皆位于相关帝陵附近。清东陵内共埋葬有 5 位皇帝、15 位皇后、136 位妃子。陵区风水围墙之外，还分布着亲王、公主、皇子等人的园寝，是一座规模巨大的皇家陵区。陵区内松柏密布，红墙黄瓦交相辉映，各陵神道势若游龙，显现出清幽肃穆、古朴自然的景色。

孝陵的主轴线长达 5.5 公里，沿神道井然有序地排列着石牌坊（图 5-44）、大红门、更衣殿、神功圣德碑楼（图 5-45）、18 对石像生群（图 5-46）、龙凤门（图 5-47）、七孔桥（图 5-48）、五孔桥、三路三孔桥等建筑，直达孝陵陵园门前，沿途建筑层层叠叠、气势宏大。

孝陵园区可分为"前朝后寝"两座院落，进隆恩门后为前院，院中为面阔五间的隆恩殿；殿后经琉璃花门进入后院，院中有二柱门（棂星门），经石供案可达方城、明楼、宝城等建筑。建筑层次分明、脉络清楚、高低错落、疏密相间，以一条宽 12 米的神道贯穿起来，节奏感很强。

清东陵内其他各陵的形制与孝陵类似，但规制上稍有减撤，以突出主陵。各陵皆有单独的神道及大碑楼、石像生、龙凤门等（惠陵除外），各陵神道走向皆由孝陵神道接出，干枝分明、融为一体，这点与明十三陵仅设一条总神道的做法不同。

☆ 知识链接

汉武帝茂陵采用"黄肠题凑"的葬式。"黄肠题凑"是一种高等级的墓葬形式，"黄肠"是指堆叠在棺椁外的黄心柏木枋，"题凑"是指木枋的头一律向内排列。黄肠题凑指的是西汉帝王陵寝棺椁四周用柏木枋堆叠成框形结构，即用木料沿墓室壁垒成一圈包围椁室的墙，所有的木料都是一端朝墓室内，另一端朝墓室外。这种墓葬形式还具有很强的象征意义：棺椁象征着帝王的寝宫；便房象征着帝王生前饮食起居的地方；而柏木墙则象征着整个王宫的城墙，所以通常做得较厚，寓意有很强的防御性。它是汉代兴起的葬法，同汉武帝以黄色作为皇家正色有关。

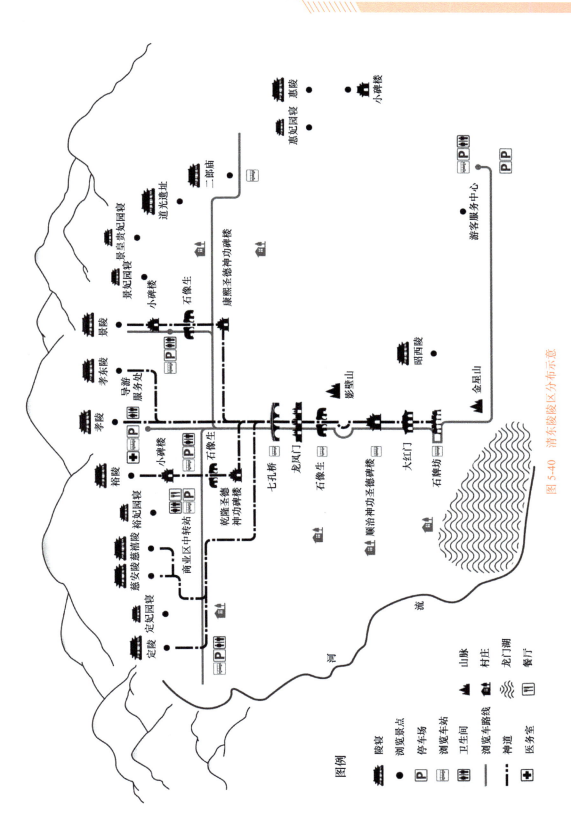

图5-40 清东陵陵区分布示意

图 5-41 清东陵

图 5-42 清东陵鸟瞰图

图 5-43 顺治孝陵鸟瞰图

图 5-44 石牌坊

图 5-45　神功圣德碑楼

图 5-46　18 对石像生群

图 5-47　龙凤门

图 5-48　七孔桥

单 元 总 结

中国传统建筑的发展与当时的经济、政治、文化、社会风俗等是分不开的，从大的方面可以分为官式建筑和民间建筑。两者相比较而言：官式建筑作为国家的象征，更为规范化、制度化，可以体现当时的施工技术、装修水平、审美水平等；民间建筑更加自由一些，可以看到很多不同地域的建筑的独特魅力。

宫殿建筑作为中国最高权力的地方，要展现皇家的威严，就要从尺度、规格、装饰、色彩等多方面加以营造，比如说北京故宫太和殿的开间数就达到了十一间，是当时最高等级的建筑，屋顶采用皇家才可以使用的黄色琉璃瓦，装饰为和玺彩画，大殿前还放置有日晷等，无一不体现皇家权力。

实训练习题

一、填空题
1. 目前已知最宏大的商初单体建筑遗址为＿＿＿＿＿＿＿＿。
2. 春秋时期，出于政治、军事和享乐的需要，各诸侯国建造了大量的＿＿＿＿＿＿＿＿。
3. ＿＿＿＿＿＿＿＿是古代陵墓中的宏伟作品，是中国历史上体形最大的陵墓。
4. 明十三陵最突出的艺术成就是＿＿＿＿＿＿＿＿。

二、选择题
1. 北京故宫中和殿的屋顶形式是（　　　）。
   A. 歇山顶　　　　B. 攒尖顶　　　　C. 重檐庑殿顶　　　　D. 庑殿顶
2. 拱顶墓是在（　　）时期发展起来的。
   A. 唐　　　　　　B. 西汉　　　　　C. 秦　　　　　　　　D. 宋
3. 北京天坛的建筑包括（　　　）。
   A. 圜丘及附属建筑　　　　　　　　B. 祈年殿及附属建筑
   C. 斋宫　　　　　　　　　　　　　D. 以上都是
4. 中国历史上第一个依山凿穴为玄宫的帝陵是（　　　）。
   A. 明陵　　　　　B. 定陵　　　　　C. 乾陵　　　　　　　D. 灞陵

三、简答题
1. 商朝宫室的布局对后世的影响有哪些？
2. 秦朝在建筑方面的三大主要成就是什么？
3. 分析北京故宫的总体布局和建筑特色。
4. 简述北京天坛的特点，并绘制其总平面图。

教学单元 6

宗教建筑

教学目标

1. 知识目标
（1）了解中国古代佛教、道教建筑的发展概况。
（2）了解中国古代石窟的建造情况。
（3）掌握主要宗教建筑如佛光寺大殿、独乐寺观音阁等建筑的木构和外观特点。

2. 能力目标
（1）能对不同宗教建筑的典型特点进行梳理。
（2）能够根据所学知识快速辨认宗教建筑的类别。
（3）熟悉代表性宗教建筑的结构形制。

思维导图

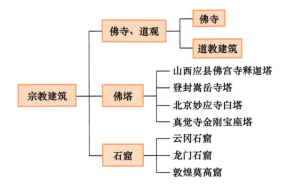

◎ 6.1 佛寺、道观

6.1.1 佛寺

佛教建筑主要包括佛寺、佛塔和石窟。

寺庙起源于古印度的寺庙建筑，从北魏开始在中国兴盛起来。我国佛寺的组合形式在长期的发展过程中形成了以佛塔为主和以佛殿为主的两大类型。在早期的佛寺中，保留着

"天竺"制式特点，通常在寺院的中心造塔，塔成为寺庙中的主要建筑，周围环绕方形广庭和回廊门殿，如东汉洛阳白马寺、北魏时洛阳的永宁寺等。唐代以后，大量佛寺内不再以佛塔为中心，而是以供奉高大造像的多层楼阁、佛殿为主，塔则多数置于殿后或在中轴线以外的位置，甚至不再建造佛塔，寺院内多层楼阁与佛殿的位置安排较为灵活，如唐代五台山佛光寺。以佛殿为主的佛寺基本上采用了我国传统宅邸的多进式院落布局，为供奉佛像和进行室内佛事活动提供了合适的空间。于是，隋、唐以后，中国传统的殿堂建筑成了佛寺殿堂的通行形式。这种艺术格局使中国佛寺既有典雅庄重的庙堂气氛，又富有自然情趣，且意境深远。

1. 佛光寺

佛光寺是我国历史文物中的瑰宝，佛光寺高踞山腰，寺基为梯田式，共有三层院落，层层叠高，楼阁殿堂百余间，在隋、唐时期声名远播。佛光寺的正殿为东大殿（如图6-1），它位于该建筑群的最上一层院落，在所有建筑中位置最高，是我国现存不多的唐代佛寺建筑中等级较高的一座佛殿。大殿坐东朝西，面宽七间，进深四间，总面积六百多平方米。单檐庑殿顶，屋面平缓，出檐深远，斗拱雄大，是典型的唐代建筑。大殿下部有低矮的台基，正面中部五间设板门，尽端两间采用底部实墙，上部开直棂窗，其余部分都用夯土墙围绕，如图6-2所示。

佛光寺

图6-1 佛光寺东大殿实景

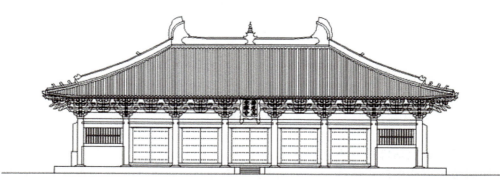

图6-2 佛光寺东大殿正立面

大殿整体采用"金箱斗底槽"形式的列柱支撑，即基址上由内外两圈柱网围合。两圈22根檐柱和14根内柱围成一个"回"字，形成面阔五间、进深两间的内槽和一周外槽（图6-3）。柱高与开间略呈方形，整体比例匀称，造型庄重。各柱子均向中心微微倾侧，柱高由中间向两端渐次升起，给人以非常稳定的感觉。大殿内的后半部建一巨大佛坛，上置多尊佛像。大殿的梁架，最上端用了三角形的人字架，这种梁架结构是我国现存木结构建筑中使用较早的。大殿的檐下使用硕大的斗拱，斗拱约为柱高的一半，殿檐探出近四米，使斗拱在结构和艺术形象上发挥了重要作用，突出地表现了唐代建筑稳健雄丽的风格，这在宋代以后的木结构建筑中难寻与其相似者。正殿的柱、额、斗拱、门窗、墙壁全用朱红色浆涂刷，未施彩绘。殿顶脊兽用黄色、绿色琉璃烧制，造型生动，色泽鲜艳。正脊微凹，两边的鸱吻显得苍劲有力，鸱吻落在第二缝梁架上，屋顶和殿身构成稳重华丽的面貌。整个大殿规模宏大、刚健雄伟，显示了唐代建筑的宏伟气势。

山西五台山佛光寺大殿建筑分析

2. 隆兴寺

河北正定隆兴寺始建于隋，经过了多次扩建与修正，在北宋初期成为皇家寺院。其总平面至今仍保留了宋代风格，是现存宋代佛寺建筑总体布局的一个重要实例。

隆兴寺由东路、中路、西路的建筑组成，呈南北中轴的狭长方形，特别强调纵深布局，是典型的以高阁为中心的佛寺建筑。寺内的主要建筑有天王殿、天觉六师殿，还有摩尼殿、牌楼门、戒坛等建筑群。主殿佛香阁（大悲阁）位于院落正中，与周围的转轮藏阁、慈氏阁所形成的空间，成为整组寺院建筑群的高潮，具极强的感染力。其中，摩尼殿、转轮藏阁、慈氏阁都保持着宋代建筑的风格和特点。

主殿摩尼殿（图6-4）建于北宋皇祐四年（1052年），位于隆兴寺建筑群中的第二进院落中，面宽五间、进深四间，为重檐歇山顶。大殿四面各出一个"龟头屋"——突出殿身的小屋，又称抱厦。南面抱厦面阔三间，其余三面皆面阔一间，抱厦为歇山顶，其屋顶方向与摩尼殿屋顶方向垂直。两者造型的穿插变换，使摩尼殿的外观生动丰满，富有韵律。除四面抱厦的门窗外，仅有拱眼略进光线，故而殿内采光、通风条件欠佳。

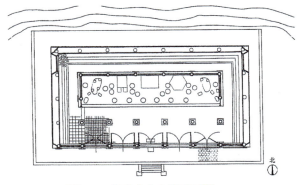

图6-3　佛光寺东大殿平面图

图6-4　隆兴寺摩尼殿

3. 独乐寺

河北蓟县独乐寺相传创建于唐代，辽代统和二年（984年）重建。现存的独乐寺建筑中只有山门和观音阁（图6-5、图6-6）是辽代原物。观音阁是独乐寺的主要建筑，外观为二层楼阁形式，实为三层，中间是暗层，南面设月台。阁面阔五间，进深四间，为单檐歇山顶；屋顶为歇山顶，坡度和缓，在造型上兼有唐代雄健和宋代柔和的特色，是辽代建筑的重要实例。

室内中央部分是一个贯穿三层的空井，供奉着一座高达16米的辽塑十一面观音像，它造型精美，是我国现存最大的泥塑观音像。殿内为"金箱斗底槽"柱网形式，上下各层的柱子并不直接贯通，而是分三段上下相接，上层柱较底层柱收进半个柱径，插在下层柱头的斗拱上，名为"叉柱造"，外观上给人稳定感。上下两层空井的形状不同，为了增加结构的稳定性，在暗层内还增设斜撑，有助于防止空井的构架变形，加强了整个结构的刚度。这样完整统一、设计精巧而稳定的结构，使独乐寺自辽代重建以来，虽经数十次地震而始终安然无恙。

独乐寺观音阁

图6-5 独乐寺山门

图6-6 独乐寺观音阁

6.1.2 道教建筑

道教是土生土长的中国本土宗教，道教建筑没有形成独立的风格体系，在建筑材料、建筑形式与内部结构以及选址依据的风水学原理方面，同宫廷礼教建筑一脉相承。大体依照我国传统的宫殿、祠庙体制，建筑以殿堂楼阁为主，利用自然环境呈高低错落自由式布局，不建塔和经幢。

现今整体布局保存较好的道教建筑以山西芮城永乐宫为代表，其主要部分建于元中统三年（1262年），是道教三大祖庭之一。永乐宫的总体布局以中轴线贯穿，从南到北依次为山门、龙虎殿（无极门）、三清殿、纯阳殿、重阳殿和丘祖殿（已毁）。永乐宫的主殿为三清殿（图6-7），殿内供奉道教最高

图6-7 永乐宫三清殿

尊神三清祖像。殿下有高大的台基，殿前设大月台。三清殿面阔七间，进深四间，单檐庑殿顶，全部为元代木构梁架，均为传统风格，上覆歇山顶。屋脊镶黄、绿、蓝三彩琉璃，龙吻高达三米，整体为一条盘旋的巨龙状，四角各装角神，威猛庄严。殿内采用"减柱造"构造形式，仅在后半部设金柱八根，以安置三清祖像。

◎ 6.2 佛塔

塔最早起源于印度，大约在东汉时期随佛教传入我国。在中国境内的塔种类繁多，塔按用途可以分为佛塔、墓塔和风水塔等；按所用的材料可以分为木塔、砖塔、石塔、金属塔和陶塔等；按结构和造型可以分为楼阁式塔、密檐式塔、单层塔、喇嘛塔、金刚宝座塔等，还有多塔合建在一起的塔林。

6.2.1 山西应县佛宫寺释迦塔

山西应县佛宫寺释迦塔（图6-8）又称为应县木塔，位于山西应县佛宫寺内。应县木塔建于辽代清宁二年（1056年），塔高67.31米，是我国现存最早、规模最大的纯木结构楼阁式建筑。应县木塔平面为八角形，高九层，但从外部看是五层，实际上从里面看，第二层以上各层间夹有暗层。其自身的体量相当巨大，但由于立面划分形式多变，各层屋檐上配以外挑的平座与走廊，层层梁枋、斗拱、栏杆重叠而上，形成丰富多变的立面曲折造型，加上造型优美的、向天冲出的攒尖塔顶、塔刹，给人以玲珑华美、不失雄壮的感受，颇有顶天立地的气势。塔的构造采取内外两圈布局，纯木结构，采用"叉柱造"的方法，具有完整的梁、柱与斗拱构架。

应县木塔

整个塔身采用榫卯相接的木结构形式，没有一颗铁钉，全靠五十多种斗拱和梁、柱镶嵌穿插吻合而成，构件繁多、装配复杂，显示出高超的结构技术。为了保证塔身整体的坚固性，整个塔身做了多重加固措施。用现代力学的观点看，每种规格的尺寸均符合受力特性，全塔的每个木构件接点在受外力时都产生一定的位移与形变，抵消了外力，不会倒塌。该塔建成九百余年，经过多次强烈地震的考验始终巍然屹立，已成为中国传统木结构技术合理性与先进性的生动例证。

图6-8 山西应县佛宫寺释迦塔

6.2.2 登封嵩岳寺塔

北魏正光四年（公元523年）建造的登封嵩岳寺塔（图6-9），属于砖砌密檐式建筑，是我国唯一的十二边形平面佛塔。嵩岳寺塔高约40米，底层直径约10米，塔的内部构造采取"空筒式结构"，内为楼阁式，外为密檐式，整体造型奇特，是我国佛塔中的孤例。除了塔刹部分用石雕之外，塔的外壁用黄土泥浆砌砖，仍十分坚固。塔身建于朴素的台基上，第一层特别高，分上、下两部分。在塔身中部用挑出的砖将塔身分为上、下两段，上段比下段稍大。塔身四面有贯通上、下两段的券门，门上有尖顶券面装饰；下段其余八面为光素的砖墙面，而上段塔身的八个面各砌单层浮屠式壁龛，龛座由壸门和狮子作为装饰。在上段于每面转角处的壁柱，柱下为砖雕莲瓣柱基础，柱头饰火焰和垂莲。券门和券窗上的火焰券面及角柱的莲瓣柱头、柱基础，带有很强的异域风格特征。塔身从第二层开始逐渐收缩形成密接式的塔檐，共十五层，每层檐之间只有短短的一段塔身，作八角形。塔内上下直通，各层重檐均向内收分，形成和缓的曲线，外观秀丽明快。

塔檐之间各设三个小窗，但多数仅具窗形，并不采纳光线。塔的整体轮廓由和缓的曲线组成，具有刚柔结合的线条，刚劲雄伟又轻快秀丽，加上重重密檐，俊秀异常，建筑工艺十分精巧，是我国古塔中形体优美的杰作之一。历经一千多年风霜雨露侵蚀而依然坚固不坏，至今保存完好，充分证明我国古代建筑工艺之高妙。无论是在造型艺术上，还是在建筑技术上，都是中国和世界古代建筑史上的一件珍品。

图 6-9　登封嵩岳寺塔

6.2.3　北京妙应寺白塔

北京妙应寺白塔（图 2-23），建于元至元八年（1271 年），位于北京西城区阜成门内。此塔十分雄壮，全高超过 50 米，底径约 30 米，全部砖造，因通体都刷白色，故称白塔。妙应寺白塔自下而上由塔座、塔身、相轮、华盖和塔刹等部分组成。塔座高 9 米，为"凸"字形砖砌的高大须弥座，台上建平面呈"亚"字形的须弥座二重，其上以硕大的莲瓣承托平面为圆形而上肩略宽的塔身。塔身俗称"宝瓶"，形状像倒置的陶钵，外形粗壮，轮廓呈圆形。塔身之上为折角式须弥座"塔脖子"，再往上是巨大的实心十三层相轮，称为"十三天"。塔刹在青铜宝盖与流苏之上，原来是宝瓶，但现在安置一个小喇嘛塔，饰以铜制透雕的华盖及铜铃。妙应寺白塔除塔顶为铜质之外，其他结构全用石砌，外表贴砖，并涂刷白灰，光洁如玉，所以又称为"玉塔"。铜质塔顶呈金色，金白对比，气氛崇高而圣洁。全塔各部分过渡衔接自然，比例匀称，造型古朴，气势雄浑阔大，与元大都的气魄十分协调。

6.2.4　真觉寺金刚宝座塔

真觉寺金刚宝座塔（图 6-10）于明朝成化九年（1473 年）建成，由共同坐落在同一座方形高台座上的五个塔组成。台座前后开券门通向座内回廊，从南券门入内有梯级通到台顶。塔座为须弥座，呈方形，特别高大（高数十米），在此上面建造了分立在塔座中心和四角的五座石砌方形汉式密檐塔。中塔较高，前立一座琉璃亭。中央塔有十三层密檐；四角小塔略低，都是十一层重檐。塔和塔座全部用汉白玉建造，整个造型敦厚而稳重，塔座用横线条分为五层，壁面布满浮雕，结构紧密，刻工精致。

图6-10　真觉寺金刚宝座塔

◎ 6.3　石窟

6.3.1　云冈石窟

云冈石窟（图6-11）坐落于山西省大同市西郊约16公里的武州（周）山南麓，依山凿窟，长约1公里，是南北朝时期重要的石窟建筑群，主要完成于北魏时期，前后经历数十余年，距今已千余年的历史。云冈石窟现存主要洞窟45个，形制各不同，窟内大小造像59000余尊。整个石窟分为东、中、西三部分，东部的石窟多以造塔为主，故又称塔洞；中部石窟修建时间较早，多为长方形，每个洞窟都分前后两室，主佛居中，洞壁及洞顶布满浮雕；

图6-11　云冈石窟

西部石窟修建的时代略晚，以"千佛洞"为主，多为中、小窟和补刻的小龛，缺少明显的变化。

云冈石窟由于石质较好，故多用雕刻而少用塑像及壁画形式，佛像种类繁多，有不同类型的雕像以及佛寺建筑和佛教装饰。同时，吸收较多外来影响，在这里可以看到具有印度风格的塔柱、希腊风格的卷涡柱头、中亚风格的兽形柱头等，又可以见到用石雕表现的中国木建筑式样的殿堂与楼阁。云冈石窟形象地记录了佛教文化向佛教艺术发展的历史轨迹，反映出佛教造像在中国逐渐世俗化的过程。云冈石窟以其雄伟的气魄、丰富多彩的佛教内容和雕刻精细的石雕艺术著称，具有很高的科学与艺术价值，是人类文化遗产的重要组成部分。

6.3.2　龙门石窟

龙门石窟（图6-12）位于洛阳市城南12公里处，是我国规模庞大的佛教石雕艺术宝库。龙门石窟开凿于北魏孝文帝迁都洛阳之际（公元493年），之后历经东魏、西魏、北周、隋、唐、五代时期的营造，形成了南北长达1公里，具有2300余座窟龛、10万余尊造像、2800余块碑刻题记的石窟建筑群。龙门石窟是中国北方三大石窟群之一，与敦煌莫高窟、云冈石窟并称为"中国三大艺术宝库"。

龙门石窟多利用天然溶洞稍加扩展而成，石窟岩体多为石灰岩质，山体坚硬，佛像的雕制技术能够表现出非常精巧细腻的水平，成为北魏中原佛教文化的象征。龙门石窟的建筑装饰富有特色，浮雕纹饰设计与建筑浑然一体；洞窟平面多呈马蹄形，个别为独间的方形，未用中心塔柱和洞口的柱廊，窟室顶棚也只是稍加雕饰的平顶形式，多数洞窟置有较大的佛像。龙门石窟规模宏大、气势磅礴，窟内造像雕刻精湛，窟中最小的佛像仅有数厘米高，这些高不盈寸的小千佛位于莲花洞南壁上方，生动细致，栩栩如生，堪称雕刻的精品。

龙门石窟中，具有代表性的窟洞有古阳洞和宾阳洞（图6-13）。古阳洞是龙门石窟群中开凿最早的一个石窟，洞内佛像精巧富丽，生动庄重，以造像题记著称，大小列龛数以百计，龛上雕刻图案与装饰十分精美，并且严谨完整、丰富多彩。为人称道的《龙门十二品》，大部分集中在古阳洞。宾阳洞是龙门石窟中开凿时间较长的一个洞窟，前后历时24年方完成。宾阳洞窟室内装饰较丰富，穹窿窟顶中部藻井为重瓣莲花，围绕流苏构成莲花宝盖，周环8个伎乐天和2个供养天人围绕莲花飞舞，裙带随风飞动，风姿绰约，体态生动。地面也饰以莲花图案，好像铺设了地毯，上下呼应，和谐统一。

图6-12　龙门石窟

图6-13　龙门石窟宾阳洞

6.3.3　敦煌莫高窟

敦煌莫高窟（图6-14）位于甘肃省敦煌市区东南25公里处，开凿在鸣沙山东麓的崖壁上，始凿于十六国时期，后又经隋、唐、五代、宋、元各朝代不断凿建，是世界上现存规模十分宏大、内容十分丰富的佛教艺术宝库。敦煌莫高窟南北长约1600米，上下五层，长长的栈道将大大小小的石窟曲折相连，高低错落有致、鳞次栉比，异常壮观。建筑群内石窟大小不等，塑像高矮不一，大的雄伟浑厚，小的精巧玲珑，集建筑、绘画、雕塑于一身，庄严神秘、宏伟壮丽、令人叫绝。莫高窟至今还保留着735个石窟、2400余尊的塑像和超过45000平方米的壁画。莫高窟所在山体为砂砾石岩质，不适合雕刻，因而以泥塑和壁画来表现佛教题材。

图6-14　敦煌莫高窟

单元总结

本单元介绍了佛寺、道观的建筑特点,山西五台山佛光寺大殿的木构和外观特点,蓟县独乐寺山门和观音阁的木构与外观特点;敦煌莫高窟、云冈石窟、龙门石窟的建设情况;以实例形式介绍了楼阁式塔、密檐式塔、单层塔、喇嘛塔以及金刚宝座塔的外观特征。

实训练习题

一、填空题

1. _____是我国现存古建筑中,最能体现唐代木构架建筑特征的建筑。

2. _____位于西安市南关荐福寺内,是一座典型的唐代密檐式砖塔。

3. 我国的四大石窟分别是_____、_____、_____、_____。

4. 摩尼殿的平面采用的结构形式是_____。

二、综合题

1. 绘制佛光寺东大殿的平面图和正立面图,并概括其结构特点。

2. 绘制独乐寺观音阁的平面图。

教学单元 7

园　林

教学目标

1. 知识目标

（1）了解中国古代园林的发展概况。

（2）理解中国古代皇家园林和私家园林两大园林体系不同的造园原则和设计方法，以及风景建设的性质与规模。

（3）掌握颐和园、拙政园等著名园林的布局、设计手法，以及风景建设的原则和手法。

2. 能力目标

（1）通过对中国古代皇家园林和私家园林两大园林体系的认识，提高艺术鉴赏能力和设计能力。

（2）能够分析园林的布局和构成要素，并能将风景设计的手法应用于实践。

思维导图

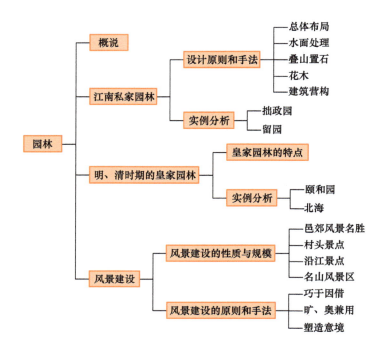

中国是世界文明古国之一，早在奴隶社会时期就有造园活动见于文献记载。周文王筑"灵台""灵沼""灵囿"，可以说是最早的皇家园林，但主要是作为狩猎、采樵之用。秦始皇灭诸侯，建立统一的封建大帝国，在首都咸阳修建上林苑，并"作长池，引渭水……筑土为蓬莱山"，以供帝王游赏。汉武帝大规模兴建皇家园林，把秦朝的上林苑扩充到很大的范围，几乎囊括了首都长安的南面、西南面的广大地域。这是一座范围极大的狩猎、游憩兼作生产基地的综合性园林。汉武帝为了追求长生不老，按照方士所鼓吹的神仙之说在建章宫内开凿太液池，池中堆筑方丈、蓬莱、瀛洲三岛以摹拟东海的"神仙境界"。这就是后来历代皇家园林的主要模式"一池三山"的起源。汉代后期，官僚、贵族、富商经营的私家园林已经出现，但并不普遍。到明代，官僚、富商等喜欢建造观赏性的小型缩微式山水私家园林。至清代，可以说此时园林建设是中国古典园林艺术的集大成时期，也是中国古代园林发展史上最后一个繁盛时期。

中国古代园林发展主要阶段

◎ 7.1 概说

中国古代园林主要有皇家园林和私家园林两种，汉代以前者为主，成就高于后者；宋代以后，私家园林的水平渐高；到了清代，皇家园林转而要向私家园林学习了。它们虽具有共通的艺术性，但私家园林更多体现了文人学士的审美心态，现存的私家园林以江南地区成就更高，其风格清新秀雅，手法更为精妙；皇家园林主要在华北发展，现存的皇家园林以北京一带较为集中，规模巨大，风格华丽。中国古代园林源于自然，高于自然，以表现大自然的天然山水景色为主旨，布局自由；所造假山池沼，浑然一体，宛若天成，充分反映了"天人合一"的中华民族文化特色，表现了一种人与自然和谐统一的宇宙观。

◎ 7.2 江南私家园林

私家园林以江南地区宅园水平较高、数量较多。江南是明、清时期经济十分发达的地区，积累了大量财富的地主、官僚、富商们居于闹市而又要享受自然风致之美。于是，在宅旁或宅后修建小型宅园并以此作为争奇斗富的一种手段，遂蔚然成风。江南地区气候温润，雨量充沛，利于花木生长；地下水位较高，便于挖池蓄水；水运方便，易于罗致奇石，这些都有利于发展园林。东晋、南朝、南宋、明、清时期，苏州、南京、杭州、扬州等地造园之风兴盛，目前保存的私家园林以苏州、扬州为多。这些园林大的几十亩（1亩=666.6平方米，后同），小的一亩、半亩，在有限的空间里叠山理水、植花树木、诗画点景、追求意境，创造出曲折萦回、丰富多变、咫尺山川的园林环境。

7.2.1 设计原则和手法

1. 总体布局

江南私家园林把全园划分成若干景区，景区应主题多样、各具特色、主次分明，不宜平均分布。景区空间处理要巧妙，尺度得当，虚实结合。景区分隔要隔而不塞，既独立成景，又互相贯通，可以用山、水、墙或廊、树木、建筑等进行分隔，并以门、窗、廊、桥、路、亭等连接贯通。园内路径一般由卵石路、碎石路、桥、廊等组成，应曲折萦回、曲径通幽，忌一览无余。景物组织应巧妙运用对比、衬托、对景、借景等处理手法，以增加空间层次，达到以小见大、以少胜多、余意不尽的效果。

2. 水面处理

园林无水不"活"，水面是园林中的"空"与"虚"，与山石、房屋、花木等实景形成对比；可以拉大观赏距离，形成水中倒映的虚景；还能改善园内小气候，为花木浇灌、消防等提供保障。

水面要有主次之分，一般以聚为主，以分为辅。聚则水面辽阔、宽广明朗，有江湖烟波之意；分则萦回环绕、曲折幽深，有溪涧探幽之趣。水面多以桥、廊、岛等分隔，尤以桥、廊为妙，可隔而不断，以丰富空间层次，扩大空间感；水贵有源，水面大则多设"水口"，形成"水湾儿"，以产生深远不尽之感；池岸宜曲折自然，或曲直并济，宜用浅岸，以避免凭栏观井之感。

3. 叠山置石

叠山应以自然形态为基础，讲究可远观山形、可流连其间，可休趣对弈；也可峰峦回抱、洞壑幽深、危崖峭壁、山高林密、山水相依、景宜无穷。

私家园林中的假山主要是土石并用形成的土石山和叠石形成的石山，完全堆土形成的土山由于体积大，缺乏奇险变化，明、清时期已少见。土石山如土多则山大，石多则峻峭。土石山的石多用于周边、峭壁、路边等处，以控制山形。石山小巧，但制作难度大，且造价昂贵。

置石也可成为园林一景，达到"寸石生情"的艺术效果。置石可孤置、对置、散置，也可构筑山石花台、器设等。

4. 花木

园林花木的栽植要根据园林意境的需要，考虑园林季相的变化，考虑植物之间、植物与其他园林要素（如山石与水体等在空间上的构图、色彩、姿态）之间的配置关系。一般以四季花木与常青树相结合，以古树为佳，略有几株，能使园林显得苍古深郁。

花木在私家园林中以单株观赏为主，较大的空间也可成丛栽培。要求花木生态自然、生动，枝、叶、花、果皆有观赏价值。

5. 建筑营构

园林建筑是园林景观的重要组成部分，其种类极多，常见的有厅、堂、轩、馆、楼、台、阁、亭、榭、廊、舫等。其中，厅、堂是园林内的主要建筑，"凡园圃立基，定厅堂为主。先乎取景，妙在朝南"，厅、堂有四面厅、荷花厅、鸳鸯厅等形式；榭与舫为临水建筑，舫又称为旱船；楼的位置设在厅、堂之后，楼多为二层；廊多起引导和分隔空间的作用；亭的变化十分丰富，有方形、圆形、六角形、八角形、梅花形、扇形等多种形式。

园林建筑不受普通建筑规制的约束，一屋半室，随宜则妙；轻巧淡雅，装修精致，玲珑空透，室内外空间交融渗透，利于观景。园林建筑的位置、形体都依景随需，灵活处置。

7.2.2 实例分析

1. 拙政园

拙政园位于苏州市城内东北街,始建于明正德四年(1509年),是明朝御史王献臣弃官回乡,在元代大弘寺旧址处拓建而成,取晋代文学家潘岳《闲居赋》中"筑室种树,逍遥自得……灌园鬻蔬,以供朝夕之膳……此亦拙者之为政也"句意,将此园命名为拙政园。因吴派画家文徵明参与设计,文人气息尤其浓厚,处处诗情画意。拙政园以水景取胜,平淡简远,朴素大方,保持了明代园林疏朗典雅的古朴风格。历经修复扩建,今占地约78亩,包括中部、东部、西部3个部分(图7-1)。拙政园东部以平冈远山、松林草坪、竹坞曲水为主,明快开朗。

苏州私家园林

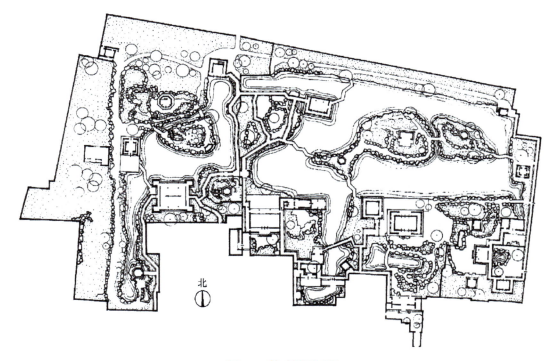

图7-1 拙政园平面图

拙政园中部是全园精华所在,水面占1/3,以水面为中心,临水布置了形体不一、高低错落的建筑,主次分明。主厅远香堂(图7-2),四面长窗空透,可环视四周;堂北有临池平台,可欣赏池中东、西两个岛山,西山中的长方形雪香云蔚亭与东山中的六角形待霜亭互为对景。拙政园中部西北隅有见山楼(图7-3),四面环水,登楼可远眺虎丘,借景于园外。拙政园中部的南侧为小潭、曲桥、黄石假山,西接南轩,池水向南延展形成幽曲水面,廊桥小飞虹与水阁小沧浪横跨其上;倚栏北望,檐宇交参,枝叶掩映,曲邃深远,层次丰富。附近有玉兰堂和临水旱船——香洲(图7-4)。东望土山上建有绣绮亭,山南枇杷园与相邻的听雨轩、海棠春坞两个小园以短廊相接,几个小园似隔非隔,增加了景面层次。

图7-2 远香堂

图7-3 见山楼

拙政园西部原为补园，曲尺形水面与中区池水相接，南有鸳鸯厅，厅内以隔扇和挂落划分为南北两部分，南部名为"十八曼陀罗花馆"，北部名为"三十六鸳鸯馆"。池边回廊起伏不定，水波倒影，别有情趣，池中有扇面亭"与谁同坐轩"（图7-5），小巧玲珑。北山建有八角形双层浮翠阁，东北的倒影楼与东南的宜两亭，互为对景。

图7-4 香洲

图7-5 与谁同坐轩

2. 留园

留园位于苏州市留园路，原是明朝太仆寺少卿徐泰时的私家园林。清嘉庆年间，刘恕在该园林的基础上改筑，将其命名为"寒碧山庄"，又称为"刘园"。清同治年间，常州盛康（旭人）购得，重加扩建，修葺一新，改称留园。全园大体分为中、东、西、北共4个景区（图7-6），景区之间以墙相隔，以廊贯通，隔而不绝。依势而下的曲廊通幽度壑，长达六七百米，颇有步移景异之妙。

留园中、东部是全园精华所在，中部以山水见长，西、北两面堆筑假山，中央开池，建筑错落分布于水池东南。池南为主厅涵碧山房（图7-7），有临池平台与明瑟楼、绿荫轩等建筑形成高低错落之势；池东曲溪楼一带重楼参差；池北山上建有可亭；池西山上的闻木樨香轩为俯视全园景色的好去处。池中以小岛和曲桥划分出一个小水面，与东侧的濠濮亭、清风池馆组合成景。

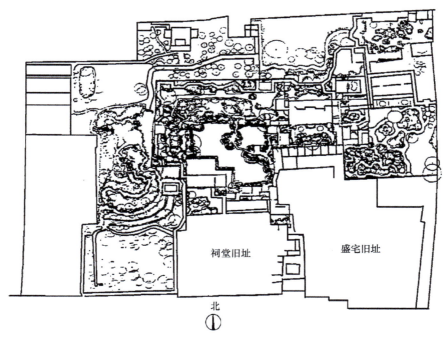

图 7-6　留园平面图

留园东部以建筑为主,主厅五峰仙馆又称为楠木厅,高敞富丽。其西有还我读书处、揖峰轩等幽静小院,揖峰轩一带由多个相互流通穿插的小院组成,空间层次丰富。林泉耆硕之馆,又名鸳鸯厅,北隔小池,冠云峰(图7-8)居中耸立,高约6米,清秀挺拔,有"江南园林峰石之冠"的美誉,左右有瑞云、岫云两峰陪衬。冠云峰峰北有冠云楼作为屏障,登楼可远望虎丘。

图 7-7　涵碧山房

图 7-8　冠云峰

留园以建筑空间处理见长,善于运用大小、曲直、明暗、高低、收放等对比,形成变化无穷的空间关系。进入园门,先经过一段狭窄的较封闭的曲廊、小院;至古木交柯一带,空间稍扩大,以南面小院采光,点缀两三处小景,北面是迷离掩映的漏窗,中部景区的湖光山色若隐若现;行至绿荫轩,眼前豁然开朗,山水景物格外开阔明亮,达到了欲扬先抑的艺术效果。

◎ 7.3 明、清时期的皇家园林

7.3.1 皇家园林的特点

圆明园

皇家园林是具有起居、骑射、观奇、宴游、祭祀以及召见大臣、举行朝会等多种功能的综合体建筑。明代的皇家园林并不发达。清代自康熙年间就开始建造皇家园林，从香山行宫、静明园、畅春园到承德避暑山庄，工程迭起；雍正帝登基后，扩建圆明园（其做皇子时的赐园）；乾隆年间达到极盛，乾隆皇帝曾六下江南，将各地名园胜迹仿制于北京、承德各处皇家园林之中，并扩建圆明园，建长春、绮春两园，结合城市水系改造建清漪园（现为颐和园）。清代皇家园林之盛达到历朝之最。

清代的皇家园林一般包括两大部分：一是用于居住和朝见的宫室；二是供游玩的园林，宫室部分占据前面的位置，以便交通与使用，园林部分处于后侧，犹如后园。苑囿实际上已成为清帝的主要居住场所，皇帝常年住在苑中，只有冬季祭祀和岁首举行重大典礼的一段时间才回到紫禁城。

清代皇家园林理景的指导思想是集仿各地名园胜迹于园中，江南一带的优美风光成为清代皇家园林景观的主要创作源泉。建造时，首先根据各园的地形特点，把全园划分为若干景区，然后各区布置各种不同趣味的风景点和园中园。我国传统的叠石手法多运用于小规模的园中园，大范围造景主要是运用堆土来塑造山丘涧壑的地形变化，并与真山适当结合。花木配置也因园林规模变大而多采用群植或成林布置。园内建筑除朝会用建筑外，其他较为活泼，形式多变，体量较小巧，装修简洁雅致，布置依景随需。但相对私家园林，皇家园林仍显得富丽堂皇，庙宇建筑常作为园中的主要风景点或构图中心。

7.3.2 实例分析

1. 颐和园

颐和园位于北京西北郊，原名清漪园，1750年乾隆帝始建园，1860年被英法联军所毁，1888年修复后更名为颐和园，1900年遭八国联军破坏，1902年重修。颐和园依山就势、因地制宜地划分成4个景区。

1）东宫门区，其为清朝皇帝从事政治活动和生活起居之所，主要建筑有东宫门、仁寿殿、乐寿堂、玉澜堂、德和园等，建筑布局庄重、严肃。

2）万寿山前山部分，这一景区依托山势，自临湖的云辉玉宇牌楼经排云门、排云殿、德辉殿、佛香阁直至山顶的智慧海，构成了一条层次分明的中轴线，层层登高，金碧辉煌，气势雄伟。佛香阁为八边形平面，建于高大的石台上，成为全园的制高点（图7-9）。前山还有转轮藏殿、宝云阁（铜殿）、画中游、石舫（图7-10）。湖边的长廊（图7-11）长728米，有房273间，白栏玉瓦、富丽堂皇。

3）万寿山后山和后湖部分，这里林木葱茏，环境幽邃，溪流曲折而狭长，建筑较少，主要包括一组藏传佛教建筑和具有江南水乡特色的苏州街。

图 7-9　颐和园佛香阁

图 7-10　颐和园石舫

4）昆明湖的南湖及西湖部分，水面之大，浩渺开阔，以西堤、瀛洲岛分隔水面，十七孔桥飞架湖上（图 7-12），造型优美；西堤上桃柳成行，6 座不同形式的拱桥掩映其中（仿杭州西湖的苏堤）。湖中三岛也是形态各异，岛上建筑与万寿山隔水相望，形成对景，远借西山和玉泉山群峰，湖光山色美不胜收。

谐趣园是一个园中园（图 7-13），位于颐和园的东北角，仿无锡寄畅园建造，以水面为中心，亭台楼榭环绕其间，并用百间游廊和 5 座形式不同的桥相连通。东南角的知鱼桥是引用《庄子与惠子游于濠梁》中的"安知我不知鱼之乐"的辩论而来的，颇具情趣。

图 7-11　长廊

图 7-12　十七孔桥

颐和园在环境创造方面，利用万寿山的地形，造成前山开阔的湖面与后山幽深的曲溪，形成强烈的环境对比。在建筑布局和体量上，佛香阁的突出位置和有力体量使其成为全园的构图中心。

2. 北海

北海位于北京故宫的西北面，原是金中都的大宁宫址，元代以琼华岛为中心营建元大都，琼华岛及所在湖泊赐名万寿山、太液池。明朝迁都北京后，北海成为御苑，称为西苑，后向南开拓水面，形成三海格局。清乾隆时期对北海进行改建，形成现在的格局。北海是"三海"中面积最大的部分，其主要由琼华岛、团城、北岸及东岸景区组成。琼华岛上树木苍郁，建筑依山势布局，高低错落有致，南面的永安寺白塔耸立山巅，成为全园的构图中心（图 7-14）；西面有悦心殿、庆霄楼、阅古楼、琳光殿等建筑，山北沿池建有长廊，山坡上假山幽洞、亭阁轩馆布列其间，穿插交错、变化无穷。琼华岛南为屹立水滨的团城，城上松柏葱郁，有一座规模宏大、造型精巧的承光殿，登此可以远眺。环湖垂柳掩映，北岸有小西天、大西天、阐福寺等几组宗教建筑，还有彩色琉璃九龙壁、湖畔的五龙亭等，另有一座园中园——静心斋，斋内遍布太湖石山景，玲珑剔透，与隐现在翠竹花木中的桥、廊、亭、阁相辉映，景色幽雅、妙趣无穷。东岸有濠濮间、画舫斋两处幽静封闭的小景区。

图 7-13　谐趣园

图 7-14　北海公园白塔

◎ 7.4　风景建设

7.4.1　风景建设的性质与规模

中国古代对自然景观进行的艺术加工是全方位的。除了以人工造景为主的园林和庭院，还有利用自然山水进行适当开发、治理的各种景域。按其性质与规模可以分为四类：

1. 邑郊风景名胜

邑郊风景名胜位于城市近郊，可朝往而夕返，便于市民游览，数量也有很多。邑郊风景名胜实际上是古代城市的郊区公园，如苏州的虎丘、石湖、天平山、灵岩山，南京的莫愁湖、玄武湖、钟山、栖霞山、牛首山，杭州的西湖、灵隐、西山等。

2. 村头景点

村头景点是指结合村头山水地形建造文化活动场所，如文会馆、书院、文昌阁、戏台，以及祠堂、牌坊、路亭（休息亭）、桥梁、园林、风水林等，形成风景优美的文化休息中心。这类景点多见于安徽、江苏、浙江等经济、文化发达地区的乡村。

3. 沿江景点

对自然美的追求，使文人墨客在旅途中也不放过游览的机会，而沿江城市为了突出自身形象，也为了便于观赏大江风光，多着意修建沿江景点。例如长江沿岸的天门山、焦山、龙盘矶、采石矶、燕子矶、东坡赤壁、岳阳楼、黄鹤楼等。它们或凭江而立，或突兀中流，和浩瀚江水相得益彰，形成辽阔壮丽的景象。"落霞与孤鹜齐飞，秋水共长天一色"是其精彩写照。

4. 名山风景区

名山风景区如五岳；佛教四大丛林、四大名山；道教的十大洞天、三十六小洞天以及黄山、庐山等以景观著称的名山。这些名山风景区的知名度较高，影响范围较远，与其他三种景域相比，具有远离城市、占地面积广大、活动内容多和景观丰富等特点。

上述风景名胜地的共同特点是：

1）公共性。即对各阶层开放，不像私家园林和皇家园林那样属少数人所有，为少数人服务。

2）综合性。景域内有奇峰深谷的山景，有江河溪涧的水景，有竹树森森的林景，有地质地貌的奇观，自然景观丰富；还有掌故传说、宗教圣迹、名人游踪、诗文题咏等众多人文景观，并兼容雅俗共赏的诸多文化因素。

3）持久性。由于风景建设资金来源于宗教的投入和各地富商、豪绅的捐助等多种渠道，因此能保持长盛不衰，即使遭受破坏，也能得到恢复。这和私家园林的兴衰维系于某一家庭的情况不同。

7.4.2　风景建设的原则和手法

风景建设以自然山水为基础，人为加工只是辅助，使人们能充分享受自然之美，而绝不能用人造之物来破坏自然景观。这和园林以人工造景为主是有根本区别的。各类风景建设因其具体情况不同而有不同的处理方式，但也有一些共同的原则和手法：

1. 巧于因借

"巧于因借，全天逸人"是对"理景"中利用自然山水来创造风景所作出的基本概括。这里的"因"，不仅是因其地、因其材，而且是因之于整个环境：因山而成山地风景；因水而成水域风景。"因"的成功与否在于巧妙应顺地形地貌，恰当利用既有景物，使之有充分显示其特性与本质美的机会。这就需要对景区内的各种要素（包括水体、山石、植物、文化遗存等）进行深入调研，了解整个环境的特征。再在尊重自然、尊重历史的前提下进行人为的治理，这样的理景不会出现扭曲风景本质美的盲目诠释和单纯为追求功能目的与某种低格调效应而破坏整个环境气氛。在这方面，江南传统理景所积累的经验以及值得借鉴之处有很多，绍兴东湖、柯岩等是其中的杰出例子。扬州瘦西湖也因巧妙利用旧城河建成风景区而形成"瘦"的特殊风貌。至于"因"城邑治水之功，加以美化，使之成为市民就近游憩之所，更是十分成功的办法，杭州西湖是其精彩的例子。可见，"因"是各种理景的第一要义。

所谓"借"是指借景，这和园林借景的含义相同，但因处于自然景观环境，因此远借、近借、应时而借等种种条件比园林环境更优越，效果也更好。

"巧于因借"的目的在于"全天逸人"。全天是指要保全景色的天然真趣，人为加工只能起到画龙点睛的作用，为山水林泉增色。所以，"因"做得好，"天"也能保全得好。至于"逸人"，就是减省人力物力，如城邑治水理景、开石采石理景，是在完成某项工程后适当进行加工，既省人力又省物力，无疑是最好的"逸人"办法。

2. 旷、奥兼用

"游之适，大率有二，旷如也，奥如也，如斯而已。"这是对自然景观特性的高度概括。自然界无论何种风景，不外是"旷"与"奥"两类。"旷"的景色能给人以豪迈奔放、悠然遐想的感触。获得这种效果的办法就是创造"极目千里"的条件：一曰开敞；二曰登高。"奥"的景色给人以深邃奥秘、变化莫测的感觉，可使人产生寻幽探奇的兴趣。达到"奥"的办法主要是围合、阻挡与曲折，使景观富于层次与深度，而不是一览无余的出现。"旷"与"奥"又是相互矛盾、相互依存的统一对立面，没有旷也就无所谓奥了，没有奥也就无所谓旷了，两者不可缺。当然，对某个单一的空间环境而言，既能以旷为其特色，或以奥为其特色；但对整个风景区而言，则必然有旷有奥，旷、奥兼用。

但是在以自然景观为基础的理景中，无法人为改变山水空间的状态和顺序，因此把"旷"与"奥"艺术地组织起来的办法只能是利用游线。游线所经之处应力求做到旷、奥相间，意境各异，曲折多致，引人入胜，从而充分发掘风景资源的潜能，达到良好的游观效用。

3. 塑造意境

风景的意境，是指参与的人通过视、听等知觉接受景物环境所给予的实在感受和抽象意念，从而唤起联想，进入审美的更高层次，成为"意域之景""景外之情"。塑造意境，是受中国特有美学思想指导而产生的艺术手法之一。但风景的塑造意境不同于其他艺术，因为风景有一个不同其他艺术的显著特征：不依赖于人力的空间"规模"。一定的规模决定了风景是进入内部观察、体验，而非外部的观照。因此，理景的塑造意境，即在于通过对景物环境的处理，将参与者从经验和文化背景中"唤起"联想，从而"神与物游"，获得游赏风景的愉悦感。

单元总结

本单元概述了中国古代园林的发展脉络；阐述了江南私家园林和明、清时期皇家园林的造园原则与设计手法；分析了私家园林代表作拙政园、留园的设计特色，以及皇家园林代表作颐和园、北海的设计特色，总结了风景建设的性质与规模、风景建设的原则和手法。

实训练习题

一、填空题

1. 私家园林以_____地区的宅园水平最高、数量最多。
2. 目前，保存下来的私家园林以_____最多，_____次之。
3. 皇家园林是具有_____以及召见大臣、举行朝会等多种功能的综合体。
4. 清代帝苑一般包括两大部分：一是_____，二是_____。

二、选择题

1. 皇家园林设计手法中的"一池三山"是指汉武帝在建章宫内开凿（　　），池中堆筑方丈、蓬莱、瀛洲三岛以模拟东海的"神仙境界"。

A. 天池   B. 太液池   C. 白龙池   D. 滇池

2. 园林建筑是园林景观的重要组成部分，其种类极多，常见的有厅、堂、轩、馆、楼、台、阁、亭、榭、廊、舫等，其中（　　）是园林内的主要建筑。

A. 厅、堂   B. 轩、馆   C. 楼、阁   D. 亭、榭

3. 中国古代风景按其性质与规模可以分为邑郊风景名胜、村头景点、（　　）和名山风景区四类。

A. 沿湖景点   B. 沿海景点   C. 沿河景点   D. 沿江景点

三、简答题

1. 江南私家园林的总体布局是什么？
2. 清代皇家园林建造的特点是什么？
3. 简述风景建设的原则和手法。

教学单元 8

书 院 建 筑

教学目标

1. 知识目标
（1）了解书院建筑发展概况。
（2）理解自然条件和政治、宗教文化对书院建筑的影响，了解其建筑发展背景。
（3）掌握书院建筑的主要特征和文化特征。
（4）掌握书院建筑与寺院建筑的异同。

2. 能力目标
（1）通过对我国古代书院建筑艺术特色的认识，提高艺术鉴赏能力和设计能力。
（2）能够结合我国典型书院建筑案例分析其文化内涵。

思维导图

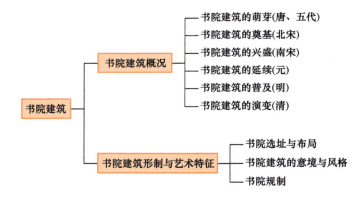

中国传统的学校教育自古有官学与私学两大体系。书院是我国古代后期的一种重要教育机构，它既非官学，也不同于私塾，而是在继承、改造传统教育的基础上开创的一种社会办学的独特体系制度。书院自唐代出现，经宋、元、明、清各代发展，历时千年，规模很大、数量繁多，并具有自己的建筑特点。宋代理学各学派及清代经学学派，都依托于书院而兴盛。

◎ 8.1 书院建筑概况

书院作为私学的高级形式，至唐代晚期才有兴起，但是其形成的雏形早在先秦时期就有。春秋战国时期中原官学渐衰而私学大兴，儒、墨、道、法等诸家皆有私学，百家争鸣，学术激荡。唐代科举制的建立和庙学合一的体制形成，使官学、私学遍及乡里，这为书院的兴起提供了条件。在先秦至三国、两晋时期的私家讲学虽具有书院文化的精神特征，也承担着学术研究和学术传播的文化功能，但并没有形成独立且完善的教育系统。

书院建筑发展概况（上）

书院的选址多在风景名胜之地，并使自然与人文景观相结合，体现"天人合一"的理想。建筑群体组合因地制宜，充分利用自然条件，既规整有序、分区明确，又灵活多样，富有情趣的空间联系表现其"礼乐相成"的精神。书院的建筑造型、做法，采用民间工艺，就地取材，因材致用；力求切合实用、简洁朴实，较少奢华雕饰，反映其"善美同意"的思想。无论是命名题额、楹联碑刻，还是庭院绿化，无不出自经典，因此书院建筑反映士文化的特点，可称为文人建筑，在建筑史上有非常重要的地位和研究价值。

8.1.1 书院建筑的萌芽（唐、五代）

根据现有史料分析，最早使用书院之名的是唐代官府。据《旧唐书·职官志》记载，唐玄宗开元五年（公元717年），在乾元殿东廊下编纂四部书以充内库，专设校定官四名。《新唐书·百官志》则记载，开元六年（公元718年），乾元殿改称丽正修书院，专设检校官，改修书官为丽正殿直学士。开元十一年（公元723年），又在光顺门外置书院。开元十二年（公元724年），在东都明福门外置丽正书院。开元十三年，改丽正修书院为集贤殿书院。书院最早属于皇家藏书、修书之所，是宫廷的组成部分，而非民间聚徒讲学之地。书院建筑也是宫殿院落形式。

据各地的地方志记载，民间也有大量的书院，大多为士人隐居读书之处，多择山林胜地，就寺观而建居室。据宋人欧阳守道《赠敬了序》载所见书院碑刻："碑言书院乃寺地，有二僧，一名智、一名某，念唐末五季湖南偏僻，风化陵夷，习俗暴恶，思见儒者之道，乃割地建屋，以居士类，凡所营度，多出其手。时经籍缺少，乃遣其徒市之京师，而负以归，士得屋以居，得书以读，其后版图入职放，而书院因袭增拓至今。"唐代书院的出现，已由私人藏书、隐居读书之所，发展为聚徒讲学的教育机构，开创了社会办学的新形式。

五代书院在唐代基础上又有所扩展，受到社会的重视。江西奉新的华林书院，为胡氏家族创建，在华林山元秀峰下，"筑室百间，广纳英豪，藏书万卷。"徐铉《洪州华林胡氏书堂记》中记载："学者当存神闲旷之地，游目清虚之境……植松竹，间以葩华，涌泉清池，环流于其间……"反映出书院规模之大，更具园林艺术之美。

唐代中期以后至五代期间，属于中国书院建筑的起源之时，虽数量不多，建筑尚无定制，却多有书院建筑的雏形，并产生了深远的社会影响。

8.1.2 书院建筑的奠基（北宋）

北宋是中国书院建筑发展的奠基时期，北宋前期，在宋仁宗庆历以前，官学未兴，除中央国子监之外，州县官学极少。书院建筑的发展跟当时社会、历史的发展有密切关系，唐末到五代末期，战乱不止，经济萧条，文教衰落，读书士子多隐居读书讲学，萌发了书院教育。北宋期间战乱渐平，民生安定，文风日起，书院受到了朝廷的重视和鼓励，得到了发展。不少私人的读书讲学场所扩为书院、书堂。北宋后期，官学有所发展，甚至有讲书院改为地方官学的，例如应天府书院、石鼓书院等。北宋创建的书院约百所，主要分布在江西、浙江、湖南等地。北宋发展了一批全国较为著名的书院，如岳麓、白鹿洞、嵩阳、应天府、石鼓等书院。其中多因办学历史较早，而受到朝廷褒扬赏赐，或因规模较大、有名人讲座而被世人所关注和称颂。

1）岳麓书院（图 8-1）位于湖南长沙岳麓山下。北宋开宝九年（公元 976 年），潭州太守朱洞创建岳麓书院，时有"讲堂五间，斋序五十二间"。北宋咸平二年（公元 999 年），州守李允则加以扩建，"外敞门屋，中开讲堂"，增书楼、礼殿，"塑先师十哲之像，画七十二贤"，由此奠定了书院建筑讲学、藏书、供祀的基本规制。北宋大中祥符八年，宋真宗召见山长（院长）周式，拜国子监主簿，得御赐"岳麓书院"额及内府藏书，其完整规制，为后世书院建设提供了典范。

岳麓书院

图 8-1　岳麓书院大门

2）白鹿洞书院（图 8-2）位于江西九江庐山五老峰东南谷地，早在唐贞元年间，李渤与其兄弟曾在此隐居，因养有一只白鹿而得名。李渤任江州刺史时，在此引流植林，创建台榭而成名。北宋开宝九年（公元 976 年），改为书堂（书院）。太平兴国二年（公元 977 年），知州请得国子监本《九经》，建圣经阁，五年后渐废。咸平五年（公元 1002 年），书院奉旨塑孔子及弟子像，并建圣旨楼，后变为废墟。白鹿洞书院后来屡有废兴，又多次修复，碑刻保存最多。

3）嵩阳书院（图 8-3）位于河南登封嵩山南麓太室山下。北魏太和八年（公元 484 年），世人曾在此创建嵩阳寺，隋大业年间改为嵩阳观，唐初改为太乙观，后周时改为太乙书院。北宋至道二年（公元 996 年），宋太宗赐额"太室书院"及印本《九经》。北宋景祐二年（公元 1035 年），宋仁宗赐额更名为"嵩阳书院"。

登封嵩阳书院

图 8-2　白鹿洞书院

图 8-3　嵩阳书院

4）应天府书院（睢阳书院）位于河南商丘（旧名睢阳），由五代后晋时的商丘人杨悫所创办。北宋大中祥符二年（1009年），宋真宗正式赐额"应天府书院"。大中祥符七年（1014年），应天府（今河南商丘）升格为南京，成为宋朝的陪都，应天府书院又称为"南京书院"。北宋庆历三年（1043年），应天府书院改升为"南京国子监"，成为北宋最高学府，同时也成为中国古代书院中唯一一座升级为国子监的书院。北宋书院多设于山林胜地，唯应天府书院设立于繁华闹市之中，人才辈出。随着晏殊、范仲淹等人的加入，应天府书院逐渐发展为北宋最具影响力的书院。书院内主要景点有崇圣殿、大成殿、前讲堂、书院大门、御书楼、状元桥、教官宅、明伦堂、廊房等。

5）石鼓书院（图8-4）位于湖南衡阳石鼓山，唐元和年间由李宽始建，初名读书堂。北宋至道三年（公元997年），李士真在此复建书院，会居儒士讲学。北宋景祐二年（公元1035年），宋仁宗赐额"石鼓书院"及学田。

图 8-4　石鼓书院

石鼓书院面积约4000平方米，三面环水、四面凭虚，地理位置独特，风光秀丽绝美，绿树成荫，亭台楼阁，飞檐翘角，江面帆影涟涟，渔歌唱晚，自古有"石鼓江山锦绣华"之美誉。不幸的是，1944年，石鼓书院在衡阳保卫战中毁于日军炮火。2006年，衡阳市人民政府重修石鼓书院。

书院发展情况不尽相同，但都具有较早的历史渊源，且都择山林胜地，形成一定的规制，对后世书院建筑文化发展产生了历史性影响。北宋是理学的奠基阶段，书院建筑适应了理学发展的需要，成为理学活动的基地；理学的发展又促进了书院建筑的完善和发展。因此，北宋奠定了书院建筑的讲学、藏书、供祀的基本规制及其建筑规模，也奠定了书院建筑作为理学发展基地的重要地位，对后世书院建筑的兴盛、发展产生了深远影响。

8.1.3　书院建筑的兴盛（南宋）

南宋时期，书院发展十分兴盛，据不完全统计，宋代创建的书院约700所，其中有年代可考的，属于北宋的约150所，而属南宋的近400所，且集中分布在南方各省，如江西、浙江、福建、湖南。书院的发展兴盛与理学的发展成熟分不开。理学选择了书院作为阵地，培育人才、发展学术、建立基地、开创学派。南宋理学书院提倡不同学派的交流争辩，举行会讲，形成一定的"百家争鸣"的活跃局面，我国书院进入了鼎盛时期，各大书院都延请大儒主持，成为理学书院。南宋时期的书院，力纠官学、科举之弊，不以追求功名利禄为目标，重视道德修养，门户开封，不受地域、门第、年龄等限制，采取自学为主，启发式教学，发扬尊师爱生传统，师生融洽密切，形成荟萃一时之秀的人才群体。这些都反映出南宋书院的学风特色。当时全国影响较大的书院，除了岳麓书院、白鹿洞书院外，当属江西贵溪的象山书院、浙江金华的丽泽书院，史称"南宋四大书院"。

1）象山书院（图8-5、图8-6）为陆九渊讲学之处。南宋淳熙十四年（1187年），陆九渊来到应天山，他见应天山"宛然巨象山"，便易应天山为象山，自号象山翁，居所称象山草堂，讲学处称作"象山精舍"。贵溪应天山"陵高而谷邃，林茂而泉清"，陆九渊登而乐之，乃建精舍居焉，学生也悄悄结庐其旁，早晨鸣鼓"揖升讲座"，从容授学。陆九渊讲授五年，求学者超过数千人。当时已负盛名的理学家朱熹写信给陆九渊说："闻象山垦辟架凿之功益有绪，来学者亦甚，恨不得一至其间观奇揽胜。"陆九渊在象山精舍历时五年，绍熙二年（1191年），他奉召知荆门，临行嘱托傅季鲁代为主掌，并望其将精舍扩成书院。陆九渊不久去世，象山精舍日渐衰落，但他倡导的"心学"，适应封建统治阶级的需要，得到朝廷的赏识，赐陆九渊"文安"谥号。为了缅怀先贤，弘扬陆学，陆九渊的高足弟子杨简的得意门生——江东提刑袁甫，巡视贵溪之后，以应天山交通不便为由，上书朝廷，将象山精舍迁建于贵溪县城河对岸的三峰山下。南宋绍定四年（1231年）破土动工，该年冬书院落成。院内有祭文安（陆九渊）、梭山（陆九韶）、复斋（陆九龄）三先生的祠庙一栋，学生的斋舍百楹，绍定五年（1232年），得诏赐"象山书院"匾额。

图8-5　象山书院大门（新建）

图8-6　象山书院刻石

2）丽泽书院，原名丽泽书堂，初在浙江金华明招山。吕祖谦于晚年购屋建书院于金华城中北隅。南宋嘉定元年（公元1208年），宋官方重建书院，"以旧居之半为堂祀先生"，"为屋十余楹，外门五间，祀室及前轩各三间，前为堂，匾以'丽泽书院'，为后来讲习之地"（光绪《金华县志》卷四），并建有遗书阁，收藏吕氏生前著作。

南宋书院随着学派的发展，学术交流活动的活跃，建筑形制的完善而兴盛繁荣。书院建筑不仅满足了讲学、藏书的功能需要，还创建了优美、栖息的环境；书院建筑重视学派宗师和地方先贤的祭祀纪念，突出其学统源流及树立典范成为其重要教育内容，形成了地方文化中心和教育建筑的形制。学规的指定、学田的设置、学舍的建设，标志着南宋书院建筑发展的繁荣和书院制度的完备。

8.1.4　书院建筑的延续（元）

元代对书院采取保护、鼓励政策，发展书院教育。中统二年（1261年），忽必烈下令："宣圣庙及管内书院，有司岁时致祭，月朔释奠，禁诸官员使臣车马，毋得侵扰亵渎，违者加罪"，对书院进行保护。至元二十八年（1291年），忽必烈又明令"先儒过化之地，名贤经行之所，与好事之家出钱粟赡学者，并立为书院"，进一步促进了书院建筑的继承和发展。元代新建书院建筑约200所，以江南长江流域居多，黄河流域也比前代有所增多，反映出"南学北渐"的特点。

元代对书院建筑加强了控制，促使书院走官学化道路。元代供祀文昌帝君，书院选址不再局限于山林胜地，有的设于城内，以便管理。但一些私人书院，名儒隐居讲学，较多保留原有学风。

前代著名书院，在元代大都经修复后继续办学。岳麓书院自南宋景炎元年（1276年）被毁，元至元二十三年（1286年）由学政刘必大重建，次年"始复旧观"；修复后的岳麓书院"前礼殿，旁四斋，左诸贤祠，右百泉轩，后讲堂，堂之后阁曰尊经，阁之后亭曰极高明。"说明元代保留了宋代原有建筑的基本规制特点和园林艺术特色，直至至正二十八年（1368年）毁于战火。

白鹿洞书院，元代继续办学，大德年间（1297—1307年）增置学田，至正十一年（1351年）毁于兵火。丽泽书院于元至元年间由郡守李嗣重建，祀晦庵、南轩、东莱三先生。象山书院仍承宋制，继续办学，至元年间有邑人于山间精舍遗址聚徒讲学，元末毁于战火。石鼓书院、白鹭洲书院均继续办学。其他遗存书院，元代多屡修扩建，继承发展。湖南湘潭主一书院，南宋所建，宋末毁损；元至元三十一年（1294年）重建，有问仁堂为孔子燕居，厚德堂为讲肆，以及两庑、仪门、棂星门、藏书阁、二先生祠、斋庐等，"为屋几百间"，置田千亩。以上变迁也反映出书院建筑元承宋制，规模有所发展。

元代各地另有新建书院，如陕西咸宁（今西安）鲁斋书院，于元延祐二年（1315年）由御史赵世延动议，邑人王庭瑞拆其宅建成，有讲堂、斋舍，供祀许衡，因此赐名鲁斋书院。陕西临潼居善书院，为元至正年间创建，有前门3间、礼殿5间、仪门及棂星门等建筑，中作讲堂，置东西两斋，后为学师居屋，并置田。山东曲阜尼山书院（图8-7），因尼山为孔子诞生地，故又名尼山诞育书院；宋时孔子46世孙即庙为学，后毁于火；元至元二年（1336年）奏准创建尼山书院，"凡齐鲁之境贤卿大夫，民之好事者，出钱而劝成之，"仿国子监制，与当地的孔庙连为一体。山东曲阜洙泗书院（图8-8），又名洙泗讲学书院，在孔林东北泗水与洙水之间，故而得；元至元四年（1338年）[另有说法是至正十年（1350年）]，孔子55世孙孔克钦创建于孔子讲堂旧址，仿孔庙红墙周绕，以大成殿为主体，供孔子、四配及十二哲，东、西庑祀孔门弟子，段后为学舍，呈三进院落，成前庙后学格局，以祭祀为主、讲学为辅，这与一般书院格局不同。

图 8-7 尼山书院

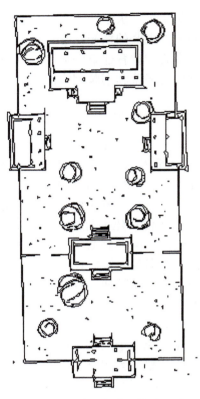

图 8-8 洙泗书院现状平面图

元代书院在官府提倡和支持下,有较大发展,因"南学北渐"而扩展到北方。原有的宋代书院亦多恢复,并屡加修建、扩充,继续办学。新建书院也基本继承宋代形成的讲学、藏书、供祀的规制,较为完备,其中不少还仿学宫建设,也反映出元代书院受到官学化的影响。

8.1.5 书院建筑的普及(明)

根据《中国书院辞典》所附《中国书院名录》统计,有年代可考的明代所建书院,共1577所;如果再加上历代遗存的书院,当有2000所以上。其中,建200所以上书院的地区有江西;建百所以上的有浙江、广东、安徽、福建、湖南、河南。书院分布范围由元代的19省(市)区扩展到明代的24省(市)区,新扩省区包括辽宁、甘肃、青海、宁夏等。一些边远地区的书院建筑有突出增长,如云南由元代1所,发展到明代的69所;海南由宋代1所,发展到明代的19所。北方地区也有较大发展,如河北由宋、元时期的24所,增到明代的65所;山西由宋、元时期的11所,增到明代的40所。这些都说明到了明代,书院建筑已大为普及。

书院建筑发展概况(下)

明代书院建筑的发展,经历了一个曲折的过程。明初大力发展官学,各府、州、县、卫、所皆立官学,还广泛设置社学,同时加强科举制度。参加科考必经学校出身,使学校与科举紧密联系起来,致使书院沉寂百年之久。明初官府虽重建恢复尼山、洙泗两院,但只是一种宗孔尊儒的表示，书院基本只有祭祀活动。不少书院被改为官学，或并入官学，或改作他用。多数书院荒芜废弃，如著名的白鹿洞书院，自元至正十一年（1351年）毁于兵火以后，明初仅存濯缨、枕流两桥，直到正统元年（1436年），才开始重建工作。岳麓书院于元至正二十八年（1368年）被毁成墟，明宣德七年（1432年）有周氏父子捐修讲堂，明成化五年（1469年）重建礼殿；随后又毁，"其址与食田，皆为僧卒势家所据"，明弘治七年（1494年）才开始全面重建工作。其时虽仍有少数重修或新建书院出现，传习"程朱理学"，但都规模较小，影响不大，直到明成化年间，书院才开始逐渐恢复活跃。尤其是明正德年间，王学和湛学兴起，书院再盛，学风为之一变。王阳明和湛若水皆承陆学，二人曾于正德元年（1506年）定交，以昌明圣学为己任，积极开展学术活动，他们所到之处，莫不致力修建书院，进行讲学，影响甚大。

明正德至万历年间，形成书院发展的又一高潮，当时兴建书院的数量占明代书院总数的60%以上。在明朝复杂的政治斗争中，书院显示了顽强的生命力和深厚的社会基础；同时，为适应不同条件而出现了多样化的类型特点。除保留有传统聚徒讲学式书院，还有在官府控制下，受官学化影响的考课式书院和宣讲式书院；又有由于讲会制度的完善而形成的以讲会活动为主的讲会式书院；也有因回避当时政治斗争，变成有名无实的、专供纪念的祭祀式书院。另外，还出现了个别专业性书院，如习武书院等。

前代一些著名书院，在明代修建频繁，又有所发展。

1）白鹿洞书院（图8-9），元至正十一年（1351年）被毁成墟，于明正统元年（1436年）由郡守翟傅福率属捐俸重建，"先作礼圣殿、大成殿、大成门、贯道门，次作明伦堂、两斋仪门、先贤祠以及燕息之所"，又立三贤祠，奠定了基本规模。明天顺二年（1458年）再修，重建贯道桥。明成化元年（1465年），增置图书、学田、祀器，聘胡居仁主院，正式恢复办学；随后又增建棂星门、希圣楼，重建五经堂等。明弘治十年（1497年）

江西白鹿洞书院

大修，重建大成殿，复名礼圣殿，改三贤祠为周、朱二夫子祠。明嘉靖年间又累有修建，时有"洞中十四景"之称，发展了院周风景环境建设。自后至崇祯初年，仍有修建。除建设之外，白鹿洞书院自明弘治年间修《志》，正德年间又修《新志》，嘉靖年间再修《洞志》，系统地保存了史料。

2）岳麓书院（图8-10），于元至正二十八年（1368年）战毁成墟；于明弘治七年（1494年）得以全面重建，有大门、讲堂、崇道祠、两庑及敬义、诚明两斋。次年重建极高明亭于山上，并置田百亩。弘治九年重建尊经阁；弘治十八年重建礼殿，改名大成殿，基本恢复了旧有规制。明正德初年，又进行了一次全面规划和修建，形成至今的院庙并列的格局，与官学"左庙右学"类似，并增辟射圃，建石牌坊于江岸。明嘉靖六年（1527年）增建慕道祠，又名六君子堂。次年再次扩建，有东、西讲堂，成德堂，延宾、集贤两馆，以及诚明、敬义、日新、时习四斋，天、地、人、智、仁、勇六舍，置田2000余亩。

3）石鼓书院，元末毁于战火，明永乐十一年（1413年）由知府史中重建，有礼殿祀，另有书舍6间，以待学者。明万历四十年（1612年）广建，有讲堂、敬义堂、回澜堂、大观楼、仰高楼、砥柱中流坊、棂星门等建筑。明末毁于战火。

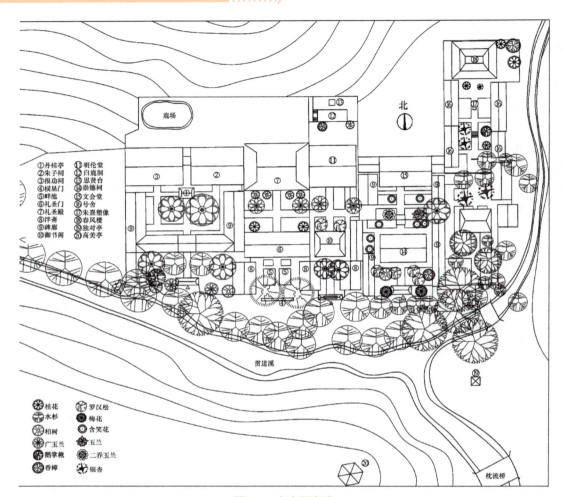

图 8-9　白鹿洞书院

图 8-10　岳麓书院

4）象山书院，元末毁于战火，明景泰三年（1452年），重建。明成化二十年（1484年），书院得到修缮。明正德五年（1510年），明武宗诏刻"象山书院"四字，随后大修，增建门堂坊匾及象麓草堂、仰止亭、三峰亭等。明嘉靖二十二年（1543年），再次增修。明万历七年（1579年），改为象山祠。

5）嵩阳书院，金、元时期已废，"烬于金，砾于元"。明嘉靖八年（1529年），由知县侯泰兴复，聘师聚徒，并祠祀"二程"；至明末又成灰烬。

6）丽泽书院于明嘉靖十四年（1535年）重建，至明末毁于战火。

以上各书院虽条件、规模不一，但基本反映了明代书院兴废的历史情况，包括祠祀活动的加强、风景环境建设的发展和官学化影响等特征。偏远地区书院也有发展，可见明代书院的普及和建设情况。

8.1.6 书院建筑的演变（清）

清承明制，也很重视官学，顺治元年（1644年）即修明代的北京国子监为太学，仍为左庙右学、六堂肄业，有号房五百余间。乾隆四十八年（1783年）又仿古制增建辟雍于太学中心、彝伦堂之南。辟雍的建筑规制很独特，池环如壁，护以石栏，殿处池中，支以方宇重檐圆顶，覆黄色琉璃瓦，殿中设一宝座（图8-11）。

清乾隆时期，皇帝亲谕孔庙使用黄色琉璃瓦顶，红墙黄瓦更显隆重的皇家气派，这也成为地方的通例。清朝的官学中还有旗学、宗学、觉罗学，又有算学馆等专门学校。地方官学则按省、府（图8-12）、州、县设学宫。清初还在每个乡设有社学一所。

图8-11 《皇受育民图》

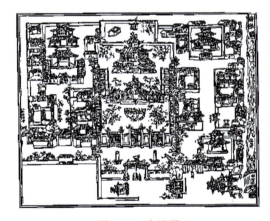

图8-12 府学图

官学为官府所垄断，以官式建筑的文庙为主体，显示其唯我独尊、神圣威严的气派。书院多选择山林胜地，风景优美之区，采用民间建筑做法，就地取材，因地制宜，显示其朴实、典雅的斯文格调。官学的长期发展，形成了学、庙结合的统一的学庙制度，且都限于地方官府治所所在的城区，表现出威严壮丽的官式建筑的显赫气派。书院从补官学之不足，发展到纠官学之弊，自立门户，扎根民间，普及城乡，选择环境优美的地方民间建筑形式，不拘一格，表现多样，创造其适用、朴实、典雅的环境和建筑特色，与官学形成鲜明对比。但书院在其发展过程中也难免受到官学的影响，书院的讲学、藏书、祭祀的基本规制，以及学田、学舍等制度，也可说是吸取并发展了官学悠久办学的传统经验。特别是在官府的控制下，官员积极参与建设经营，更对书院产生了直接的影响。如书院为祭孔而设置礼殿，有的书院还增建孔庙；有的还开辟射圃、专设考棚；以及建立文昌阁、魁星楼等，莫不是仿官学的建置。各大书院最终多被学堂、学校所取代。

◎ 8.2 书院建筑形制与艺术特征

书院建筑的选址、形制、造型、装修以及环境小品具有书院文化特征、功能属性，甚至空间观念（包括世界观）的象征或符号。

8.2.1 书院选址与布局

1. 书院善于利用周围环境进行建设

书院选址与布局

早期书院，常因人而设，或为乡儒读书、讲学之所，或因名贤过往之处，或为纪念学派、宗师而建，大多择山林胜地，既避战乱，又免世俗干扰，以利隐居读书、潜心治学。之后书院的发展与普及，多由地方官员和乡绅集资兴建，选址则多就城镇郊区或城镇边缘，既考虑地域交通条件，便于学者往来，又远离市中心，环境幽静、风景优美。书院的选址，特别看重环境本身所产生的教育作用，既重自然山水景观——陶冶心性；又重人文历史环境——启迪思想。因此，风景名胜区，多有书院建设。山上台地、山谷坡地、山麓平地，都可成为书院建设的场所。尤其江南地区景色优美、山清水秀、依山傍水，更是书院的理想环境。不少书院还刻意借山水命名，以显示其环境特色。从图 8-13、图 8-14 中可印证书院对环境选择、利用的特点。

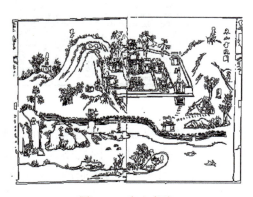

图 8-13 东山书院

图 8-14 龙河书院

东山书院于宋淳熙年间建于冠山东峰，请朱熹讲学，朱熹题堂名"云风堂"，后毁损。明弘治二年（1489年）重建，后又毁损。明正德六年（1511年）迁建于冠山中峰，万历八年（1580年）复废，后重建，明末又毁损。清顺治十一年（1654年）重修，后屡次修建、扩建，嘉庆十五年（1810年）重修时有云风堂、千越亭、集义堂等建筑，后又在门外建入院门坊，建筑向横向拓展，以适应地形。

龙河书院于清乾隆九年（1744年）由知县严在昌创建，原名龙山书院，1755年移建于城北龙河东岸马脑山侧，改名"崇文"，乾隆二十四年（1759年）又改名"龙河"。清道光二年（1822年）重建。后改为中学学堂、中学学校，仍有部分遗存。

2. 书院建筑因地制宜、善用自然地形条件

依山就势，灵活多样，打造背山面水、山环水绕之势；建筑以院落或天井为依据组合有序，自然环境和庭院绿化有机结合，融为一体。书院很早就产生了讲学、藏书、供祀的基本规制，以及学习、生活、游憩场所，一直相沿发展，固定为书院建筑功能的基本组成内容。用于讲学的讲堂，是书院教学和学术活动的主要场所，一般处于书院建筑群的中心位置。讲堂一般为三～五间规模，个别也有七间的；堂前多有较开敞的庭院，小书院的讲堂也可兼作祭祀之用。用于藏书的书楼为三～五间规模，高二三层，成为书院最高的建筑，多处于书院后部较为幽静的环境中。小书院也有书楼与祭堂或讲堂结合安排的。

书院因重视环境给人的影响，讲求景观庭院建设，大都利用院内外自然条件构筑亭、池、园林景物，自成佳境，如图8-15所示。

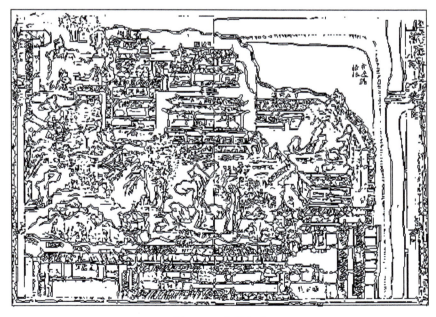

图8-15 蕊珠书院

蕊珠书院于清道光八年（1828年）创建于蕊珠宫内园，道光十五年（1835年）才扩建阁、堂、庑等学舍于宫前，院内园林绿化、假山奇石错落穿插其间，别具一格。清咸丰十年（1860年），被外国侵略军霸占，建筑多毁。后陆续修复，清末改办师范传习所。

3. 南（北）方书院建筑布局异同点

南（北）方书院建筑布局的共同点：

1）南（北）方书院选址多在风景名胜之所，注重自然景观与人文景观的有机结合，借以营造潜移默化的学习氛围，体现人与自然"天人合一"的思想。

2）南（北）方书院建筑大多采取中轴对称布局，中轴线上沿纵深布置讲堂、祭堂、书楼等建筑。

3）南（北）方书院建筑少则二三进，多则四五进，甚至还有更多进的；其中，除设大门外，还可设二门、三门。南（北）方书院均在两侧配以斋舍及其他建筑，形成重重院落，以区分内外和主次，以显示主体严整、庄重的气氛，如图8-16、图8-17所示。

南（北）方书院建筑布局的不同之处：

1）南方书院多为毗连式庭院天井组合，通过大小不同的庭院、天井的安排，形成丰富多变的空间层次序列，再利用局部轴线的转折来增加空间层次的错落变化。北方书院布局重视群体关系，多以轴线关系组织空间序列，这在官办书院或官助民办书院的布局中较常见。例如河南应天府书院的整组建筑群有三条纵深方向的轴线，主轴线上布置了五进院落，两侧建筑也是呈院落式布局，整体空间显得严整有序。

2）书院中轴线两边的斋舍安排，南方书院多采用廊房横屋布置方式，即"几进几横"建筑，图8-18所示的云山书院就是如此。由于规模不同，斋舍以不同的列数布置，各自形成廊院，既与中轴线上的主体建筑相隔离，又方便联系，提供了较为紧凑、实用和安静的学习生活环境。北方书院多采用多轴线方式，结构组成层层叠叠，与中轴线相呼应。

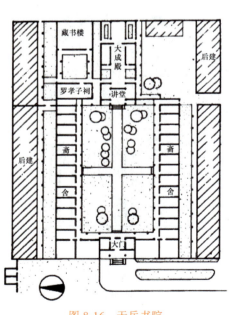

图8-16 天岳书院

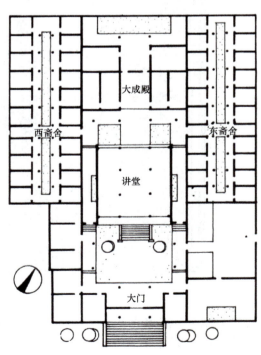

图8-17 洣泉书院

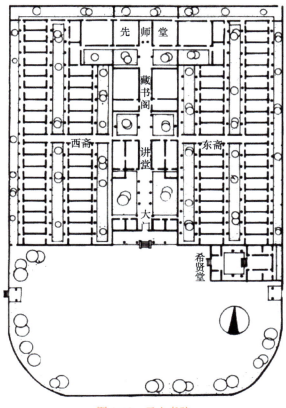

图 8-18 云山书院

4. 书院建筑的群体组合

书院建筑通过大小不同的庭院、天井的安排，形成丰富多变的空间层次序列；并利用局部轴线的转折，增加了空间层次的错落变化，给人以意外的动感。书院建筑也有因地基条件所限，而不能纵深发展；或因规模过大，以及其他因素影响，而采取横向拓展，从而形成双轴、三轴，甚至多轴并列布置，各成院落，以满足讲学、供祀等不同功能的需要。

书院建筑还运用亭、廊、桥、坊、洞门、花窗，以及庭院绿化等进行分隔和联系，增添了空间变化的幽深情趣（图 8-19）。

5. 书院建筑多用当地材质和地方工艺技术

一般书院建筑多为砖木结构，山区则多以木构为主，西北地区也有采用石构锢窑（独立式窑洞）的，如山西冠山书院（图 8-20）。冠山书院位于山西平定县冠山镇，据《平定州志》记载，冠山书院在宋代已存在，位于冠山山腰，依崖傍谷，坐西向东。元至正年间受额"冠山书院"及经书万卷，并建燕居殿，设宣圣像，配祀颜子与曾子。后虽历经战乱，但不断修建。至今仍存遗构部分建筑，均为石构券顶储密式建筑，俗称"无梁房"。书院建筑不尚华丽装饰，力求朴实简洁，并通过嵌碑立石、命名题额、匾联书法等，创造其斯文典雅的境界，给人以深刻的感染力，发挥其潜移默化的教育作用。

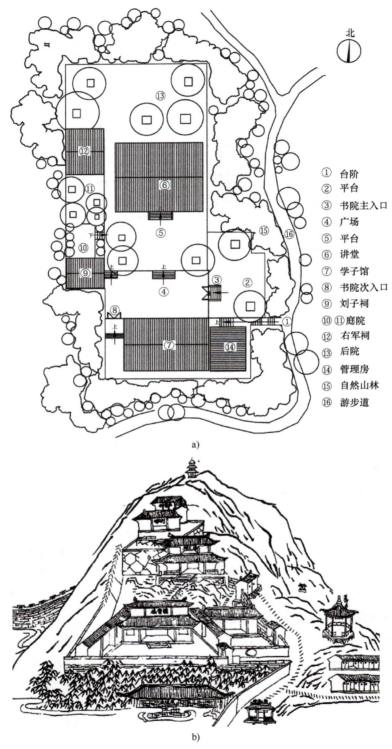

图 8-19 绍兴蕺山书院
a)平面示意图 b)空间布局图

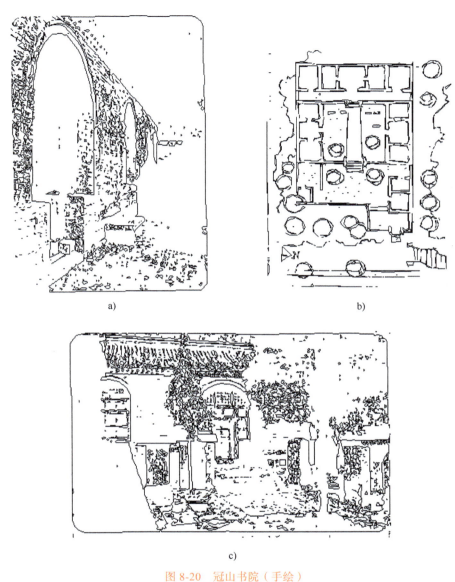

图 8-20 冠山书院（手绘）
a）内院图　b）总平面图　c）外观图

8.2.2 书院建筑的意境与风格

书院的优美环境和幽雅的意境营造，体现出人与建筑、环境的协调统一，反映其"天人合一"的理想追求，成为书院的突出特色。书院选择山林胜地，求得自然与人文之胜，正是其理想境界。书院重风景环境建设，极力开拓景点的营造，或因或借，取其精华，构成佳境，显示其文化特色。如湖南长沙的城南书院曾筑成"十景"、岳麓书院有"八景"、宁乡玉潭书院有"六景"等，均是充分利用其环境特点，突出其景观特色，构筑其文化氛围。

书院建筑的意境与风格

1. 讲究"天人合一"的意境

传统文化思想理论中,"天命""天道""天性""天理"莫不以"天人相通""天人合一"为最高境界,把人与自然统一起来。在建筑环境的选择和建设中,建筑经营讲求"气""势","山北为阴,水北为阳";建筑选址则"居阳背阴,谓之大吉"。把建造活动与阴阳调和、五行生克联系起来,包含有环境科学、环境心理学和环境美学等诸多因素。理学家讲求心性修养、超脱世俗、清心寡欲,"借山光以悦人性,假湖水以静心情",说明书院择址讲求"净心""悦性""深源""妙用"的境界。

书院是一组较为庞大严整的建筑群,由于重视地形环境的利用,依山就势、前卑后高、层层叠进、错落有致;加以庭院穿插、林木绿化衬托、山墙飞檐起伏变化、色彩清淡朴实,构成生动幽雅的景象,与自然环境取得有机结合,一般能达到"骨色相和,神采互发"的效果。书院在建设风景环境时,颇注重亭的设置。亭既起到组景、点景、观景的观赏效果,又可有护碑、护井、憩息等实用作用;同时也是"以少胜多""以小取大"的十分经济灵活的建设手段,为开拓风景环境产生了重要影响。

2. 体现"礼乐相成"的文化思想

书院严谨而又和谐的建筑群体,是社会群体意识的表现,反映其"礼乐相成"的文化思想,构成书院建筑的又一重要特点。

书院以讲堂为中心,大多采取中轴对称,或多轴并列,形成较为规整的格局。其讲学、藏书、供祀等主体建筑占据主要地位;斋舍、园池及辅助设施则因地制宜、灵活安排。因此,书院总体布局主次分明、区划清晰、井然有序,又联系紧密、使用方便,构成有机整体;同时,不同建筑体量、大小的院落空间,以庭院绿化设施等加以组合,极富变化情趣,形成和谐统一的整体,正是其"礼乐相成"文化理念的具体体现。建筑的中轴对称序列与庭院、天井的和合,正可谓"相须为用"。

3. 追求朴实自然、善美统一的美学思想

现存书院建筑,多为清代遗构,但多继承旧有规制,保存其一定的传统特色。它不同官学的官式建筑做法,而是吸取了地方民间建筑特色,表现出较为朴实庄重、典雅大方的格调。古代文人历来反对土木之奢,提倡俭朴之风,强调社会实用功能,以善为根本,追求善美统一的美学思想。

1)书院建筑一般采用砖木结构为主,多数为单层,少数为两层,突出个别的殿堂楼阁、歇山飞檐,使整体造型既简洁统一,又富有起伏变化;讲求材质、色调、体量、虚实的对比表现,较少雕饰彩绘,重点施以点缀素雅,显示其朴实自然之美,体现文人的建筑思想。

2)书院建筑的朴实美,首先表现在选用适用的尺度比例上,书院建筑不追求土木之奢,讲究就地取材、因材致用,并表现其材质的特色与地方工艺,体现了儒家传统的建筑文化。不同于宏大的官式建筑所追求的庄严、神圣之感,书院建筑以合适的体量营造出亲切朴实之美。

3)书院建筑的朴实美,还反映在讲究材料结构的表现,而不追求雕饰之华。书院建筑的装饰色彩无官式建筑的艳丽,而是力图与周围的自然环境融为一体,比如南方地区的书院的主色调多以灰白为主(图8-21),灰白相间、虚实对比,格外清新明快,体现了书院建筑追求的平淡雅致的格调和朴实之美。

图 8-21　岳麓书院二门

4. 重视人文环境塑造

书院不仅重视自然环境之美，还重视人文环境之胜；不仅重视自然景观的培植，还重视文化古迹的保护。书院建筑力求文化与风景有机结合、融为一体、"景借文传"，突出其文化特色。书院自古特别重视学术渊源，通过专祠设供的方式来纪念学派宗师、建院功臣、地方名人。

"情趣""意境""构思""创新"，正是文士们锐意追求的目标，也是书院建筑中值得深入发掘的可贵之处。

8.2.3　书院规制

书院历经千年，虽屡有毁兴，但后继者力求承其学术传统，复其建筑规制，在文化积淀的基础上沿袭、发展，具有很强的历史传承性。同时，由于不同学派的交融发展，不同层次文化的渗透吸取，以及随着官学化、世俗化甚至宗教化的影响，书院又表现其兼收并蓄的文化面貌，反映出较大的兼容性。以岳麓书院为例，岳麓书院以讲堂为中心，中轴对称，教学斋、半学斋分列两侧，前后四进，每进建筑均有数级台阶缓缓升高，层层叠进，给人一种深邃、幽远、威严、庄重的感觉，体现了儒家文化尊卑有序、等级有别的社会伦理关系。御书楼位于中轴末端，是书院唯一的三层楼阁建筑，显示书楼在书院的重要地位。北侧有专祠五处，供祀名儒先贤，反映它在学术上的师承关系和道统源流。院侧有文庙与书院平行，自成院落，既保持了书院中轴的突出群体，不使文庙喧宾夺主，又表现出文庙"圣域"的独立特殊地位。

岳麓书院初期就形成了讲学、藏书、供祀的基本规制，采取中开礼殿、讲堂、书楼，左右排列斋舍及专祠、山长（院长）居处等布置格局。书院这种布局与佛寺中以佛殿、法堂、经楼为主体，左右排列斋堂、禅堂及祖堂、方丈居处等颇为类似。一方面，佛教文化传入后，已逐步走向中国化、世俗化道路，寺庙建筑多采用我国传统建筑形制，如岳麓山的麓山寺，就由早期的"塔庙"形式，至唐代已转变为传统的院落布局；另一方面，儒家吸取佛道文化思想，以书院为基地，发展新儒学，也借鉴吸取了寺庙园林风景建设的经验，加以利用、改造、发展，体现出另一种文化内涵和精神面貌。所以，书院与寺院的建筑形制虽基本相类，却表现出不同的文化特色和格调氛围。岳麓书院外的通道，虽是利用原有的寺院香道改造而成的，但进行了加工，沿路栽梅植柳，建牌楼、濯缨池、咏归桥、自卑亭，拓展园林、开创"八景"，并与山上所建的道中庸亭、极高明亭、禹碑亭贯通，构成以书院为中心的麓山新的中轴线。这一轴线建设呈现出以书院为主体的新文化景观特色。

岳麓书院发展到后期，清代先后增建了文昌阁、魁星楼，又将原为纪念建院功臣的六君子堂改作岳神庙等，并请进神像，烧香祈福，体现了我国古代书院讲学、藏书、供祀三大功能的格局。

岳麓书院的文物史迹，是书院文化悠久历史的见证，反映其兴衰演变的历史进程，具有深刻的典型意义。书院作为古代文士聚居讲习的场所，主要体现其士文化的特有气质。

单元总结

书院建筑延续千年，遍及全国，供祀学派宗师、地方历史名人及建院功臣等，设置专祠，树立楷模，作为书院建筑的重要组成部分，展现了地方历史文化特色。

书院建设，择名山形胜之地，选风景优美之区，开拓、增添了地方的文化景观特色。书院建筑，一般出自民间匠人之手，充分吸取了地方建筑特色；又由文士们主持修建及构思经营，倾注其文化思想，创造出丰富多彩的空间组合群体，显示其斯文典雅的格调。书院前规后随，历代相承发展，有其深刻的文化历史渊源和内涵，遗存至今的书院从多方面、深层次反映了一个地方的文化特色，是极为可贵的历史见证。

实训练习题

一、填空题

1. 书院作为私学的高级形式，至_____才有兴起，但其雏形早在_____就存在。

2. 书院建筑反映士文化的特点，可称为_____，在中国建筑史上有非常重要的地位。

3. 岳麓书院奠定了书院建筑_____、_____、_____的基本原则。

4. 位于河南嵩山脚下的中国古代四大书院之一是_____。

二、简答题

1. 用案例阐述书院建筑的发展起源。
2. 书院建筑在选址和布局方面的特点是什么？
3. 书院建筑的主要特征是什么？

教学单元 9
中国古代木构建筑特征的演变

教学目标

1. 知识目标
（1）了解中国古代台基的种类及做法。
（2）了解中国古代彩画的发展历程及分类。
（3）了解中国古建筑门窗的发展历程及分类。
（4）了解中国古建筑藻井的发展历程及装饰作用。
（5）了解中国古代牌坊与照壁的分类与构图造型之美。
（6）了解中国古建筑的鸱吻与门狮。
2. 能力目标
（1）具备欣赏中国古代建筑艺术的能力。
（2）具备研究中国古代木构建筑的方法和能力。

思维导图

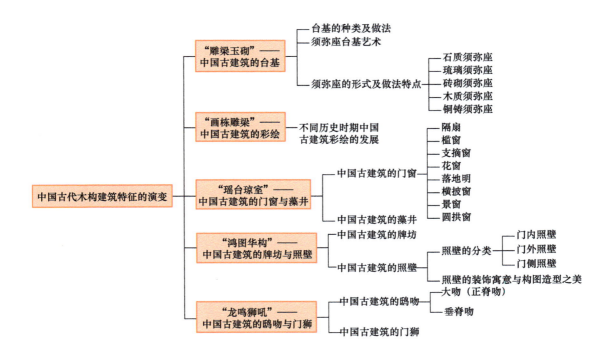

133

中国建筑历史长久，所覆盖之范围又极为辽阔，其历代兴造建筑的类型众多。由于遭受种种长期的自然的与人为的破坏，一度在历史上堪称伟绩的许多建筑都已化为乌有，加以古代统治者对技术工艺及建筑匠师的一贯轻视，使得长期薪火相传的宝贵设计构思与具体手法大都失传，这就导致人们对过去的历史发展与成就，难以做出深入的评价和剖析。

因此，本单元仅对我国古代建筑若干见习的局部形制与构造，就其已知的演绎变化情况作简要介绍。

◎ 9.1 "雕梁玉砌"——中国古建筑的台基

台基在中国建筑里是十分常见的，有着悠久的历史。《史记》里"尧之有天下也，堂高三尺，汉有三所之制，左喊右平。"其中，"堂"就是台基，"喊"即台阶的踏道，"平"即御路。台基在古代典籍中大都以"堂"的形式出现，"堂"成为台基的称谓，而非今日人们所理解的厅堂含义。《考工记通》记载"堂之上为五室也……"，其中，"堂"也是台基的意思。发展至宋代，称为"阶基"，清代以后与今天的称谓相同，为"台基"。

古代木构建筑特征演变

中国古代建筑从原始的穴居发展到地面上的房屋，这是一个了不起的进步。地面上出现建筑以后，为了防止潮湿，增加房屋的坚固性，往往把建筑建在台上面。台基将建筑的基础、柱顶石等都包容在里面，它犹如树根扎根大地，既是其上建筑部分的承托者，也是建筑物形成稳固视觉形象的重要因素。

9.1.1 台基的种类及做法

台基分为普通台基、带勾栏台基、复合型台基、须弥座台基等类型，它们不仅用以承托建筑物，并使其防潮、防腐，同时可弥补中国古建筑单体建筑不甚高大雄伟的欠缺。而须弥座台基是台基形式等级最高、技艺最精湛的类型。

1. 普通台基

普通台基的式样为长方（或正方）体，是普通房屋建筑台基的通用形式，常用于小型建筑。由于土的来源广泛，精心夯制的土层又十分致密，所以在中国古代得到广泛应用。古代木结构建筑可能早已荡然无存，但这些建筑的夯土基础往往能保留下来，人们据此获得地面建筑的很多信息。

2. 带勾栏台基

带勾栏台基是普通台基或须弥座台基与勾栏的结合形式，其中以须弥座台基加勾栏台基的形式居多。其勾栏部分以石制的栏板柱子较多见，但也可用砖墙代替，又以花砖墙做法为多。宫殿建筑的花砖墙多用琉璃砖摆成，也可用汉白玉栏杆。带勾栏台基较普通台基要高，一般用于大型建筑、宫殿建筑或坛庙建筑中的次要建筑。

3. 复合型台基

复合型台基是其他三种台基的重叠复合型，这种台基的组合形式有很多，如双层或三层须弥座台基、双层普通台基、须弥座台基与普通台基的组合、带勾栏台基与不带勾栏台基的组合等。这种台基用于较重要的宫殿、坛庙建筑。

4. 须弥座台基

须弥座总体上可以理解为一段台基，其最初以佛像座的形式存在，后逐渐延伸到各个领域。须弥座台基艺术是中国传统建筑形式与外来建筑式样的交融与发展，它不仅起到保护建筑主体的作用，同时也让原本厚重的台基变得精美华丽。

9.1.2 须弥座台基艺术

须弥座台基一般为砖砌或石雕，也有用琉璃须弥座饰面的，有些室内结构甚至可以用木作制成，例如紫禁城的宝座等。须弥座是由数层简单枭混线条（凸面嵌线为枭，凹面嵌线为混）组成的，后来发展到有束腰、莲瓣、角柱等复杂雕饰的形式，一般自上而下分为上枋、上枭、束腰、下枭、下枋、圭角六个层面，层间有皮条线，各层高度均有定制，可以灵活变化，也可增加层数（下枋、上枋都可以做成双数）。石制须弥座的各层名称虽然不同，但在制作加工时，常由一块石料雕凿而成（也可根据设计要求和实际石料的情况酌情而定），有些较为重要的建筑采用双层或三层须弥座台基。

须弥座台基从出现之始到唐代，其断面轮廓非常简朴，上下的线脚都是方角的层层支出形式，最初并无莲瓣或枭混线条，现今人们可以在杭州闸口五代白塔和敦煌壁画中可以看到这种形式。

唐朝之前，须弥座台基的束腰多为简洁的壸门形式，均为直线叠涩挑出；中唐以后，开始出现在束腰上下施加仰莲、覆莲的须弥座台基形式。

五代之后，枭混莲瓣的须弥座台基逐渐盛行，之后至宋代发展至顶峰。基身以小立柱或内镶壸门作为分格。《营造法式》中对须弥座台基的制作形制有明确的记载："垒砌须弥坐之制：共高一十三，以二砖相并，以此为率。"

发展至清代，须弥座台基艺术得到进一步发展，其纹饰也别具一格。其形制在《营造算例》中也有明确记录："须弥座各层高低，按台基明高五十一分归除，得每分若干：内圭角十分；下枭六分，带皮条线一分，共高七分；束腰八分，带皮条线上下二分，共十分，上枭六分，带皮条线一分，共高七分；上枋九分。"宋式和清式须弥座台基比较如图9-1所示。

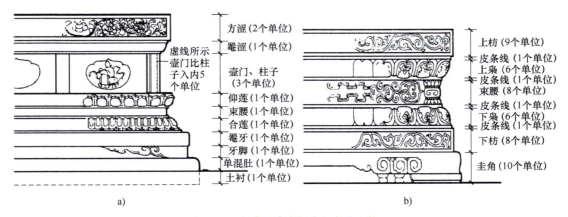

图 9-1 宋式和清式须弥座台基比较

a) 宋式 b) 清式

9.1.3 须弥座的形式及做法特点

1. 石质须弥座

石质须弥座在选材上有汉白玉和青白石两种。其中，汉白玉又被细分为水白、旱白、雪花白、青白四种。汉白玉具有洁白晶莹的质感，质地较软，石纹较细，适于雕刻，多用于宫殿建筑中带雕刻的石活。与青白石相比，汉白玉更加漂亮，但其强度和耐风化、耐腐蚀的能力不如青白石。青白石质地较硬、质感细腻，不易风化，多用于宫殿建筑，可用于雕刻石活。

石质须弥座有三种做法：转角处不做任何处理；转角处使用角柱石（又叫金刚柱子）；转角处用马蹄柱子，俗称玛瑙柱子。石质须弥座又分不带雕饰和带雕饰两种。不带雕饰的须弥座，其特点是只做单层，没有栏板和任何装饰，但是在圭角部分必须雕刻如意云纹饰。

2. 琉璃须弥座

琉璃须弥座有两种做法：转角处不做任何处理；转角处用马蹄柱子。琉璃须弥座除了用于园林花坛之外，还常用在琉璃墙体的下碱、屋面宝顶等部位。如琉璃花门常以琉璃须弥座为基座，各种琉璃影壁更是要用琉璃须弥座来衬托等（如北海九龙壁）。琉璃须弥座与石质须弥座相同，都是由土衬、圭角、下枋、下枭、束腰、上枭、上枋共七层构件叠砌而成。

琉璃须弥座有素面的，也有雕饰的。上枋、下枋常见的花饰以缠枝西莲花或龙戏珠为主，上枭、下枭多以仰覆莲或西莲为主，束腰以椀花结带或折枝花等为主题图案。琉璃须弥座雕饰的造型有很多种，凸凹的线条比较分明，立体感较强，增加了须弥座的美感。

3. 砖砌须弥座

砖砌须弥座常见于大型青砖影壁，多采用磨砖对缝的干摆做法。有带砖雕的，也有无砖雕的须弥座。砖砌须弥座分三部分：束腰以下、束腰、束腰以上。这三个部分各占须弥座总高的1/3。束腰部位雕饰椀花结带图案，其余部位不做砖雕。

砖砌须弥座还可应用在屋面的宝顶座，既有单层，也可重叠（双层），形式有方形、圆形、带雕饰和不带雕饰。砖砌须弥座与影壁须弥座不同，带雕饰的砖砌须弥座在圭角、上枋、下枋、束腰处都带有雕饰图案，也有在局部构件上雕饰的形式。

4. 木质须弥座

木质须弥座常见于皇宫，如太和殿内在四根盘龙金柱中间设有皇帝宝座，宝座安放在木质须弥座之上。木质须弥座还用于古典家具和工艺品陈设的底座，其做法与石质须弥座相同。

5. 铜铸须弥座

铜铸须弥座多用于宫廷庭院的陈设基座。铜铸须弥座有矩形、圆形之分，铸造以成双成对出现，图案没有雷同的。矩形铜铸须弥座常摆放铜龙、铜凤、铜狮、铜麒麟、铜龟等；圆形铜铸须弥座一般摆放铜香炉等。

◎ 9.2 "画栋雕梁"——中国古建筑的彩绘

中国古建筑是融实用与装饰于一体的典范。中国古建筑以木架构为主,而木质结构容易受到风、雨、蚁、虫等的侵蚀啃噬,在木材表面刷涂油漆(彩绘),可以有效保护木材,延长房屋的使用寿命。无论宫殿、寺庙、府邸、民宅,只要通过建筑上彩绘的做法与特点,便可知其所属等级与功能,通过建筑彩绘所展示的内容可作为推断年代、地域、民族、风格等的参照。

宋代《营造法式》对彩绘进行了整理,如图9-2所示。建筑彩绘经历了元代的豪放;明代的规律化、装饰化;清代进一步程式化、制度化,清代的建筑彩绘更加华丽,大量使用蓝色调。

图9-2 《营造法式》中建筑彩绘图样

不同历史时期中国古建筑彩绘的发展如下:

1. 夏、商时期

夏、商时期没有留下来彩绘方面的完整遗物,但是根据若干商代贵族墓葬的夯土中遗留下来的表面呈朱红色的饕餮纹和雷纹的模印,完全有理由推断这些表面涂色的雕刻技术已经使用于地面建筑,特别是宫室、坛庙等高级建筑。文献中还有"山节藻悦"的记载,是说在大斗之上涂饰山状纹样,在短柱之上涂饰藻类的图案。

2. 周、秦、汉时期

由于咸阳宫及秦始皇陵建筑等原有的大木架构梁、柱早已焚毁,但还是可以断言,当时的秦宫建筑的装饰是十分华丽的。由战国至汉朝宫室中梁、柱裹以锦绣或涂色的形式,想必在秦宫中也有所应用,同时一些绫锦织物的图案也开始用于建筑彩绘上。

3. 晋、南北朝、隋、唐时期

西晋开始,佛教建筑广泛兴起,诸如卷草、莲瓣、宝珠等一些与佛教相关的花纹成为建筑彩绘的创作主题，一定程度上丰富和提高了以往的建筑装饰传统。至南北朝时期出现了彩绘的"叠晕"手法，除此之外，还有以梅杏为梁、香桂为柱、红粉泥壁等记载，是颇为别致的装饰方法。隋、唐时期的彩绘艺术有了进一步的发展，达到了较高水平。唐代用于建筑装饰的纹样主要有联珠、卷草、团花、莲瓣等。

4. 宋代时期

宋代是中国古建筑油饰彩绘趋向成熟的时期，彩绘的表现手法也更为丰富，宋代出现了五彩遍装、碾玉装、青绿叠晕棱间装、丹粉刷饰与土黄刷饰和杂间装等类型。五彩遍装是指每一个建筑构件均绘彩画，且需施用多种颜色，以达到五彩缤纷、灿烂辉煌的艺术效果，也是唯一可以用金的彩画，如图9-3所示。碾玉装是一种以青色、绿色为主色调的彩画，整个画面内外多层叠晕，光彩闪烁，犹如磨光的玉石，故称为碾玉装。青绿叠晕棱间装是以青、绿颜色晕染边棱，基本不画花纹的一种彩画。丹粉刷饰与土黄刷饰是一种用暖调色彩涂饰建筑构件的彩画。杂间装的特点是将以上五类彩画在一幢建筑物中相互配合使用。

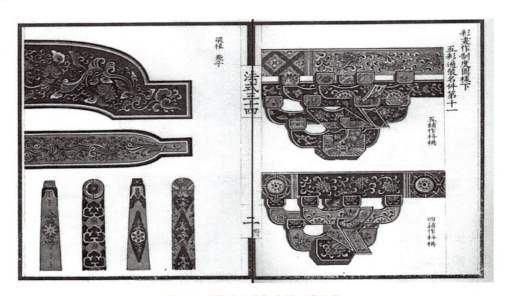

图9-3 《营造法式》中的五彩遍装

5. 元、明、清时期

在中国古建筑彩绘的发展过程中，元、明时期是一个重要阶段和转折时期。在元代建筑彩画中出现了一种全新的做法——"地仗"。地仗是古建筑彩绘的重要组成部分，官式建筑中的地仗工艺运用较多且规范，民间建筑的地仗工艺运用较少且简略。地仗使用的材料有生（熟）桐油、灰料、白面、血料、生石灰、麻线等。地仗传统工艺做法有二麻一布七灰、二麻六灰、一麻五灰、一麻四灰等，经过完整的地仗工序后，木材表面就形成了一个平整的灰壳层，它具有防潮、防水、防火的功能，对建筑的木结构起到局部的保护作用。

中国古建筑彩绘发展的鼎盛时期是明、清两代，古建筑彩绘发展到了高峰，工艺达到了前所未有的高度和水平。在明代彩画中十分盛行的旋花图案是由旋涡状的花瓣组成的几何图形，主要用于藻头部位。明代北方建筑彩画的重要特征是有严格的等级制度，而同时期南方彩画的形制，其等级按线条做法划分为三等：上五彩、中五彩和下五彩。

清代古建筑彩绘主要分为和玺彩画、旋子彩画以及苏式彩画三大类，详见本书第1.2.3节。

◎ 9.3 "瑶台琼室"——中国古建筑的门窗与藻井

9.3.1 中国古建筑的门窗

老子在他所著的《道德经》中说："凿户牖以为室，当其无，有室之用。"其中的"户"为门，"牖"为窗，可见凡房屋都有门与窗，门供人出入，窗用作采光和通风。现在根据考证，门窗一类装修最早出现在西汉。

从西汉至唐代的千余年中，门窗的形式几乎没有太大的发展，这个时期的门，主要是双扇板门或单扇板门。窗则主要是直棂窗，山西五台山佛光寺大殿的门窗装修是这个时期装修形式的代表。汉代陶屋、陶楼及画像石中的窗格也可见到斜方格的式样。《洛阳伽蓝记》中记载建于北魏熙平元年（516年），在洛阳建造的永宁寺方形木塔，有"浮图有四面，面有三户六窗，户皆朱漆。扉上有五行金钉，其十二门二十四扇，合有五千四百枚，复有金镮铺首"的记载，说明这个时期木塔每层的门上已开始用门钉铺首和门环。

唐代以后，已经出现了格子门（清代称为隔扇）。宋《营造法式》记载的小木作中，有板门、乌头门、软门和格子门四种。其中，乌头门为安装在庙宇类建筑院墙中间栅栏式的大门。明、清建筑仿其遗制，仍可见这种门。《营造法式》中的"用辐"（穿带）及"合板软门"仍属板门类型，类似明、清时的屏门。格子门的出现，是装修的一个发展。《营造法式》卷七对格子门的描述是"每间分作四扇（如梢间狭促者，只分作二扇），如檐额及梁袱下用者或分作六扇造，用双腰串（或单腰串造）。"关于隔扇心的纹样，《营造法式》中仅列举了"斜球纹格眼""四直方格眼"等几种，实物中的样式却要比《营造法式》中的丰富得多，有斜方格眼、龟背纹和十字纹等多种。辽、宋、金、元时期的门窗，以破子棂窗和板棂窗为主要形式。另外，此时还出现了横披窗与格门、槛窗组合在一起的形式。横披窗的棂条形式多有变化，棂花形式有六七种之多，常在一面窗上交错对称使用。这些说明宋代以后至元代，装修的形式已有了很大发展。

明代以后，装修更加精细，所采用的花纹也更加丰富多样，尽管明、清时期的官式建筑受到工程做法的制约，门窗形式和纹样较为定型化，缺少变化，但地方寺庙、府邸、民宅中的装修纹样的类型则十分丰富，用各种直棂窗、曲棂窗构成的纹样，富有装饰性。装修的这种发展沿革，经历了从单纯实用到实用与装饰相结合的发展过程。

中国疆域宽广，南北的差异很大，因此房屋的式样及门窗也有差异。一般来说，北方的窗口开得较大，南方的窗口开得较小。其实，窗口开得大小各有利弊，窗口开得大，屋内就会显得寒冷。不过，门窗尺寸的大与小，并没有固定的标准，大多顺应当地的环境和习惯。

中国传统门窗的地域性十分明显，式样十分丰富，其中常见的是隔扇、槛窗、支摘窗、花窗、落地明、横披窗、景窗、圆拱窗等。

1. 隔扇

中国传统门窗形式多样，其中最基本的形态是"隔扇"（图9-4、图9-5）。"隔"是指木格，故隔扇又叫"格扇"，是门窗中既高又长的一种门窗形式。隔扇既有窗的功能，又有墙和门的作用，对外能围护，对内能分隔，还能采光和通风。这种高而长的隔扇左右相连，一扇接一扇，一般为双数，以保证房屋的中央是可以开启的两扇隔扇（门）。隔扇由三部分组成，上部为"格心"，中部为"夹堂板"，下部为"裙板"。其中，格心的面积最大，用木棂条组成网格，以方便采光和通风。

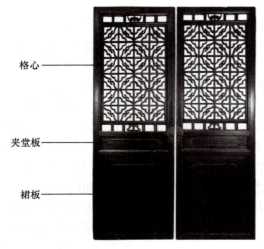
图9-4 隔扇（一）

图9-5 隔扇（二）

2. 槛窗

槛窗又叫半窗，是安装在槛框上的窗子，上半部和隔扇一样有格心和绦环板；下半部去掉裙板，是砖砌的短墙，也有是木质的板壁。由于气候的关系，北方的槛窗一般安置在砖墙上，南方的槛窗大多设置在木板壁上。槛窗左右相连，排列在两柱之间，其式样和隔扇保持一致。槛窗通常每间四扇，也有六扇、八扇的，两边为固定扇，中间两扇为可向内开启的活动扇。槛窗大多用在宫殿、寺庙等大尺度建筑的大殿上，而江南的民居一般用于厢房、次间和过道的槛墙上，具有一定的实用功能。槛窗中的木雕装饰各有千秋，一般宫殿、寺庙的槛窗木雕装饰比较简洁，宫殿中的大多为几何图案，寺庙中的大多为莲花等图案；而浙江、安徽等民居、祠堂建筑中的槛窗木雕则非常丰富，人们将戏曲中的历史故事刻在绦环板上，一幅幅地形成连续木雕图画。

3. 支摘窗

支摘窗又叫"和合窗"，是可以支起、摘下的窗户，由下往上作纵向式开启，开启后有一定的坡度，再用摘钩固定，如图9-6所示。

支摘窗通常做成上下两层，上为支窗，可以推出、支起；下为摘窗，必要时可以摘下，如图9-7所示。支摘窗的类型有多种，除了上下两段同等宽的以外，还有上下分三段的支摘窗，以及上段支摘窗长于下段支摘窗的形式。支摘窗没有槛窗那样有气势，但较实用，显得精美雅致。北方大多见于住宅居室的次间与梢间的前檐，而南方则大多用于阁、榭、轩、亭等小型建筑及画舫。支摘窗的格心木棂图案大多用"步步锦""灯笼锦""龟背锦"等，山西民居的支摘窗则大多用剪纸的窗花进行装饰，内容包括山水、花鸟、人物等。

图 9-6　支摘窗从下往上作纵向式开启

图 9-7　支摘窗上下两层

4. 花窗

花窗是加在卧室外面的一层外窗，其功能是避免从室外能直接看见卧室内的女眷及物件，故又名"小姐窗"。花窗一般为长方形，分上下两段，上段有两扇可以开启的窗户，窗户四周为透空的花格装饰；下段为实心的雕饰花板，其高度相当于正常人的身高，故能挡住外人的视线。由于雕饰精致，装饰性强，有的地方没有花窗的上段，只保留下段的挡板。不管用何种式样，下段的实心花板是艺人施展雕艺的好地方，雕刻的题材往往以人物为主，动物、花卉为次。这一扇扇花窗，有宫殿建筑的壮丽与浓艳，但却使古老的民居在简朴典雅中露出几分锦绣。

5. 落地明

落地明又叫落地窗，是将隔扇去掉绦环板和裙板，使格心部位一直延伸到原裙板的位置，组成整体通透的落地窗。落地明大多用于园林建筑和安徽徽州地区的古民居中，透光性能良好，显得清新雅致。

6. 横披窗

横披窗又叫"窗披""天头"，为固定的扁长形窗扇，位于门窗的正上端，大多不作开启，其作用是通风透气。唐代以前的建筑多用板门，板门之上便是墙面，不再设窗。出现格门后，人们在格门上再设置一种横向的窗户，这就是横披窗。横披窗的木雕装饰一般采用"穿花"工艺，图案较为粗犷，以花卉、万字纹、拐子纹为多。

7. 景窗

景窗镶嵌在墙体中，以从窗中可以观望室外的景观而得名。景窗的外框一般为砖砌，内用木窗，形式有扇形、方形、长方形、六角形、八角形、圆形等。景窗的四圈均为图案，只有中间可观望，一般双面均要精加工，有的还要作双层，以便将景窗镶嵌在墙体中；再仿照漏窗的形式，窗内用木雕装饰，显得隽永秀美。

8. 圆拱窗

中国传统民居大多使用木结构，唯有山西民居大量使用砖墙，很少暴露木结构，外部为砖砌的拱门，里面是木制的窗户。圆拱窗一般可以分为上下两个部分，上部为拱券半圆，常见的装饰木雕有"福""禄""寿""喜"汉字，有如意、花卉图案，也有几何纹等窗棂格；下部是由半圆延伸下来的矩形或长方形，有可以开启的格子门或板门，也有不可开启的窗扇。

9.3.2　中国古建筑的藻井

藻井，是天花板的一种形式，利用传统的榫卯、斗拱结构堆叠而成，是中国特有的建筑装饰技术。藻井，层层叠叠，如伞如盖，雕花的缸沿上，相隔均匀的昂头组成一道道优美的圆弧，呈螺旋形上升，聚于上凸的顶部中心，色泽灿烂的贴金配上暗色的朱漆，搭配出堂皇大气的美丽。李渔在《闲情偶寄》中提到："精室不见椽瓦，或以板覆，或用纸糊，以掩屋上之丑态，名为'顶格'。"我国传统木构建筑内部有交叉纵横的梁架，为了遮盖这些暴露出来的不甚美观的梁架，便出现了早期的方格藻井，类似现代建筑中的吊顶设计。藻井的产生和发展蕴含了浓厚的中国传统思想（图9-8、图9-9）。

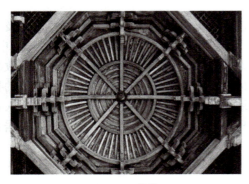

图9-8　藻井

图9-9　故宫的蟠龙藻井

◎ 9.4　"鸿图华构"——中国古建筑的牌坊与照壁

9.4.1　中国古建筑的牌坊

牌坊，也叫牌楼，中国特色建筑文化之一，是旧时为表彰功勋、科第、德政以及忠孝节义所立的建筑物，如图9-10所示。牌坊是由棂星门衍变而来的，一开始用于祭天、祀孔。牌坊起源于汉阙，成熟于唐、宋，至明、清登峰造极，并从实用建筑衍化为一种纪念碑式的建筑，广泛地用于旌表功德、标榜荣耀，不仅置于郊坛、孔庙，还用于宫殿、庙宇、陵墓、祠堂、衙署和园林等处，景观性也很强，可起到点题、框景、借景等效果。

牌坊从功能性质上分为两类，一类是标志性牌坊，一类是纪念性牌坊。标志性牌坊一般立于某一重要建筑入口之前，成为重要建筑的标志。纪念性牌坊是中国古代一种特殊的纪念性建筑，用于表彰和纪念，是中国古代封建社会弘扬道德思想的一种手段。一般牌楼正中间的最上面会有一块小竖匾，上书"圣旨"或者"恩荣"，表明是皇帝亲自下旨表彰，古代规定没有皇帝的圣旨是不能立牌坊的。牌坊还可划分为以下六类：

1）庙宇坊，如邹城孟庙的棂星门。

2）功德牌坊，用于为某人记功记德。如山东省桓台县新城镇的"四世宫保"坊，是明朝万历皇帝为当时的兵部尚书王象乾所建。

3）百岁坊（也称为百寿坊），和牌坊的其他类型比较起来，这类数量要少得多，如山东滕州市韩楼村的百寿坊、安徽泾县九峰村百岁坊。

4）节孝坊，多用于表彰节妇烈女、孝子孝女。

5）标志坊，城市建设中的牌坊多被用作有传统特色的标志物，建于风景区或街区等的入口位置。

6）陵墓坊，一般立在帝王将相的陵墓前，多为石制，如绍兴市大禹陵牌坊和南通市唐骆宾王墓牌坊。

中国现存最大规模的牌坊群——安徽歙县棠樾村牌坊群（图9-11），一连七座牌坊矗立在村外的大道上。这个牌坊群就是为了表彰棠樾村中的一个大家族——鲍氏家族的贡献。

图9-10　牌坊

图9-11　安徽歙县棠樾村牌坊群

9.4.2　中国古建筑的照壁

照壁建筑历史悠久，最早源于陕西，始于商、周时期。唐、宋时期，照壁推广到全国。起初，照壁建筑只是在各级官府大院，继而是庙宇、州府、城隍庙。唐代普及到民间。

照壁的建造级别体现主人的身份、地位和志向追求，雄厚的财力可以让砖雕匠师们有更大的发挥空间，从而创造出大量的精美照壁，如图9-12、图9-13所示。商人和官府家族为了给自己或为子孙后代营建一个如意归宿，建院设壁，力求生意兴隆、财源广进、人丁兴旺。晚清时期，民间富户人家修建四合院，为了使道路不直穿正门，便在院内、院外建照壁，以示富贵达显、吉利祥泰、不同凡民。

1. 照壁的分类

照壁按照其所处的位置来分类可分为门内照壁、门外照壁和门侧照壁三种类型。

图9-12 照壁

图9-13 照壁

1）门内照壁（图9-14）是指位于建筑大门内侧，与大门有一定的距离的照壁。它与门楼一起构成空间有序转换的入口节点，既可正对大门独立设置，形成双向流线；也可借助厢房、山墙，形成唯一流线，在整个序列的组合中往往起着"引"的作用。通过此空间的组织，界分了内外，增添了空间层次，引导了顺序，彰显了传统建筑中蕴含的丰富空间文化内涵。

2）门外照壁（图9-15）正对建筑大门，和大门有一定的距离，多设置在较大规模建筑群的大门前。它正对大门，和大门左右的牌楼或其他建筑组成了建筑的前导空间，增添了建筑群的气势。规模较小的民宅类大门前的照壁，则多是考虑风水、实用功能。大门与影壁相对，它不仅具有精神方面的功能，而且增加了空间意味和视觉层次，空间在此转换、视觉在此更替，欲扬先抑之后，人们才会备感内部空间的宽敞和舒适。

图9-14 门内照壁

图9-15 门外照壁

3）门侧照壁，是指位于大门一侧或两侧的照壁，形状一般为八字形、一字形。它与门楼浑然一体，组合成气势恢宏的入口形象，装饰入口并彰显着主人的地位，烘托出入口的气氛。

概括来讲，传统建筑中的照壁和大门，起到了巧妙地组织和过渡内外空间，或转换空间，或限定场所，或增添层次，或弘扬气势的作用。

2. 照壁的装饰寓意与构图造型之美

照壁多为整齐墙面，往往装饰精妙，成为入口空间的亮点。有的则为中高、侧低的三段式，新颖别致，打破统一；有的更是别具一格，照壁镂空供人通过，形式多样，变化不一。

从装饰的内容来看，照壁的装饰有各种植物、兽纹以及汉字符号等，如图9-16、图9-17所示，取材广泛，但所用题材多和建筑的内容有关。在照壁的中心盒子和四个角中，用得最多的装饰内容还是植物，海棠寓意富贵满堂，若采用海棠形盒子，往往会在盒子下方有一个花篮，花篮里伸出繁茂的绿色枝叶，枝叶中有九朵盛开的花朵和十朵含苞待放的小花蕾，组成一幅优美的画面。从色彩处理上看，照壁的色彩以淡雅为主，用清一色的灰砖外加白灰抹面而成，与主体建筑的色彩融为一体，形成统一的色调，共同构成传统民居的肌理。

图9-16　照壁装饰（一）

图9-17　照壁装饰（二）

◎ 9.5　"龙鸣狮吼"——中国古建筑的鸱吻与门狮

9.5.1　中国古建筑的鸱吻

中国古建筑中的鸱吻是一种装饰性建筑构件，《唐会要》中记载，汉代的柏梁殿上已有"鱼虬尾似鸱"一类的东西，其作用有"避火"之意。晋代之后的记载中，出现"鸱尾"一词。中唐之后，"尾"字变成"吻"字，故又称为鸱吻。官式建筑殿宇屋顶上的正脊和垂脊上，各有不同形状和名称的鸱吻，以其形状、大小和数量，代表殿宇等级的高低。

1. 大吻（正脊吻）

大吻，即殿宇顶上正脊两端的鸱吻，一般是龙头形，张大口衔住脊端，又称吞脊兽（图9-18、图9-19）。屋顶正脊，两个坡顶相交而产生正脊，相交处不会十分严密，为了使屋顶两个面的瓦件相交，不致漏水，在脊的位置上需要加砖瓦封口，其结果是高出屋面，有碍观瞻。于是，古人想到在这些高出的脊上做各种装饰，如动物、植物，以及后来形成的鸱吻,既美观又实用。这个鸱吻也是很有讲究的,民间说它是龙的第九子,性格"好望好吞","好望"使它往屋顶上爬,"好吞"则使它张口咬着屋脊,工匠一剑就把它牢牢钉在屋顶,一旦打雷着火,可喷水。目前,我国最大的大吻,在故宫太和殿的殿顶上。太和殿的大吻,由13块琉璃件构成,总高3.4米,重约4.3吨,是我国明、清时期宫殿大吻的典型作品。

图 9-18　大吻　　　　　　　　　　　图 9-19　龙头形大吻

2. 垂脊吻

屋顶垂脊上的脊兽称为垂脊吻(图 9-20)或屋脊走兽、檐角走兽、仙人走兽。檐角最前面的一个垂脊吻叫"仙人骑兽",它的作用是固定垂脊下端第一块瓦件。在未形成"仙人骑兽"这一造型之前,是用一个大长钉来固定的。传说齐国国君在一次作战中失败,来到一条大河岸边,后边追兵就要到了,危急之中,突然一只大鸟飞到眼前,他急忙骑上大鸟,渡过大河,逢凶化吉。古人把它放在建筑脊端,表示能骑凤飞行,逢凶化吉。

从"仙人骑兽"向后方排列着若干小兽,这些小兽随着殿宇等级的不同而数目不一。最高等级的殿宇,如太和殿,小兽的数目最多,有 10 个。房屋品级的不同也能决定小兽的数量,殿宇降级,小兽的数目也随之减少,如乾清宫有 9 个,坤宁宫有 7 个,东西六宫的殿顶上大部分是 5 个。每个小兽都有自己的名称和含意。园林建筑对规格的要求没有皇宫那么严格,颐和园里的排云殿,既是琉璃屋顶,又是全园小兽最多的大殿,有 7 个小兽;颐和园里的大部分建筑是庑殿式屋顶,有 5 个小兽。如图 9-21 所示,太和殿的小兽从前面向后上方依次排列的顺序是:

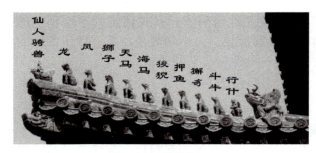 

图 9-20　垂脊吻　　　　　　　　　　图 9-21　北京故宫太和殿各小兽名称

1）一龙：古代传说中的一种神奇动物，有鳞有须有爪，能兴云作雨，在封建社会被看作是皇帝的象征。

2）二凤：古代传说中的鸟王，雄的叫凤，雌的叫凰，通称凤，是封建社会吉瑞的象征，也是皇后的代称。

3）三狮子：古代人们认为它是兽中之王，是威武的象征。

4）四天马：意为神马。汉朝时人们对来自西域良马的统称。

5）五海马：也叫落龙子，海龙科动物，可入中药。天马和海马象征着皇家的威德可通天入海。

6）六押鱼：海中异兽，传说中可兴云作雨。

7）七狻猊：古代传说中能食虎豹的猛兽，也是威武百兽率从之意。

8）八獬豸：传说中能辨别是非曲直的一种独角猛兽，是皇帝"正大光明""清平公正"的象征。

9）九斗牛：也叫虬牛，是古代传说中的一种龙，即虹、螭之类。

10）十行什：一种带翅膀的猴面人像，是压尾兽，因排行第十，故名行什。

9.5.2　中国古建筑的门狮

中国古建筑的门狮（图9-22）一般是用石头雕刻出来的狮子，是在中国传统建筑中经常使用的一种装饰物。在中国的宫殿、寺庙和佛塔等地方常见其身影。

东汉时期随着佛教的传入，石狮子便在人们心目中成了高贵尊严的"灵兽"。在漫长的历史年代中，这些石狮子陪伴着历史的沧桑巨变，目睹着朝代的兴衰更替，已成为中国古建筑中不可缺少的一种装饰物。

唐代以前，中国古建筑尚无使用石狮守门的习惯。到了唐朝，居民按"坊"而居，坊门多为牌楼样式，为了稳固起见，坊门的每根柱脚一般夹放着巨大的石块；此时，石狮的雕刻艺术达到了一个高峰。由于采用逼真的创作手法，石狮慢慢地中国化了。中国的雕刻艺术大师将石狮雕刻得异常壮丽，

图9-22　紫禁城太和殿门狮

而且传神：头披卷毛、张嘴扬颈，四爪强劲有力，神态盛气凌人。

北宋时期，撤"坊"建"厢"，独门独户多了起来，出现了专门守门的石狮。到了元代，改"厢"为区，开始出现街道，有些人在家门口建"坊"或"门楼"。仍在"夹柱石"上雕刻石狮子。从元代起，看门狮的数量才明显增多，石狮在民间的使用也普及起来，大门前放置石狮就像是在门上贴门神一样，既美观又寓有纳福招祥瑞之意。

明、清两代，随着封建制度的完善，封建等级观念也体现在石狮身上。以衙门前的石狮为例：它的头上的毛发被雕成众多的"疙瘩"，最多不能超过十三个，称为"十三太保"，只能用于一品官员门前；一品之下，每低一级减一个"疙瘩"，减到七品以下小官的

门口时，则没有石狮子可摆放了。明、清两代的宫殿、官衙和府第门旁摆放的石狮，多为双数，带有"事事如意，好事成双"的含义。

不同时代的石狮子雕刻既呈现出不同的特点，也显示出不同的地方特色。总体上，北方的石狮子外观大气，雕琢质朴；南方的石狮更为"灵气"，造型活泼，雕饰繁多，小狮子也不仅在母狮手掌下，有的会位于狮背，活泼可爱。

单元总结

本单元概括阐述了台基的种类及做法，彩绘、门窗、藻井的发展历程及装饰作用；分析了中国古代牌坊与照壁的分类、构图和造型；介绍了中国古建筑中的鸱吻与门狮。

实训练习题

一、填空题

1. 照壁按照其所处的位置分类，可分为_____、_____和_____三种类型。

2. 牌坊从功能性质上可分为两类，一类是_____，另一类是_____。

二、简答题

1. 中国古建筑中台基的种类和做法有哪些？
2. 中国古建筑中的门窗有哪些？

教学单元 10

中国近代建筑

教学目标

1. 知识目标
（1）了解中国近代建筑的发展历程。
（2）了解中国近代建筑的类型与建筑技术。
（3）了解中国近代建筑师与建筑教育。
（4）了解中国近代建筑的设计形式与思潮。

2. 能力目标
（1）具备对中国近代建筑的形式进行分析的能力。
（2）通过对中国近代建筑的了解，提高建筑造型能力和建筑审美能力。

思维导图

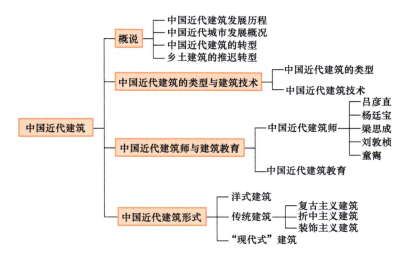

中国近代建筑打开了中国传统建筑体系与西方建筑体系交流的大门，冲击了中国几千年来的大屋顶木构架的传统建造体系。从此，西方的建筑体系逐渐融入中国的传统建筑体系中，逐步融合、演变，最终形成具有中国特色的中西结合的建筑新模式。

◎ 10.1 概说

中国近代建筑所指的时间范围从 1840 年鸦片战争开始，到 1949 年中华人民共和国成立前夕。这个时期的中国建筑处于承前启后、中西交汇、新旧接替的过渡时期，这是中国建筑发展史上一个急剧变化的阶段。

10.1.1 中国近代建筑发展历程

1. 第一阶段：鸦片战争到甲午战争时期（1840—1895 年）

这个时期，在中国通商口岸的租界区内大批建造了各种新型建筑，如领事馆、工部局、洋行、银行、西式住宅、饭店等，在中国的其他地区出现了一些教堂建筑。这些建筑绝大多数是当时西方流行的砖木混合结构房屋，外观多呈欧洲古典式，也有一部分是券廊式，后者是西方建筑传入印度、东南亚地区后，为适应当地的炎热气候而加上了一圈拱券回廊。当时的中国近代建筑多数仍是手工业作坊那样的木构架结构，小部分是引进了砖木混合结构的西式建筑。

中国近代建筑

上述新式建筑虽然为数不多，但标志着中国建筑开始突破封闭状态，酝酿着新式建筑体系。

2. 第二阶段：中日甲午战争到五四运动时期（1895—1919 年）

第一次世界大战期间是中国民族资本成长的"黄金时代"，政治变革带动了新式衙署、新式学堂等官办新式建筑的发展，引进西式建筑成为当时中国工商事业和城市生活的普遍需求。在这个时期，中国近代建筑发展出了居住建筑、工业建筑、公共建筑三大类型，水泥、玻璃、机制砖瓦等近代建筑材料的生产能力有了初步发展，有了较多的砖石钢骨混合结构，初步使用了钢筋混凝土结构。

这一阶段是西式建筑影响扩大和新式建筑体系初步形成的阶段。

3. 第三阶段：五四运动到抗日战争爆发时期（1919—1931 年）

到了 20 世纪 20 年代，中国近代新式建筑体系已经形成，建筑活动日益增多，在一些大城市建造了一批行政建筑、文化建筑、居住建筑，还新建了一批近代化水平较高的高楼大厦。这是中国近代建筑业繁荣发展的阶段。

4. 第四阶段：抗日战争爆发到中华人民共和国成立前夕（1931—1949 年）

抗日战争期间，中国的建筑业处于萧条状态。第二次世界大战结束后，包括中国在内的许多国家积极进行战后建设，建筑活动十分活跃。通过西方建筑书刊的传播和一些归国建筑师的介绍，中国建筑师较多地接触到国外现代建筑思潮。但这个时期的中国处在战争环境中，建筑活动很少，国外现代建筑思潮对当时中国的建筑实践没有产生多大影响。

这一阶段是中国近代建筑的停滞时期。

10.1.2 中国近代城市发展概况

中国古代城市建设中，只有少数几个城市是在有规划意图的情况下建设的，例如隋唐时期的长安、元大都等，它们都曾经在世界城市规划史上大放异彩，在中外建筑史中具有深远的影响。鸦片战争后，由于被动开放后西方资本主义的进入和社会变革中民族资本主义的发展等诸多因素的作用，古老的中国城市体系开始转型，城市数量、城市规模、城市性质、城市结构、城市功能都发生了变化。

中国近代城市的转型，既有新城的崛起，也有老城的更新，从近代城市化和城市近代化的角度来看，新转型的城市大体上可以归纳为主体开埠城市、局部开埠城市、交通枢纽城市和工矿专业城市四个主要类型。

1）主体开埠城市是指以开埠区为主体的城市，分为两种情况：一是多国租界型，如上海、天津、汉口等；二是租借地、附属地型，如青岛、大连、哈尔滨等。

2）局部开埠城市是指规划出特定地段，开辟面积不大的租界居留区，形成局部开放的城市，如济南、沈阳、重庆、苏州、杭州、广州、厦门、宁波、长沙等。

3）交通枢纽城市是指因铁路建设形成的铁路枢纽城市或水陆交通枢纽城市，如郑州、蚌埠、石家庄等。

4）工矿专业城市分为工业城市和矿业城市两种，工业城市多为复合型城市，如南通、无锡等民族资本集中投资的工业城市；矿业城市是因煤、铁、金、银、铜、铅等矿产的开采兴起的城市，如焦作、唐山、抚顺等。

10.1.3　中国近代建筑的转型

从"现代转型"的主线来研究中国近代建筑，一般把整个中国近代建筑分成两大块：一块是新转型的建筑，另一块是推迟转型的建筑。前者是近代时期的新式建筑体系，后者是近代时期的旧建筑体系。中国近代建筑的转型主要体现在：建筑类型的转型、建筑技术体系的转型、建筑教育的转型、建筑形式的转型和建筑制度的转型。

虽然传统的中国建筑体系仍然占据数量上的优势，但戏园、酒楼、客栈等娱乐业、服务业建筑和百货商场、菜市场等商业建筑普遍突破了传统的建筑格局，扩大了人际活动空间，树立起中西合璧的样式。西方建筑风格也呈现在中国的建筑活动中，在上海、天津、青岛、哈尔滨等主体开埠城市，出现了外国领事馆、洋行、银行、饭店、俱乐部、教堂、会堂等外来建筑。同时，也出现了中国近代民族建筑，这类建筑较好地取得了新功能、新技术、新造型与民族风格的统一。以钢铁、水泥为代表的新的建筑材料及与之对应的新的结构方式、施工技术、建筑设备等的应用，极大地冲击着中国传统建筑以木结构和人工施工为主的建筑方式，而且新的生活和生产方式使人们的审美观念也发生了变化。总体上已发展到终点的中国传统建筑体系在近代已逐渐淡出，新式建筑已成为中国建筑的主导方向。

中国近代建筑的转型，基本上沿着两个途径发展：一是外来引入，即输入、引进国外同类型建筑；二是本土演化，即从传统既有类型的基础上改造、演变。总体而言，外来引入是中国近代建筑转型的主渠道，它形成了中国近代建筑的一整套新式建筑类型，构成了中国近代新式建筑体系的主体。这些建筑多数是在开放的设计市场里由外国建筑师或中国建筑师设计的，许多建筑是一步到位地达到引进国的建造水平。但是，这种转型方式带来两方面的问题：一方面是其中有很大一批建筑是基于外国活动的需要建造的；另一方面是这些建筑都属于西方传统的或西方流行的建筑样式，由此产生了近代化与"西化"的矛盾。这两方面的问题显著增加了中国近代建筑转型的复杂性。

旧上海市政府大楼在设计大屋顶时，建筑师董大酉为了不在屋顶上露出烟囱，把烟囱隐藏在正脊两端的正吻内。设计时觉得这样做很巧妙，没想到建成后，烟从大楼的正吻口中冒出来，显得不伦不类，而且黑烟很快就染脏了正吻。后来在设计上海市江湾体育场（图10-1）时就吸取了教训，把烟囱安置在正面墩（台）的顶部。为了方便冒烟，特地把墩（台）顶部饰物做成香炉状，让烟从"香炉"中冒出，还把"香炉"做成古铜色，这就不怕黑烟熏脏了。

图 10-1　上海市江湾体育场

10.1.4　乡土建筑的推迟转型

先进的新转型城市相对于落后的未转型的传统地区，中国近代建筑所面临的向工业文明转型是极不平衡的。在广大的农村、集镇和大多数的中小城市，新建的民居、祠堂以至店铺、客栈等一整套乡土建筑，还是停留于传统形态。即使在新转型的城市中，旧城区的新建住宅也有相当大的数量延续着传统形态。中国近代乡土建筑的推迟转型，导致中国近代建筑并存着新旧两种体系的建筑活动。这是中国近代建筑发展的一种滞后现象。但是，因推迟转型形成的数量庞大的传统乡土建筑，却给人们留下了一份以"严重滞后"的代价换来的十分宝贵的建筑遗产。

产生于近代的乡土建筑，可以说是中国古老建筑体系的"活化石"，是中国近代地方特色、乡土特色的重要载体，不仅是中国的文化遗产，也是人类的文化遗产。在评价中国近代新建筑体系所体现的现代转型的重大意义时，也应该充分关注这支推迟转型的中国近代传统建筑体系的重要文化遗产价值。

◎ 10.2　中国近代建筑的类型与建筑技术

10.2.1　中国近代建筑的类型

1. 居住建筑

中国近代居住建筑可以分为三大类：一是传统民居；二是从西方国家引进的新型住宅；

三是由传统住宅适应近代城市生活需求，接受外来建筑影响演化的新型住宅，如里弄住宅、居住大院、竹筒屋等。在当时的农村、集镇、中小城市和大城市的旧城区，仍然以传统的住宅形式居多；新的居住建筑类型主要集中在里弄和租界等部分地区。

1）独户型住宅。19世纪末20世纪初的独户型住宅的特点是建筑形式和技术设备大多采取西方做法，而平面布置、装修、庭院绿化等方面还保存着中国传统特色。20世纪20年代以后，独户型住宅的形态逐渐从豪华型独院式高级住宅转向舒适型花园住宅。30年代以后，在国外现代建筑运动影响下，出现了少数的新式住宅。

这种新式住宅采用了钢筋混凝土结构和大片玻璃等新材料、新结构，安装了电梯、弹簧地板、玻璃顶棚等新设施，建筑空间趋向通透、流畅，造型也是明显的"现代式"。图10-2所示的上海铜仁路吴同文宅（1938年建成）明显地反映出这一趋势。

2）联户型住宅。联户型住宅是指由几幢二层至四层的住宅并联而成的有独立门户的住宅形式，兼顾独户型住宅的优点的同时又节约了用地。

3）多层、高层公寓。20世纪30年代，在一些大城市中盛行多层、高层公寓，包括一些五六层的多层公寓和十层以上的高层公寓。这些公寓多位于交通方便的地段，以不同间数的单元组成标准层，采用钢框架、钢筋混凝土框架等先进结构，设有电梯、采暖设备、煤气、热水等系统，有的公寓的底层为商店，有的公寓有中式餐厅和西餐厅等服务设施，外观多为简洁的摩天楼形式，如图10-3所示的上海百老汇大厦。

图10-2　上海铜仁路吴同文宅

图10-3　上海百老汇大厦

4）里弄住宅。里弄住宅最早于19世纪50～60年代出现在上海，是从欧洲输入的密集居住结构形式，后来在汉口、南京、天津、福州、青岛等地也相继在租界、码头、商业中心附近形成里弄住宅区。上海的里弄住宅按形态分类可分为石库门里弄（图10-4）、新式里弄、花园里弄（图10-5）和公寓式里弄。早期的石库门里弄明显地反映出中西方建筑形式的交汇。里弄住宅具有布局紧凑、用地节约、空间利用充分等优点。

5）居住大院。居住大院在青岛、沈阳、哈尔滨等地很常见。居住大院大小不等，一般由二三层高的外廊式楼房围合而成，多为砖木结构，院内设公用的上下水设施。一个居住大院可居住十几户甚至几十户居民。青岛某居住大院鸟瞰如图10-6所示。

图 10-4　石库门里弄

图 10-5　花园里弄

6）竹筒屋。广州地区的竹筒屋（图 10-7）是一种单开间、大进深的联排式住宅，早期多为单层，局部二三层，开间宽约 4 米，进深可达 30 米，因其形似竹筒而得名。这种住宅以毗连的侧墙承重，形成中空的长条形空间。典型的竹筒屋平面分前、中、后三个部分，以 1～2 个内天井间隔开，前部为门头厅、前厅、前房，中部为过厅、楼梯、后房，后部为厨房、厕所。

图 10-6　青岛某居住大院鸟瞰

图 10-7　广州地区的竹筒屋

7）骑楼。东南沿海地区的骑楼（图 10-8）是由于近代城市商业街"下店上屋"的转型要求，以及东南沿海街道要求有遮阳、避雨的功能，而在竹筒屋窄开间、大进深、联排式布局的基础上演变出来的。这种居住建筑带有浓厚的欧洲风格。

8）碉楼。广东地区的碉楼，其平面以传统的"三间两廊"为基础，多为方形，低的只有两层，高的可达 7 层，形似碉堡，如图 10-9 所示。

2. 公共建筑

1）行政建筑和会堂建筑。此时期的行政建筑和会堂建筑的布局及造型大多脱胎于欧洲古典主义建筑、折衷主义建筑，如图 10-10 所示。有些建筑经中国建筑师设计后，又具有中国传统建筑风格。

图 10-8　骑楼

图 10-9　碉楼

图 10-10　江苏省咨议局

2）金融建筑和交通建筑。以银行为代表的金融机构，为显示资金雄厚、博取客户信赖，竞相追求高耸宏大的建筑体量、坚实雄伟的外观和富丽堂皇的内景，大多采用欧洲古典主义建筑、折衷主义建筑的建筑形式，也有少数采用中国传统建筑风格的金融建筑。此时的交通建筑的外观多采用国外建筑形式。

3）商业建筑。此时的商业建筑分为旧式和新式两种模式：

① 旧式商业建筑一般沿用传统建筑形式，适当采用新材料、新结构进行局部改造。改造的主要目的是扩大活动空间，以容纳更多的顾客和争取更多的商品陈列空间，在立面处理上极力加强店面的广告效果。

② 新式商业建筑包括大型百货公司、大型饭店、影剧院、俱乐部、游乐场等，是中国近代城市商业区规模较大、近代化水平较高、建筑艺术面貌十分突出的建筑。

3. 工业建筑

中国近代工业建筑的形成也和公共建筑一样，沿着两条途径发展而来：一是直接传入和引进国外的近代工业建筑；二是在传统建筑的基础上沿用、改造。中国近代工业建筑的结构形式主要有木构件厂房、砖木混合结构厂房、钢结构和钢筋混凝土结构厂房等。

10.2.2　中国近代建筑技术

1. 建筑材料的发展

建筑材料是建筑发展的主要物质基础，钢铁、水泥在建筑中的运用，引起了建筑业的重大变革。型钢、钢筋、混凝土用作建筑物的承重材料，突破了土、木、砖、石等传统结构用材的局限，提供了大跨、高层、悬挑、轻型、耐火、抗震等新型结构方式。钢筋与混凝土的结合，标志着新型复合材料的出现，建筑材料的性能获得了显著提高。机制砖瓦、玻璃、陶瓷、建筑五金等建筑材料的发展，都是中国近代建筑技术发展的重要前提条件。

在中国近代建筑中使用的上述新型建筑材料，大部分是从外国输入，国产的新型建筑材料到19世纪末20世纪初才逐渐发展起来。

2. 建筑结构的发展

中国近代建筑的主体结构大体上经历了三个发展阶段：砖（石）木混合结构、砖（石）-钢筋（钢骨）混凝土混合结构和框架结构。

1）砖（石）木混合结构出现得很早，19世纪中期以后在我国就有了较大的发展。最初传入我国的"外廊样式"和欧洲古典主义建筑，多采用这种结构。其主要特点是采用砖（石）承重墙、木架楼板、人字形木屋架，并大量使用砖券。这种结构采用的仍是传统的建筑材料，砖（石）砌墙体、拱券，木质屋架，也都是传统施工技术很容易处理的，具有结构合理、取材方便、技术简单等特点，因而得到广泛应用。20世纪初期各地建造的工厂、学校、商店、住宅、办公楼，大部分采用了这种结构方式。

2）砖（石）-钢筋（钢骨）混凝土混合结构于19世纪末20世纪初开始在中国出现。这种结构的墙体用很厚的砖（石）承重墙，楼层采用工字钢密肋，中间填充混凝土，窗口为轻质砖拱券；或用工字钢外包混凝土过梁，梁间搭工字钢密肋。这种结构用钢量很大，主要用于重要工程。

3）框架结构的应用和多层、高层建筑的发展是分不开的。1925年以前，中国近代建筑还没有超过10层的。当时，多层建筑大多采用现浇钢筋混凝土框架结构，少数采用了钢框架结构。1908年建造的位于上海的德律风电话公司大楼，是上海最早建设的钢筋混凝土框架结构建筑。这些框架结构为了防火，外面多包上混凝土。进入20世纪后，一些近代工业厂房也有一部分从早期的砖（石）木混合结构，转而采用框架结构。

建筑结构的发展，是中国近代建筑技术发展的重要事件，力学、结构设计从西方传入和引进中国，对中国近代建筑技术的发展起到了很大的推进作用。

3. 建筑施工技术的发展

随着西方建筑技术的传入和引进，中国近代建筑工人和建筑技术人员很快掌握了新的一整套施工工艺、施工机械、预制机械、预制构件和设备安装的技术，形成了一支庞大的、具有世界一流水平的施工队伍。上海最早的钢筋混凝土框架结构建筑——德律风电话公司大楼，上海最早的钢框架结构建筑——天祥洋行大楼，都是由中国人开设的营造厂中标承建的。

总体看来，中国近代建筑施工技术在材料品种、结构计算、施工技术、设备水平等方面，相对于以前的技术水平，有了重大的突破和发展。但中国近代建筑材料的工业基础十分薄弱，一些复杂的工业建筑和结构设计还没有被中国的建筑师和结构工程师所普遍掌握；同时，具备近代施工技术水平的施工力量又全部集中在有限的几个大城市内，新技术一直没有扩展到其他地区。这些都反映出中国近代建筑新技术发展的历史局限性。

◎ 10.3　中国近代建筑师与建筑教育

10.3.1　中国近代建筑师

中国近代建筑处于承前启后、中西交汇、新旧接替的过渡时期，这是中国建筑发展史上一个急剧变化的阶段。这期间出现了很多建筑师，其中吕彦直、杨廷宝、梁思成、刘敦桢、童寯被并称为"中国近现代建筑五宗师"，他们都有深厚的传统文化底蕴，虽然各有所专，但为了中国建筑的复兴，重拾中国传统建筑技艺，将其融入西方近现代建筑技术中，为中国近代建筑的发展做出了很大贡献。

1. 吕彦直

吕彦直曾参与设计了北京燕京大学和南京金陵女子大学的设计工作。他用中国传统风格设计新式建筑，研究中国古典主义建筑，并努力融合中西方建筑艺术的精华，取得了很好的效果。

吕彦直继承了中国传统建筑的一些优秀经验，同时又学习了西方先进的科学技术，他把二者相结合，设计了很多杰出的历史性建筑。中国的这一代建筑师均是如此，他们从国外学成归来以后，既没有完全照搬西方的建筑样式，也没有完全局限于中国传统建筑思想，而是把它们有机结合起来，加以新的创造。

由吕彦直主持设计的中山陵和广州中山纪念堂都是富有中华民族特色的大型建筑组群，是中国近代建筑中融汇中外建筑技术与艺术的代表作，在建筑界产生了深远的影响，如图10-11、图10-12所示。

图10-11　中山陵

图10-12　广州中山纪念堂

2. 杨廷宝

杨廷宝是中国建筑学家和建筑教育学家,长期从事建筑设计创作工作,为我国建筑设计事业做出了杰出贡献,他强调建筑设计要吸取古今中外的优秀建筑文化,要切合实际、结合国情。他在建筑教育方面培养了大批优秀建筑设计人才,为我国建筑设计事业奠定了基础。

杨廷宝一生中主持参加、指导设计的建筑工程达百余个,在中国近现代建筑史上负有盛名。他曾参加北京人民大会堂、人民英雄纪念碑、北京火车站(北京站,图10-13)、北京图书馆、毛主席纪念堂等建筑工程的方案设计,主持和参加南京长江大桥桥头堡、江苏省体育馆、雨花台烈士陵园(图10-14)、南京机场候机楼、南京下关火车站、南京"中央通讯社"旧址等重大工程的规划和设计。

图10-13　北京站

图10-14　雨花台烈士陵园

杨廷宝在建筑设计中十分重视中国国情,注重整体环境,吸取并运用中西方建筑的传统经验和手法,并在长期创作实践中对中国近现代建筑的风格进行了不懈探索。

3. 梁思成

梁思成是中国建筑史学家、建筑师、城市规划师和建筑教育家,一生致力于保护中国古代建筑和文化遗产。梁思成于1931年进入中国营造学社工作(任法式部主任)。在1932年,主持了故宫文渊阁的修复工程;同年,著成《清式营造则例》手稿。梁思成对中国古建筑的所有研究,绝不是"埋首于故纸堆中",而是进行了大量的实地调查测绘,如图10-15、图10-16所示,这为日后无数建筑学者开展古建筑调查树立了良好榜样。

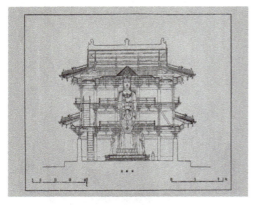

图10-15　独乐寺观音阁立面图

图10-16　独乐寺观音阁效果图

梁思成深觉建筑不能仅限于纸面，要"非作遗物之实地调查测绘不可"。从1937年起，梁思成和他所在的营造学社寻访中国古建筑，先后踏遍中国十五省二百多个县，测绘和拍摄了二千多件唐、宋、辽、金、元、明、清等朝代的建筑遗存。这些考察结果写成文章一经发表，产生了不小的轰动，为梁思成日后注释《营造法式》和编写《中国建筑史》打下了良好的基础。

1946年，梁思成筹建了清华大学建筑系。他认为，建筑教育不单是要培养设计单体建筑的设计师，还要造就广义的城市规划人才。此后，梁思成又将建筑系更名为"营建学系"，其下设立"建筑学"专业和中国高等院校中的第一个"市镇规划"专业。

4. 刘敦桢

刘敦桢是中国建筑学家、建筑教育家、建筑史学家。1923年，刘敦桢与柳士英等创设了苏州工业专门学校建筑科并任讲师，为当时的中国建筑行业培养了首批建筑工程方面的人才。

1960~1966年对南京瞻园的改建，是刘敦桢具有代表性的建筑作品，不仅保留了既有的格局特点，还充分运用了中国古典园林的研究成果，推陈出新，创造性地继承和发展了中国优秀的造园艺术，使瞻园面貌一新，如图10-17、图10-18所示。

图10-17 南京瞻园（一）

图10-18 南京瞻园（二）

抗日战争期间，刘敦桢对云南、四川等地古建筑的调查，填补了我国建筑史上的一大空白。1952年，他开始了对国内传统民居的调查和研究，于1956年发表了专著《中国住宅概论》，在国内学术界掀起了对这一领域开展全面研究的热潮。后来，又开展了中国古典园林的研究，他带领团队先后对苏州的各大园林进行了详细测绘，绘制图纸2000余张，摄影2万余幅，写成文字稿10万余字。

5. 童寯

童寯是中国建筑学家、建筑教育家，自幼喜爱绘画。1931年，童寯到上海，加入了陈植、赵深的华盖建筑师事务所，在事务所成立的合伙人签约合同上，写下了这三个风华正茂的中国建筑师的工作宗旨："我们共同目的是创作有机的、功能性的新建筑。"他们一反当时流行的复古"大屋顶"风潮，坚持设计简约实用的建筑，令人耳目一新。

童寯先生融贯中西、通晓中外，曾数十年不间断地进行东西方近现代建筑历史理论的研究，对继承和发扬中国建筑文化和借鉴西方建筑理论与技术有重大贡献。在上海期间曾只身一人遍访数十处古典园林建筑，他是中国近代造园理论研究的开拓者。他设计的作品凝重大方，富有特色和创新精神。

10.3.2 中国近代建筑教育

在 20 世纪 20 年代末 "中国建筑史" 作为一个学科诞生了。学科的创立者梁思成、刘敦桢等做了大量工作，把中国的建筑事业纳入学术领域，为中国建筑历史和建筑理论研究奠定了基础。

中国营造学社是最早研究中国传统建筑的学术团体，由朱启钤、梁思成、林徽因、刘敦桢等创办。学社内设法式部、文献部，分别由梁思成和刘敦桢主持，分头研究古建筑形制和史料，并开展了大规模的中国古建筑的田野调查工作。学社成员以现代建筑学科严谨的态度对当时中国大地上的古建筑进行了大量的勘探和调查，得到了大量的珍贵数据，其中很多数据至今仍然有着极高的学术价值。学社不仅在学术上为后人留下了珍贵的资料，还培养了一大批优秀的建筑专业人才。学社还有大量的专业著作刊行，共撰写和出版了中国古建筑相关的专著三十多种，包括《中国建筑参考图集》等珍贵资料。此外，学社的《中国营造学社汇刊》也是研究中国传统建筑的重要史料。

中国近代建筑教育多由留学欧美的教师执教，西方的学院派建筑教育思想占据了主导地位，现代主义建筑思想也有渗透。《中国建筑》与《建筑月刊》是中国近代仅有的两份综合性建筑学术刊物，已成为中国近代建筑史研究的重要资料来源。

中国近代的建筑教育，包括建筑留学和建筑办学在内的各种活动起步很晚。但中国建筑师的出现和成长突破了长期的家传口授的传艺方式，对中国近现代建筑的发展起到了重要的推进作用。

◎ 10.4 中国近代建筑形式

中国近代建筑经历了从模仿国外建造样式到融合中国元素的较长发展历程，其间出现了各种各样的建筑形式。下面，围绕洋式建筑、传统建筑和"现代式"建筑三个方面分别阐述。

10.4.1 洋式建筑

洋式建筑主要以被动输入和主动引进两个途径进入中国，其建筑形态以欧洲古典主义为主。这一建筑类型多由外国建筑师建造或由在外国人指导下的中方建筑师设计建造，外观多为欧洲古典主义风格。随着这一系列的活动，中国近代新建筑体系开始酝酿形成。

洋式建筑中的欧洲古典主义建筑主要以折衷主义建筑为主，如上海汇丰银行大楼、天津劝业场（图 10-19）、高雄英国领事馆（图 10-20）等。天津劝业场由法国建筑师设计，1928 年建成，是当时天津的标志性建筑。建筑主体为 5 层，局部有 7 层；转角处有塔楼，其上立亭，再覆以穹顶，形成建筑的构图中心。设计师混合使用多种设计手法以追求商业气氛，构图完整、杂而不乱，是高水平的折衷主义建筑作品。

图 10-19　天津劝业场

图 10-20　高雄英国领事馆

10.4.2　传统建筑

传统建筑尽力保持中国传统建筑的体量权衡和整体轮廓，保持台基、屋身、屋顶的三段式构成，屋身尽量维持梁、柱、额枋的开间形象和比例关系，整个建筑没有超越中国传统建筑的基本体形，保持着整套传统造型构件和装饰细部。传统建筑分为复古主义（宫殿式）、折衷主义（混合式）以及装饰主义三种形式。

1. 复古主义（宫殿式）建筑

20世纪20年代末，中国出现了新的建筑形式、体量，建筑逐渐向多层发展，产生了复古主义建筑的建设热潮，以混凝土与砖墙结构代替了传统的木结构。

如图10-21所示的美龄宫，是一座三层重檐山式复古主义建筑，主体为钢筋混凝土结构，采用耐火砖外墙及大面积落地钢窗。如图10-11所示的中山陵，总平面呈一个大钟形，象征着孙中山先生毕生致力于唤醒民主、反抗压迫，为拯救国家和民族奋斗不息的精神。建筑整体设计中将建筑与环境融为一体，从中国古代陵墓总体布局的特

图 10-21　美龄宫

点中吸取经验进行总体规划，平面呈轴线对称；但又与古代帝王陵墓有所不同，甬道两侧没有石象生，且打破了传统陵墓的神秘、压抑的基调，代之以严肃开朗、平易近人的气氛。

2. 折衷主义（混合式）建筑

折衷主义建筑突破了中国传统建筑的体量权衡和整体轮廓，不拘泥于台基、屋身、屋顶的三段式构成，建筑体形由功能空间确定，墙面大多摆脱了梁、柱、额枋的构架式立面构图，代之以砖墙承重的新式门窗组合，或添加壁柱式的梁、柱、额枋雕饰；屋顶仍保持大屋顶的组合，或以局部大屋顶与平顶相结合，如图10-22所示的上海市立图书馆。

图 10-22　上海市立图书馆

3. 装饰主义建筑

20 世纪 30 年代，现代建筑思潮已传入中国，建筑实践中，一种向"国际式"过渡的具有"装饰艺术"倾向的建筑作品和完全的"国际式"建筑作品通过建筑师的设计纷纷出现。这种新颖、合理、经济的形式，吸引了中国建筑师的注意和社会的兴趣。由此，为传统建筑开辟了一条新路——仿"装饰艺术"做法的装饰主义建筑，即在新建筑的体量基础上，适当装点中国传统建筑的装饰细部。这样的装饰细部，不像大屋顶那样以触目的部件形态出现，而是作为一种民族特色的标志符号出现。

10.4.3 "现代式"建筑

"现代式"建筑由于流派较多，起步渠道、方式等较复杂，主要可以分为哈尔滨新艺术运动建筑、装饰艺术建筑、青岛分离派建筑、"现代主义"建筑等多种类型。中国建筑师在进行传统建筑探索的同时，实际上也在展开"现代式"建筑的创作和探索。20 世纪 30 年代，中国建筑师把"装饰艺术"和"国际式"笼统地称为"现代式"，许多建筑师热心地参与了"现代式"建筑的设计，其中"装饰艺术"建筑占大多数，少数是"准国际式"建筑和完全的"国际式"建筑。

单元总结

本单元概括地阐述了中国近代建筑，讲解了中国近代建筑的类型与建筑技术、中国近代建筑师与中国近代建筑教育、中国近代建筑形式。概括分析了中国近代建筑发展历程、中国近代城市发展概况、中国近代建筑的转型。

实训练习题

一、填空题

1. 中国近代建筑有＿＿＿＿＿＿＿＿、＿＿＿＿＿＿＿＿、＿＿＿＿＿＿＿＿三种形式。

2. 中国近代建筑的主体结构大体上经历了三个发展阶段：＿＿＿＿＿＿＿＿、＿＿＿＿＿＿＿＿、＿＿＿＿＿＿＿＿。

3. ＿＿＿＿＿＿＿＿是最早研究中国传统建筑的学术团体。

二、简答题

1. 列举五位对中国近现代建筑影响较大的建筑师。

2. 中国近代建筑的形式有哪些？

教学单元 11
古埃及与古西亚建筑

教学目标

1. 知识目标

（1）了解古埃及、古西亚在建筑上的主要成就。

（2）理解自然条件和政治、宗教文化对古埃及、古西亚建筑的影响。

（3）掌握古埃及和古西亚在建筑和装饰上形成的传统因素及其造型的主要特点。

（4）掌握古埃及和古西亚建筑传统在世界建筑史中的意义、地位，以及对后世的影响。

2. 能力目标

（1）通过对古埃及和古西亚古典建筑艺术特色的认识，提高艺术鉴赏能力和设计能力。

（2）能够结合古埃及和古西亚的典型建筑案例，从气候条件、自然地理条件、宗教信仰等方面去分析建筑形态的成因。

思维导图

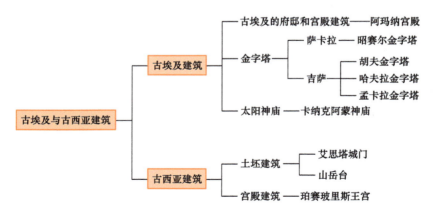

尼罗河流域的古埃及以及古西亚的两河流域，是人类四大文明发源地中的两个，在这两个地区产生了较早的住宅城市、陵墓、庙宇和其他类型的建筑，建筑技术达到了较高的水平，建筑艺术手法也有了很大的发展尤其是在这两个地区，出现了一批大型纪念性建筑物。

大型纪念性建筑物的基本理念、形制、艺术形式以及对应的结构和施工技术，都是从很原始的状态中发展出来的，从住宅形式引发出其他各种类型的建筑，这个从无到有的开创式过程是这两个地区古代建筑史中最有意义的内容之一。古埃及和两河流域一带的国家是同时存在和发展的，互有征伐和占领，也有和平交往，建筑上也不免相互交流和借鉴。古埃及文明经过爱琴海而对古希腊文明产生过影响；两河流域地处欧亚两大洲的交通要道上，为四通八达之地，不断地成为多种文明的舞台，它的文明对欧亚两大洲也有重要的影响。

◎ 11.1 古埃及建筑

古埃及位于非洲东北部尼罗河的下游，是世界上古老的文明古国之一。古埃及的领土包括上、下埃及两部分。上埃及位于尼罗河中游峡谷，下埃及一般是指河口三角洲。由于尼罗河贯穿全境，土地肥沃，成为古埃及文化的摇篮。大约在公元前3100年前后，埃及建立了美尼斯王朝（埃及第一王朝），成为统一的奴隶制帝国。由于奴隶主的专制统治，宗教成了为统治者服务的工具，所有主要的建筑物都带有一定的宗教色彩，以达到统治的目的。

11.1.1 古埃及的府邸和宫殿建筑

古埃及比较原始的住宅大致有两种，一种是以木材为墙基础，上面造木构架，在芦苇树边墙外面抹泥或者不抹，屋顶也有用芦苇束密排而成的，微呈拱形，这一种在下埃及比较多；另一种住宅形式在上埃及比较多，是以卵石为墙基础，用土坯砌墙，密排圆木成屋顶，再铺上一层泥土，外形像一座有收分的长方形土台。

在贵族府邸中，不论是建筑形制或是建筑质量上，都不是一般埃及人的住宅能比的。如古埃及中王国时期，在三角洲上的卡宏城里的贵族府邸，有的占地达0.3公顷，拥有六七十个房间。为避免炎热的气候，住宅布局着重遮阴和通风，采用内院式为主，主要房间朝北，朝院子里开门窗，外墙不开窗并与街道隔离开。而在城西的奴隶居住区里，仅260米×108米的地方，就挤着250幢用棕榈枝、芦苇和黏土建造的棚屋。

最初的宫殿建筑和府邸建筑相差不大，这在卡宏城里可以看到。随着法老地位的提高，中央集权帝国的逐渐巩固，古埃及法老也逐渐变为最高的统治一切众神之神的化身，专门有一整套的宗教仪典来崇敬他，特地为他建造神庙，这样自然就引起了宫殿建筑的变化。最终，宫殿建筑就产生了一套严整的布局。在阿玛纳（古埃及第十八王朝首都）的一所宫殿中可以看到明确的纵轴线和纵深布局（图11-1），纵轴的尽端是法老的宝座，神庙在进门处的左侧；举行重要仪式的大殿是一间130米×75米的大殿。这时的宫殿主要还是木构建筑，因尼罗河沿线少有优质木材，木材多从周边地区运进。另外，石头是古埃及主要的自然资源，石质建筑也得以发展，并用于大型纪念性建筑物中，如金字塔、方尖碑及神庙。

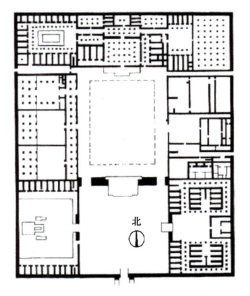

图 11-1　阿玛纳宫殿平面图（局部）

11.1.2　金字塔

石头是古埃及主要的自然资源，古埃及人很早就把它用到了建筑上。用大块的花岗石铺地，用石头制作梁、柱，这些在古埃及的神庙及金字塔上都可以看到。

金字塔是古埃及法老的陵墓。古埃及人认为人死亡之后，灵魂永在，只要保护好尸体，3000 年后就会在极乐世界里复活，因此他们特别注意建造陵墓。作为法老陵墓的金字塔，其形成是有一个过程的。初期的法老萨卡拉的陵墓，在地下墓上用砖砌成略有收分的台子，有意模仿当时的住宅及宫殿的样子。由于对法老崇拜的需要，后来法老的陵墓渐渐改变了形制。陵墓的形式发展成多层砖砌的阶形，法老乃伯特卡在法老萨卡拉的陵墓中，在祭祀厅堂之下造了九层砖砌的台基，向上收分集中发展。随着中央集权的巩固和强盛，法老的陵墓经过发展和演变，最终在古埃及的古王国时期，在萨卡拉出现了第一座石质金字塔——昭赛尔金字塔（图 11-2）。它的基底东西长 126 米、南北长 106 米、高约 60 米。这座金字塔是一座六层的台阶形，造型上更加简练、稳定，适合石材的应用，总体造型更具有纪念性建筑的特性，为以后金字塔的发展积累了经验。

公元前 27 世纪至公元前 26 世纪，在位于今天开罗附近的吉萨地区建造了三座方锥体金字塔，它代表了古埃及金字塔建筑的重大成就。

其中，最大的金字塔为胡夫金字塔，另两座分别为哈夫拉金字塔、孟卡拉金字塔。三座金字塔都用石灰石砌筑，所用的石块很大，有的达到 6 米多长，胡夫金字塔是用平均每块约 2.5 吨的巨石块砌筑而成的。此外，在哈夫拉金字塔的前面是斯芬克斯狮身人面像，拥有狮子的身体和哈夫拉的头（图 11-3）。这座狮身人面像，富有神秘色彩，千百年来被积沙埋于地下,直到 19 世纪才被发现并挖掘而出。该像是由天然岩石开凿而成的,像高约 20 米,长约 72 米,面部宽度约 4.7 米,口宽约 2.3 米,它的巨爪之间还有祭台等遗物。

图 11-2　昭赛尔金字塔

图 11-3　斯芬克斯狮身人面像

11.1.3　太阳神庙

到新王国时期,古埃及适合专制制度的宗教终于形成了,法老被喻为太阳神的化身,从此太阳神庙就代替陵墓成为崇拜法老的纪念性建筑物,并占据了重要的地位。神庙的形制是在古埃及的中王国时期定型的,是在一条纵轴线上依次排列高大的门、围柱式院落、大殿和一串密室。后来,底比斯的地方神阿蒙的庙就采用这个布局;太阳神成为主神之后,和阿蒙神合而为一(图 11-4)。于是,太阳神庙也采用了这个形制,而且在门前立有作为太阳神标志的方尖碑。

图 11-4　卡纳克阿蒙神庙

这些神庙有一些共同的特点:在大门前有法老的圆雕坐像,坐像前有方尖碑,坐像后背是大面积的彩色浮雕石墙,整个建筑构图主次清楚、层次分明、完整统一。

神庙的大殿里总是立满柱子,高大粗壮的柱子处处遮断人的视线,中央两排柱子特别高,形成侧高窗,并使室内的光线散落在柱子和地面上,增添了大厅神秘、威严的气氛。在大殿里还布满了浮雕、圆雕等色彩缤纷的雕塑。在古埃及的新王国时期,太阳神庙遍及全国,其中尤以底比斯数量最多,其中规模较大的一个是卡纳克阿蒙神庙。

卡纳克阿蒙神庙总长 336 米，宽 110 米，前后一共造了六道大门，第一道门最为高大，高 43.5 米，宽 113 米。阿蒙神庙大殿内部宽 103 米，进深 52 米，密排 134 根柱子。中央两排 12 根柱子，每根高 21 米，直径约 3.57 米；其余柱子每根高 13 米，直径约 2.74 米。使用这样密集的粗壮柱子，是为了有意制造神秘、压抑的氛围（图 11-5）。

图 11-5　卡纳克阿蒙神庙的多柱厅

☆**知识链接**

埃及神庙不像希腊神庙，并非规划成单一完整的整体，而是一组经年累月不断增建的建筑群。在古埃及新王国时期，底比斯成为宗教中心，沿着尼罗河，南面是卢克索，北面是卡纳克，一南一北两个庞大神庙建筑群遥相呼应。

◎ 11.2　古西亚建筑

在古西亚的两河流域曾经有过灿烂的文化和辉煌的历史，古希腊人将这一地区称作美索不达米亚。古西亚时期，世俗建筑占着主导地位，在世俗建筑物里发展了多种建筑形制和丰富多彩的装饰手法，达到了很高的水平，对古人类的建筑文化做出了重大的贡献。两河流域下游的高台建筑，叙利亚地区和波斯地区的宫殿，尤其是壮丽的新巴比伦城，是古西亚地区的代表性建筑成就。

古西亚在建筑上的发展，时间上从公元前 19 世纪持续到公元前 4 世纪，主要有三个时期：巴比伦时期、亚述时期、波斯时期。

11.2.1　土坯建筑

在建筑材料方面，古西亚的两河流域缺乏良好的木材和石材，人们用黏土和芦苇造房屋，基础用乱石垫成。公元前 4000 年开始，人们开始使用土坯砖造房屋，并有了券拱技术。但由于缺少烧砖燃料及砌筑工艺等问题，砖的产量不大，所以券拱结构没有继续发展，只是在墓地及水沟等处使用，在住宅及庙宇中只用在门洞上。在建筑上，住宅的房间从四面以长边对着院子，因为当地夏季炎热、冬季温和、风沙大，所以主要卧室朝北，住宅内一般有浴室，并设下水道。

古西亚的两河流域因每年多雨水，洪水泛滥，所以当地建筑物多置于大平台上，以防建筑物被雨水冲刷。另外，在一些重要建筑物的关键部位，趁土坯还潮软的时候，会钉进密挨在一起的陶钉，或用石片和贝壳保护墙面。

约公元前4000年，古西亚人采用烧制砖和石板贴面做成墙裙。此后，古西亚人又造出了琉璃，琉璃的防水性能较好，色泽艳丽，可以大量生产。所以，琉璃逐渐取代了其他饰面材料，成为当地重要的饰面材料（图11-6），并且广为流传。公元前6世纪建设起来的新巴比伦城，重要的建筑物大量使用琉璃砖贴面，以致横贯全城的仪典大道两侧色彩斑斓，非常华丽。在当时，琉璃装饰的水平已经很高，形成了整套的做法。

古西亚地区的琉璃，颜色以蓝色为主，有时为了对比也使用天蓝色或金黄色。这些色彩斑斓的琉璃瓦常被用于宫殿建筑。尼布加尼撒时期建造的艾思塔城门（图11-7），城墙部分以蓝色琉璃砖砌成墙面，并以金黄色琉璃砖构成152个兽形图案，图案的大小接近动物的实际尺寸。

图11-6　琉璃砖

图11-7　新巴比伦城艾思塔城门

山岳台（图11-8）是一座高高的台子，是古西亚当地居民为崇拜天体而修建的。当地居民认为山岳支撑着天地，山里蕴藏着生命的源泉，天上的神在山里。人们开始把庙宇

图11-8　古西亚山岳台

山岳台

造在高高的土台子上，后来经过多年演变，形成了叫作山岳台的宗教建筑物。后来，当地居民的天地崇拜也采用了这种高台建筑物，它的形制同天体崇拜的宗教观念相结合，人们认为在高台上可以接近日月星辰，可以在高台上向他们祈祷，和天体沟通。

山岳台是一种用土坯砌筑或夯土而成的高台，一般为7层，自下而上逐层内缩，有坡道或者阶梯逐层通达台顶，顶上有一间不大的神堂。坡道或阶梯有正对着高台立面的，有沿正面左右分开上去的，也有螺旋式上升的。古埃及的台阶形金字塔或许同它有渊源。古西亚乌尔地区的山岳台，它的总高约为21米，基底尺寸为65米×45米，第一层高9.75米，有三条大坡道登上第一层，其中一条垂直于正面；第二层的基底尺寸为37米×23米；第三层以及以上部分已经残毁。

☆ **知识链接**

山岳台，也叫塔庙、圣塔，是公元前3000年～公元前500年期间在古西亚的两河流域兴建的一种宗教性建筑，平面通常为方形，立面一般为阶梯式金字塔，顶部平台上建有神庙。三岳台是以砖与夯土筑成的实心体，有三面的阶梯可达平台，各层平台上种植树木、花卉。

11.2.2　宫殿建筑

在古西亚的波斯地区，宫殿建筑十分出名，其中珀赛玻里斯王宫给人留下了深刻印象。

该建筑群经三个波斯王朝才得以完成，入口处巨大的台阶通向王宫的台基，台阶两侧刻有23个城邦向波斯王称臣纳贡的场面。整个宫殿依山筑起平台，平台高大约15米，平台尺寸约为460米×275米。宫殿大体分成三个区：北部是两个仪典大殿，东南是财库，西南是后宫。三者之间以一座"三门厅"作为联系的枢纽（图11-9）。宫殿的总入口在西北角，面向西偏南。

两座仪典大殿都是正方形的，可能最初得到埃及神庙的启发。前面一座大殿是朝觐殿，尺寸为62.5米见方，殿内36根石柱，柱高18.6米，柱径只有柱高的1/12。后面一座大殿叫"百柱殿"，地坪较朝觐殿高出3米，尺寸为68.6米见方，有石柱100根，柱高11.3米，柱距6.24米。这两座大殿的结构及空间处理在当时是十分先进的，朝觐殿内部很华丽，墙体虽然是土坯的，厚达5.6米，但墙面贴黑、白两色大理石或者琉璃。内部的柱子很精致，柱基础是高高的覆钟形，刻着花瓣；柱身有40～48个凹槽；柱头由覆钟、仰钵、几对竖着的涡卷和一对背对背跪着的雄牛像组成，雕刻很精巧（图11-10）。

珀赛玻里斯王宫的墙裙、门窗和壁龛的边框等用石材砌筑或贴面，上面设有浮雕题材和构图。王宫大门的形制和萨艮二世王宫的大门相似，门洞前沿两侧有一对五腿兽，皇帝薛西斯的形象就刻在门洞内侧。珀赛玻里斯王宫的后宫是由从古埃及掳来的奴隶建造的，全是埃及式样，包括22套房子，每套房子有两间或三间居室。

教学单元 11　古埃及与古西亚建筑

图 11-9　珀赛玻里斯王宫遗址平面

图 11-10　珀赛玻里斯王宫牛头柱

单 元 总 结

本单元概括地阐述了古埃及和古西亚建筑的发展背景，古埃及和古西亚建筑在建筑形制及建筑材料等方面的不同选择；简要介绍了古埃及金字塔的演变过程；概括地分析了古埃及和古西亚的宫殿建筑、古埃及的太阳神庙、古西亚的山岳台等代表性建筑的主要建筑成就及各自的特征。

实训练习题

一、填空题

1. 古埃及的第一座金字塔是_____。
2. 古西亚在生产砖的过程中造出了色泽美丽的_____。

二、简答题

1. 古埃及太阳神庙的主要特点是什么？
2. 古埃及建筑的主要成就是什么？
3. 古西亚山岳台的主要建筑特点是什么？

教学单元 12
古希腊与古罗马建筑

教学目标

1. 知识目标

（1）了解古希腊、古罗马在建筑上的发展和特点。
（2）掌握古希腊柱式的主要特点，熟悉雅典卫城的艺术成就以及特点。
（3）理解《建筑十书》的意义，重点掌握古罗马的拱券和柱式技术。
（4）掌握古希腊、古罗马建筑在世界建筑史中的地位及对后世的影响。

2. 能力目标

（1）通过对古希腊和古罗马古典建筑艺术特色的认识，提高艺术鉴赏能力和设计能力。
（2）能够结合古希腊和古罗马典型建筑案例，从历史变化对建筑的影响以及建筑艺术本身的特色两个方面阐释古希腊和古罗马建筑的价值。

思维导图

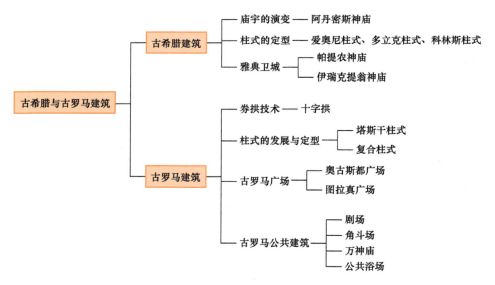

学术界一般把古希腊和古罗马称作"古典时代"。欧洲在文化的许多领域里都可以追溯到古希腊，古罗马是古希腊文明主要的继承者，并且在许多方面有重大的新发展，古希

腊文明正是经过古罗马人的发展后才深刻地影响到全欧洲，在建筑方面尤其如此。

19世纪末期之前，古典柱式一直是西方建筑的本质特征。古希腊人创造了多立克、爱奥尼和科林斯三种基本柱式，并赋予它们以人体的比例以及人性化的寓意；在古希腊时期，柱式既是结构性构件，也是装饰性要素。作为一种完整的建筑结构与装饰系统，希腊古典建筑形式的丰富化与多样化也与古埃及、古西亚的艺术传统有着直接或间接的联系。

在罗马帝国时期，城市建筑类型更趋复杂化，公共设施越来越齐备。古罗马人解决了大空间问题，其大型建筑也是罗马皇帝意志的表征。古罗马建筑发展了柱式，将其与拱券结合起来，创造出拱顶与圆顶体系，构建起宏大的室内空间。

◎ 12.1 古希腊建筑

公元前8世纪，在巴尔干半岛、小亚细亚沿岸和爱琴海的岛屿上建立起了很多的小国家，之后又向意大利等地拓展，这些国家和地区之间的政治、经济、文化关系十分密切，总称为古希腊。古希腊是欧洲文化的摇篮，它继承了爱琴文明（公元前3000年～公元前1100年）在克里特岛和迈锡尼曾有过的文明。作为西欧建筑的开拓者，古希腊深深地影响着欧洲数千年的建筑史。因此，古希腊的文化是欧洲文化的源泉与宝库，古希腊的建筑艺术则是欧洲建筑艺术的源泉与宝库。

公元前11世纪～公元前8世纪是古希腊神庙建筑的起始阶段，简陋的神龛反映了古希腊木结构民居的传统。公元前7世纪～公元前6世纪，古希腊石造神庙开始成形，到公元前5世纪中期进入了成熟阶段。这一过程也是多立克柱式和爱奥尼柱式从诞生到成熟的过程。

12.1.1 庙宇的演变

公元前8世纪～公元前6世纪的古希腊古风时期，在小亚细亚、爱琴海和阿提加地区，许多平民从事手工业、商业和航海业。平民在由地域部落组成的城邦国家中，获得了比较多的政治权利，建立了共和政体。在各个城邦里建立了一些公共广场及建筑群，其中最突出的是圣地（神庙）建筑群。圣地建筑群和庙宇形制的演变，木建筑向石建筑的过渡及柱式的形成，便成了这个时期的主要建筑内容。这些建筑群追求同自然环境相协调，建筑设计喜欢因地制宜，不求平整、对称，乐于利用各种地形，构成活泼多变的建筑景色，并由庙宇统率全局。德尔斐的阿波罗圣地就是这类圣地的代表。

在氏族贵族居住的卫城里，可看到富有想象力的建筑群。卫城远离群众，建筑群排列整齐，不分主次，互不照应，同自然环境格格不入。庙宇是卫城里最主要的建筑物，作为公共纪念物，它的位置和样式代表着卫城的形象，所以格外引人注意。

初期的古希腊庙宇，以狭端作为正面；另一端为半圆形，屋顶是两坡的，平面为规则的长方形。在长期的实践过程中，庙宇外一圈柱廊的实用性和艺术性被人们所认识，它们不但可以避雨，还可以使庙宇的四个立面连续统一起来，阳光的照耀使柱廊形成丰富的光影和虚实变化，消除了封闭墙面的沉闷之感，并创造了与众不同的形象，还可以和其他建筑互相渗透。在公元前6世纪以后，这种成熟的围廊式庙宇形制，已经在古希腊被普遍采用了。在此之后的庙宇形制，还有两进围廊式和假两进围廊式。前者有内外两圈柱子；后者只有一圈柱子，但有两圈的深度。这些形制的庙宇还是围廊式，只是在样式上更追求华丽、更气派开朗而已。例如以弗所的第一个阿丹密斯神庙（图 12-1）便是两进围廊式。

12.1.2 柱式的定型

由于大型庙宇的典型形制为围廊式，因此围廊的艺术处理以及柱式的艺术处理基本上决定了庙宇的面貌。柱式是指基座、柱子和屋檐等各部分之间的组合具有一定的格式，施工中有成型的做法。

建筑在不同地区有不同的风格倾向，柱式也是一样。在小亚细亚等城邦中，流行爱奥尼柱式（图 12-2），这种柱式比较秀美华丽，开间宽阔。例如，以弗所的第一个阿丹密斯神庙，建于公元前 6 世纪中期，柱子的长细比为 8∶1，柱身下部 1/3 范围为浮雕；正面中央开间的中线跨距为 8.54 米，柱间净空达 3.68 个柱底径。

图 12-1　以弗所的第一个阿丹密斯神庙

在西西里一带流行着多立克柱式（图 12-3），柱式造型粗壮，浑厚有力，但早期的多立克柱式多给人一种沉重粗笨之感。如叙拉古的阿波罗神庙，柱子的长细比是（3.92～3.96）∶1，柱间净空只有 0.707 个柱底径。在柱式的演变过程中，古希腊神话中的美学观点对柱式的发展有着深远的影响。例如奥林匹亚的宙斯神庙，就是多立克柱式的，如以三垄板的宽度为 1，则垄间板的宽度为 1.5，柱底径为 2.5，柱高为 10，柱中线跨距为 5（角开间为 4.5），檐部的总高（不计天沟边缘）为 4，台基石的长度为 61、宽度为 26，都是简单的倍数。雅典卫城的帕提农神庙也采用的是多立克柱式。

走向成熟的多立克柱式、爱奥尼柱式不但体现了追求严谨、符合逻辑的理性主义，而且还通过体现人体的美感，使建筑物更具人文气息，仿佛建筑和人有一种天然的联系，使每一块石头充满了生命的活力。这两种柱式各具风格，各有自己强烈的特色，可以说从整体、局部和细节上都不相同。从开间比例到一条线脚，分别表现着刚劲雄健和清秀柔美两种鲜明的性格，从以下具体的数字便可知晓：

1）多立克柱式比例粗壮［1∶（5.5～5.75）］，开间比较小（1.2～1.5 倍的柱径）；爱奥尼柱式比例修长［1∶（9～10）］，开间比较大（2 个柱径左右）。

图 12-2　爱奥尼柱式　　　　　　　　图 12-3　多立克柱式

2）多立克柱式的檐部比较重，其高为柱高的 1/3；爱奥尼柱式的檐部比较轻，其高为柱高的 1/4 以内。

3）多立克柱式的柱头是简单而刚挺的倒立的圆锥台；爱奥尼柱式的柱头是精巧柔和的涡卷。

4）多立克柱式的柱身凹槽相交成锋利的棱角（20 个）；爱奥尼柱式的棱上还有小段的圆面（24 个）。

5）多立克柱式没有柱基础，柱身从台基面上拔地而起；爱奥尼柱式有柱基础，看上去富有弹性。

6）多立克柱式的柱子收分和卷杀都比较明显，极少有线脚；爱奥尼柱式的柱子收分和卷杀却不显著，线脚上串着雕饰，母题是盾剑饰。

7）多立克柱式的台基是三层朴素的台阶，并且四角低中央高；爱奥尼柱式的台基侧面壁立，上下都有线脚，没有隆起。

8）装饰上，多立克柱式多以深浮雕饰面；爱奥尼柱式则以浅浮雕为主。

从以上可以看到，两种柱式都有自己的独特性，这种独特性使它们有别于其他建筑，反映了古希腊人的审美能力，以及把柱式人性化的独特风格。两种柱式在结构与构造上也体现了严谨的逻辑性。两种结构体系在外形上脉络分明，层次十分清晰。每一种构件都有它的作用，构造层次非常讲究，柱身、三垄板、钉板、瓦当等构件上下呼应、一气呵成。

柱式的做法虽然十分严格，但其适应性也很强。在古希腊，很多公共建筑包括庙宇、纪念碑以及住宅都普遍使用柱式。另外，严格的做法并不是一成不变的，随着环境的不同，以及建筑物性质、体量的不同，柱式也是可以调整的。

在古典时期，古希腊还出现了另外一种柱式——科林斯柱式（图12-4），它的柱头由莨苕的叶片组成，宛如一个花篮，其余部分仍然使用爱奥尼柱式的结构，此时还没有自己的特色。直到古典时期的晚期，科林斯柱式才形成自己纤巧、华丽的独特风格，但科林斯柱式在比例、规范上与爱奥尼柱式还是相似的，而它们的比例与规范，则可以说是结构规律的形象体现。

以上述三种柱式为构图原则的单体神庙建筑或其他建筑，往往成为古希腊建筑艺术的典范，如以多立克柱式为构图原则的帕提农神庙、阿菲亚神庙；以爱奥尼柱式为构图原则的伊瑞克提翁神庙和帕加马的宙斯祭坛；以科林斯柱式为构图原则的列雪格拉德纪念亭等。从艺术风格的角度来看，这三种柱式美妙绝伦而意义重大，古希腊的"柱式"，不仅仅是一种建筑部件的形式，更像是一种建筑规范和风格，这种规范和风格的特点是讲究檐部（额枋、檐壁、檐口）及柱子（柱基础、柱身、柱头）的比例并以人为尺度进行造型设计。

图12-4　科林斯柱式

12.1.3　雅典卫城

在古希腊，以柱式为构图原则的单体神庙建筑生动、鲜明地表现了古希腊建筑和谐、崇高的风格，而且以神庙为主体的建筑群体，也常常以更为宏伟的构图表现出古希腊建筑和谐、崇高的风格特点。其中有代表性的建筑群体，恐怕非雅典卫城莫属了。

公元前5世纪，作为全希腊的盟主，雅典城进行了大规模的建设。建设的内容包括元老院、议事厅、剧场、画廊、体育场等公共建筑物，建设的重点在卫城。

卫城是古希腊人进行祭神活动的地方，位于雅典城西南的一处高于平地70～80米的山冈上。建筑物分布在山冈上的一处约280米×130米的天然平台上（图12-5），从外部到卫城只有西面一个通道。卫城由一系列神庙构成。

图12-5　雅典卫城

卫城入口是一座巨大的山门，山门向外突出两翼，犹如伸开双臂迎接四面八方前来朝拜"神"的人们。左翼城堡之上坐落着胜利神庙，在构图上均衡了山门两侧不对称的构图。山门因地制宜，内外划分为两段，外段为多立克柱式，内段为爱奥尼柱式，其体量和造型处理都恰到好处，既雄伟壮观，又避免了体量过大而影响卫城内主体建筑的效果。在卫城内部，沿着祭神流线，布置了守护神雅典娜像、主体建筑帕提农神庙和以女像柱廊闻名的伊瑞克提翁神庙。

雅典卫城的主要建筑分析

卫城的整体布局考虑了祭奠序列和人们对建筑空间及形体的艺术感受特点，建筑因山就势、主次分明、高低错落，无论是身处其间或是从城下仰望，都可看到较为完整的艺术形象。建筑本身则考虑了单体相互之间在柱式、大小、体量等方面的对比和变化，再加上巧妙地利用了不规则不对称的地形，使得每一处景物都各有其特定角度的最佳透视效果，当人身处其中，从四度空间的角度（即运动的角度）来审视整个建筑群时，一种和谐、崇高的观感油然而生。

☆知识链接

祭祀雅典娜大典的队伍是从卫城的西南角开始登山的。胜利神庙位于卫城山西南侧的基墙壁上，人们登山时最先见到的就是这道基墙。沿基墙右转一个弯，便可看到陡坡之上的山门。一进山门，迎面是雅典的守护神——雅典娜雕像，这是建筑群内部的构图中心，收拢了沿边布置的几座建筑物。雕像的右前方是雅典娜的庙宇帕提农神庙，左边是伊瑞克提翁神庙，再往左侧是胜利神庙，给人的画面是不对称的，但主次分明、构图完整。建筑物中以帕提农神庙位置最高、体积最大、形制最庄严、装饰最华丽、风格最雄伟。其他的建筑物，装饰性强于纪念性，起着陪衬烘托的作用，建筑群的布局体现了对立统一的构图原则。

柱式的演进－雅典卫城

雅典卫城不但在平面空间布局上取得了很大的成功，而且在单体建筑上也大胆创新。雅典卫城的主要建筑包括卫城山门、胜利神庙、帕提农神庙、伊瑞克提翁神庙。

卫城山门是一个平面略为长方形的建筑物。东西向为交通通道，山门正面和背面各有6根多立克柱式柱子，东面的柱子高8.53～8.57米，西面的柱子高8.81米，柱子底径都为1.56米，细长比均为1∶5.5，檐部高与柱高之比为1∶3.12。为了更好地体现山门的功能，便于车辆通行，中央开间特别大。在建筑物内部通道两侧有三对爱奥尼柱式柱子。在多立克柱式建筑物里采用爱奥尼柱式柱子，此为首创。

1. 帕提农神庙

帕提农神庙如图12-6所示，是希腊本土最大的多立克柱式庙宇，也是卫城唯一的围廊式庙宇，是整个建筑群的中心。东西立面各8根柱，南北立面各17根柱，台基面尺寸为30.89米×69.54米，柱高10.43米，柱底径为1.905米，檐部高3.29米，檐部高与柱高之比为1∶3.17，柱间净空为2.40米。角柱加粗，底径为1.944米，角开间净空为1.78米。

庙宇内部分为两部分：朝东的一半是圣堂，圣堂内部的南、北、西三面都是重叠上下两层的列柱，故意缩小柱子的尺度，突出神像的高大；朝西的一半是存放档案的方厅，内有 4 根爱奥尼柱式柱子，也是柱式混用的形式。

帕提农神庙是一座非常华丽的建筑物，由白色大理石砌筑，铜门镀金，山墙尖上的装饰是金色的。神庙的雕刻也是非常成功的，东山花上刻着雅典娜诞生的故事，西山花上刻着波塞冬和雅典娜争夺对雅典的保护权的故事，垄间板的浮雕是一幅幅希腊人战胜对手的故事。

神庙浮雕的精美和丰富不亚于其雕像，那条长达 160 米的浮雕带一气呵成、气韵生动、人物动作十分形象；浮雕雕得很深，构图均衡，是希腊浮雕的杰作。此外，神庙在瓦当、柱头、檐部均雕刻有浓重的色彩，以红色和蓝色为主，夹杂着金箔。

帕提农神庙代表着古希腊多立克柱式建筑的杰出成就，它比例匀称、刚劲雄健，而又全然没有丝毫的重拙之感，它可能存在着一个重复使用的比例数 4∶9，台基的宽和长之比、柱子的底径与柱子中心轴间距之比、正面水平檐口高与台基宽之比都是 4∶9，从而使他的构图有条不紊。

2. 伊瑞克提翁神庙

伊瑞克提翁神庙是一座爱奥尼柱式神庙，选址在帕提农神庙以北，是为纪念传说中的雅典人的始祖而建的，建在横跨南北向的断坎上。南墙在东西向断坎的上沿，东部为雅典娜正殿，前面 6 根柱子，西部有墓地，比东部低 3.206 米。这组建筑物在西立面造了 4.80 米高的基座墙，在上面立柱廊，西部的正门只能朝北；在北门前造了面阔三间的柱廊，覆盖了波塞冬的井和古老的宙斯祭坛；南立面是一大片封闭的石墙，在这片墙的西端造了一个小小的女像柱廊，面阔三间，进深两间，用了 6 个端丽娴雅的女郎雕像作为柱子（图 12-7）。

图 12-6　帕提农神庙

图 12-7　伊瑞克提翁神庙女像柱

伊瑞克提翁神庙是爱奥尼柱式的，它的东面柱廊的柱子高 6.583 米，底径为 0.692 米，长细比为 9.5∶1，开间净空为 2.05 倍的柱径。神庙的装饰色彩偏淡雅，采用大理石磨光。伊瑞克提翁神庙的各个立面变化很大，体型复杂，但构图完整、均衡，而且各立面之间互相呼应、交接妥善。该庙宇从各个角度都同帕提农神庙形成了鲜明的对比，相互衬托。在对比之下，伊瑞克提翁神庙起到了十分重要的活跃建筑群的作用。

在古希腊的普化时期，随着东方文化与希腊文化的交会，古希腊的自然科学和工程技术有了很大的发展，建筑也发生了变化，包括柱式的通俗化。在公共建筑的形制方面，突出的成就是露天剧场和室内会堂。这时期的古希腊公共建筑物在功能方面的推敲已经相当深入，对建筑声学也有了初步的认识；会堂的内部空间比较发达，庙宇形制也发生了变化，往往只在前面设柱廊和台阶；祭坛也在这时发展为独立的建筑物。公共建筑的另一种形式为集中式，如雅典的奖杯亭，它是放置音乐赛会奖杯的亭子，构图手法中有完整的台基、基座、亭子和檐部。台基稳重而粗犷，亭子轻盈而华丽，是早期科林斯柱式的代表作。在这个时期，城市的市场边沿的敞廊两侧设有柱廊，有许多敞廊是两层的。两层高的敞廊采用叠柱式，即下层用比较粗壮的多立克柱式，上层用比较纤巧、华丽的爱奥尼柱式。

◎ 12.2 古罗马建筑

古罗马本是意大利半岛中部西岸的一个小城邦国家，公元前5世纪起实行自由民的共和政体，公元前3世纪古罗马统一了全意大利，包括北面的伊达拉里亚人和南面的希腊殖民城邦；接着向外扩张，到公元前1世纪末，统治了东起小亚细亚、叙利亚，西到西班牙和不列颠的广阔地区；北面包括高卢（相当于现在的法国、瑞士的大部分以及德国和比利时的一部分），南面包括埃及和北非。公元前30年起，古罗马建立了军事强权专政，成了帝国，国力空前强大，在文化上成了这个地区所有古代文明成就的继承者，在经济上掌握着这个地区丰盈的财富。五贤帝时期是古罗马帝国最强盛的时期，也是古罗马建筑最繁荣的时期，重大的建筑活动遍及帝国各地。古罗马统一了地中海沿岸先进富饶的地区，这地区里本来就有一些文化和建筑均发达的国家。古罗马建筑是为现实的世俗生活服务的，因此古罗马建筑创作领域广阔、建筑类型繁多，大量的实践开拓了人们的思路，建筑的形式推敲得很深入，古罗马建筑的功能适应性很强。

在古罗马帝国时期，城市的建设更趋繁荣。古罗马人解决了古希腊人没解决好的大空间问题，使建筑物能满足各种复杂的空间要求。可以说，古罗马的建筑艺术是古希腊建筑艺术的继承和发展，这种"继承"不仅是从时间先后来说的，而且是从建筑艺术的根本风格上来说的。如果说古希腊人崇拜人是通过崇拜"神"来体现的话，那么古罗马人对人的崇拜，则更倾向于对世俗的、现实的人的崇拜的直接表现，所表现的人的意识，也已从群体转向个体，"偏重于对个人的颂扬和物质生活上的享受。"正是在这样一种意识的左右下，古罗马建筑发展了古希腊艺术的辉煌成就，而且将古希腊建筑艺术风格的和谐、崇高的特点，在新的社会、文化背景下，从"神殿"转入世俗，赋予这种风格以崭新的美学趣味和相应的形式特点。

12.2.1 券拱技术

公元前4世纪，古罗马城在下水道中已经开始使用发券技术（仰拱）。在公元前2世纪，发券技术在很多建筑中得到推广，如陵墓、桥梁、城门、输水道等工程。促进古罗马券拱结构发展的是一种天然混凝土材料，此混凝土的主要成分是一种火山灰，加上石灰和碎石之后，黏聚力更强、更坚固，且不透水，大约在公元前2世纪成为独立的建筑材料。到公元前1世纪中期，天然混凝土在券拱结构中几乎完全排斥了石块，从墙脚到拱顶是天然混凝土的整体，侧推力比较小，结构很稳定。

筒形拱和穹顶，在古罗马时期曾经有一段时间作为大型公共建筑的屋顶，对扩大室内空间起到了不可低估的作用。但它们所覆盖的空间封闭、单一，也给建筑物以极大的束缚。因为它们很重而且整体、连续，需要连续的承重墙来支撑它们。而承重墙想要抵御拱顶和穹顶的侧推力，墙体就要很厚，有的甚至厚达几米，对室内空间的划分十分不利。

因此，摆脱承重墙，扩大内部空间，就成了当时罗马人在建筑结构上的重要课题之一。解决的方案之一便是采用十字拱（图 12-8），十字拱只需要四角的支柱来传递荷载，废弃了承重墙，而且十字拱便于开侧高窗，有利于大型建筑物内部空间采光的要求。十字拱的实现也需要一个完整的结构受力体系的配合。在公元 2 世纪～公元 3 世纪，古罗马人创造了拱顶结构体系。该体系的原理是：一列十字拱互相平衡纵向的侧推力，而横向的侧推力则由两侧的几个筒形拱抵住，筒形拱的纵轴同这一列十字拱的纵轴相垂直，从而获得了较大的室内空间。古罗马的卡拉卡拉浴场等公共建筑便是这种结构体系的受益者。此外，古罗马后期还发展了肋架拱结构体系，但由于国力日渐没落，最终没有形成规模。古罗马人还使用过木构架屋顶，用以解决扩大空间的问题。

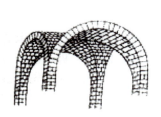 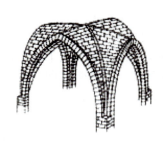

图 12-8　十字拱

☆**知识链接**

在屋顶造型方面，古罗马人极大地革新了古希腊建筑的造型方式，将古希腊建筑常用的梁、柱结构，代之以一种更为有效的拱券支撑方法，从而在屋顶造型方面出现了在古希腊建筑中很难见到的"穹拱"屋顶。正是这种"穹拱"屋顶，成为古罗马建筑特别是房屋类建筑与古希腊房屋类建筑最明显的区别。这种拱券结构因经济、实用且审美效果很好，不仅应用于神庙、宫殿等特殊建筑，而且扩展到日常生活领域，如道路、桥梁、输水道、港口、剧场、住宅、仓库和下水道等，从而使许多雄伟建筑在表现出和谐、崇高形象的同时，具有一种明显的"圆"味。

12.2.2　柱式的发展与定型

古希腊的三种柱式在古罗马建筑中被广泛采用，并且逐渐发展、定型，形成了和古希腊风格略有不同的柱式。另外，古罗马人也创造了两种柱式：塔斯干柱式，特点是柱身无槽；复合柱式，是由爱奥尼柱式和科林斯柱式混合而成的，更为华丽。这五种柱式在公元前 2 世纪之后广泛流行。之后，古罗马的匠师们为了解决各种柱式同罗马建筑的矛盾，采取了以下具体措施：

1）把柱式设计到券拱结构的建筑物上。柱式是产生在梁、柱结构体系中的，在梁、柱结构体系中，柱式是极其重要的一环。券拱结构的外部不需要柱子承重，但又需要和柱式建筑的艺术风格相协调，处理办法是用柱式去装饰建筑外立面。经过长期的摸索，定型的样式称为券柱式，这种构图是在窗间墙处贴装饰性的柱式，把发券窗套在柱式的开间里，券同梁、柱相切，由龙门石和券脚（线脚）加强联系，装饰线脚风格一致，装饰后的建筑物看上去厚重、结实。券拱和柱式的另一种结合方法是连续券，即把券脚直接落在柱式的柱子上，中间垫一小段檐部。

2）在多层建筑物上如何安排柱式。古罗马在古希腊晚期创造的叠柱式的基础上又加以发展，一层用粗壮的塔斯干柱式或多立克柱式，二层用爱奥尼柱式，三层用科林斯柱式，四层可用科林斯壁柱。但由于不突出水平划分，在古罗马建筑中大部分采用券柱式的叠加或采用巨柱式形式。这种柱式做法是一个柱式贯穿二层或三层，在局部使用巨柱式可以起到突出重点的作用，但大面积使用会导致尺度失真。

3）加强柱式的细部推敲，以协调古罗马建筑。古罗马建筑一般体积比较大，把古希腊的柱式尺度简单地放大，容易引起局部空疏。所以古罗马在古希腊的柱式基础上作了局部改动，比古希腊柱式加了一些线条，使古罗马柱式的柱子更为细长，线脚装饰也趋向复杂。

☆知识链接

古罗马的建筑在造型方面有意识地借鉴和继承了古希腊建筑造型的一般特点，特别是柱廊的使用，常常鲜明地表现出古罗马建筑与古希腊建筑的承继关系。例如古罗马万神庙的主体部分是一个带穹顶的巨大的混凝土"圆桶"，这种以"圆"为主的风格，是典型的古罗马建筑的特点；而在它的大门入口处，又靠着一个典型的古希腊柱廊，柱廊由八根科林斯柱式组成，上面是一处三角形的山尖。整个建筑显示着古罗马建筑继承与创新的形象。券拱是古罗马建筑的成就之一，古罗马建筑师将拱券作为结构要素，以柱式作为装饰要求，将两者组合成一个基本单元，并可无穷重复，构成长长的拱廊。这在建筑美学上是一大创新。

12.2.3 古罗马广场

古罗马共和时期的广场和古希腊晚期的相近，是城市的社会、政治和经济活动中心。古罗马城中心的罗曼努姆广场就是在共和时期陆续零散地建成的。广场全部用大理石建造，大体呈梯形，在它的四周有作为法庭和会议厅的巴西利卡、庙宇、商店、作坊。共和末期，在罗曼努姆广场边上造了一个恺撒广场，广场较封闭，轴线对称，是以庙宇为主体的广场新形制，尺寸为160米×75米，广场中间立着恺撒的骑马青铜像，广场成为恺撒个人的纪念地。

古罗马帝国时期的广场，是以奥古斯都、图拉真两广场为代表的。奥古斯都广场在恺撒广场东北边建成，纯粹是皇帝的纪念地。广场尺寸为120米×83米，全封闭式，墙高36米，一圈单层的柱廊把战神庙放到了居高临下的统治位置，两侧各有一个半圆形的讲堂。

图拉真广场的正门是三跨的凯旋门，进门是120米×90米的广场。两侧敞廊各有一个半圆厅，形成广场的横轴线。在纵、横轴交会点上立着图拉真的骑马青铜像。广场底部是 120 米 ×60 米的巴西利卡；再后是 26 米 ×16 米的小院子，中央立着高约 38 米的纪功柱；穿过院子又是一个围廊式院子，中央是围廊式庙宇，用以崇拜图拉真本人，这里是广场的艺术高潮部分。整个广场轴线对称，有多层纵深布局。

☆**知识链接**

凯旋门是古罗马建筑十分重要的建筑样式之一，没有任何实用的功能，但它鲜明地体现了古罗马帝国的建筑特色，即将拱券与柱式结构融为一体，从而赋予建筑立面以辉煌的纪念性效果。

12.2.4　古罗马公共建筑

1. 剧场

古罗马的剧场是在古希腊剧场的基础上进一步复杂化，扩大了化妆及存放道具用的建筑空间，并同半圆形的观众席连接成一体。观众席逐渐升高，以放射形的纵过道为主，顺圆弧的横过道为辅，视线和交通处理较为合理。支撑观众席的拱在立面上形成连续券，外立面采用重复券柱式构图，不作重点处理。比较著名的马采鲁斯剧场，观众席最大直径为 130 米，可以容纳 10000～14000 人。

2. 角斗场

角斗场平面一般处理成椭圆形（图 12-9），中央部分为演技场，专门用作角斗和斗兽之用。从建筑艺术、功能技术来看，古罗马城里的古罗马斗兽场最为成功、壮观。古罗马斗兽场长轴长约 188 米，短轴长约 156 米；演技场长轴长约 86 米，短轴长约 54 米；观众席约 60 排座位，一共可容纳 5 万～8 万观众。它的底层有七圈灰华石墩，平行排列，每圈 80 个；外面三圈石墩之间是两道环廊，用顺向的筒形拱覆盖，庞大的观众席就架在这些环形拱上。古罗马斗兽场的立面高 48.5 米，分为四层，下三层各 80 间券柱式，第四层是实墙。连续券的应用使古罗马斗兽场的立面十分丰富，各种对比关系十分明确（图 12-10）。

古罗马斗兽场

图 12-9　古罗马角斗场

图 12-10　古罗马斗兽场（一）

在具体建筑的造型风格方面，古罗马的建筑也是既继承了古希腊建筑的造型风格，又进行了革新、发展。如罗马斗兽场的外部立面，特别是高四层的外部立面，就是古希腊柱式构图的复写,它的底层是多立克柱式,第二层是爱奥尼柱式,第三层则是科林斯柱式,在顶层则围绕着壁柱。但是,古希腊的这种柱式,在古罗马的这座杰作中已不再像在古希腊建筑中那样起结构作用了,它已蜕变成一种单纯的装饰,真正起结构作用的部件是隐藏于墙壁之中的结构体(图 12-11)。

3. 万神庙

古罗马万神庙一改前廊大进深或围廊的形制,采用了穹顶覆盖的单一空间的集中式构图(图 12-12)。万神庙的平面以圆形为主体,外加一个门廊,穹顶直径达 43.3 米,顶端高度也是 43.3 米,穹顶象征天宇;它中央开一个直径 8.9 米的圆洞,象征着神的世界和人的世界的联系。墙厚 6.2 米,是混凝土材料;墙体内沿圆周有八个大券,其中七个下面是壁龛,一个下面是大门,它们都起到了支撑穹顶的作用。万神庙的内部空间是单一的、有限的,墙面几何形状单纯明确,使人联想到宇宙。穹顶有凹格,不分主次,加强了空间的整体感。从采光口进入的阳光形成光束,光束随着太阳的转动而移动,仿佛庞大的穹顶建筑物和天体的运行紧密地联系起来。

罗马万神庙的布局和结构特点

图 12-11　古罗马斗兽场(二)

图 12-12　古罗马万神庙内景

4. 公共浴场

古罗马的公共浴场比古希腊的浴场综合性更强,在古罗马的公共浴场里设置了图书馆、音乐厅、演讲厅、交谊室、商店等其他辅助公共设施,形成了独特的文化建筑。例如卡拉卡拉浴场(图 12-13)那和谐、雄伟的风格,主要来自于古罗马的世俗情感,而不是来自古希腊的理想主义。

卡拉卡拉浴场是由古罗马卡拉卡拉皇帝下令建造的,如今的罗马式浴场都是以它作为原型,它无论在使用功能上、结构上、空间组合上都取得了相当高的成就。该浴场占地约 16 万平方米,主体建筑尺寸为 216 米 × 122 米,在这个对称的建筑物的中轴上排列着冷水浴、温水浴和热水浴三个主要大厅,两侧为附属房间。其结构是以温水浴大厅为核心,设横向三间十字拱和筒形拱相接,下面有柱墩,形成一整套的拱顶结构体系。热水浴大厅的穹顶，直径达 35 米。十字拱的应用大大改变了建筑内部空间，空间的大小、纵横、高矮交替变化，卡拉卡拉浴场的空间艺术十分丰富。空间的有效利用，使功能的使用也十分有效，从各大厅的交通联系到自然采光都十分成功（图 12-14），是不可多得的建筑佳作。

图 12-13 古罗马卡拉卡拉浴场复原模型

图 12-14 古罗马卡拉卡拉浴场自然采光

5.《建筑十书》

《建筑十书》是古罗马工程师维特鲁威所著，这本书全面地阐述了城市规划和建筑设计的基本原理，同时也论述了一些基本的建筑艺术原理，在几何学、物理学、声学、气象学等工程技术方面也有精辟的论述。他总结了古希腊、古罗马人的实践经验，对建筑物的选址、朝向、风向、结构方式、材料选择、施工方式等进行了详细的叙述。《建筑十书》为欧洲建筑科学的发展创立了最初的基本体系，为世界建筑的发展做出了贡献。

《建筑十书》分 10 卷，讲述的知识包括：建筑师的修养和教育，建筑构图的一般法则，柱式，城市规划原理，市政设施，庙宇，公共建筑物和住宅的设计原理，建筑材料的性质、生产和使用，建筑构造做法，施工和操作，装修，水文和供水，施工机械和设备等，内容十分完备。

《建筑十书》的第一个成就是奠定了欧洲建筑科学的基本体系；第二个成就是系统地总结了古希腊和早期罗马建筑的实践经验；第三个成就是全面地建立了城市规划和建筑设计的基本原理，以及各类建筑物的设计原理；第四个成就是按照古希腊的传统，把理性原则和直观感受结合起来，把理想化的美和现实生活中的美结合起来，论述了一些基本的建筑艺术原理。

《建筑十书》指出，建筑的基本原则应当是"须讲求规例、配置、匀称、均衡、合宜以及经济"，这可以说是对古罗马建筑特点及其艺术风格的一种理论总结。

单元总结

本单元概括地阐述了古希腊与古罗马建筑的一般历史背景与建筑知识,并简要讲解了演变方向;简要介绍了古希腊与古罗马建筑中古典柱式的主要形式和特征;概括地分析了古希腊与古罗马建筑中典型建筑实例的建筑艺术特色及其成就。

实训练习题

一、选择题

1. 代表古希腊多立克柱式最高成就的建筑是（　　　）。
   A. 帕提农神庙　　　B. 胜利神庙　　　C. 卫城山门　　　D. 伊瑞克提翁神庙
2. 古罗马时期,著名的建筑理论著作《建筑十书》的作者是（　　　）。
   A. 亚里士多德　　　B. 柏拉图　　　C. 维特鲁威　　　D. 斯巴达克斯
3. 下列所示的哪种柱式未在古希腊建筑中出现（　　　）。
   A. 复合式　　　B. 爱奥尼柱式　　　C. 多立克柱式　　　D. 科林斯柱式
4. （　　　）技术是古罗马建筑的成就之一,它对欧洲古代建筑的贡献很大。
   A. 混凝土　　　B. 木桁架　　　C. 肋架拱　　　D. 券拱

二、简答题

1. 雅典卫城的布局特色有哪些?
2. 古罗马建筑的主要成就有哪些?

教学单元 13

欧洲中世纪建筑

教学目标

1. 知识目标

（1）了解欧洲中世纪建筑的主要风格与流派。

（2）理解拜占庭、罗马式及哥特式建筑之间的起承转接，以及它们在不同国家和地区的不同体现与相互渗透。

（3）掌握欧洲中世纪建筑不同风格与流派在世界建筑史中的意义、地位以及对后世的影响。

2. 能力目标

（1）通过对欧洲中世纪各种建筑风格的了解与认识，提高艺术鉴赏能力及分辨能力。

（2）能够阐释欧洲中世纪建筑中具有代表性建筑的建筑艺术特色。

思维导图

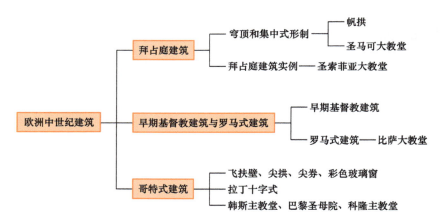

从4世纪末古罗马帝国分裂，到14世纪资本主义萌芽的产生，西欧经济从破败衰落到逐渐兴盛，进入了被史学家们称为"中世纪"的时期。此时的欧洲，意识文化与文学艺术一蹶不振，古希腊与古罗马文化的灿烂景观已成为一个悠远的梦，消失于漫漫的长夜中。唯有宗教文化，特别是基督教文化一枝独秀，不仅成为欧洲中世纪精神的象征，也成为欧洲中世纪权力的象征。同样，欧洲中世纪建筑是从低起点、结构技术和艺术经验失传开始，逐渐进入一个富有创造性，获得光辉成就的新时期。

10～12世纪，欧洲已经形成了一些新的国家，所以在建筑上，又各自形成了各区域的地方特征。法国的封建制度在西欧最为典型，其余各国深受法国影响。

◎ 13.1 拜占庭建筑

古罗马帝国极盛之后，逐渐衰退。公元395年，古罗马帝国分裂为东、西两个罗马帝国。东罗马帝国建都在黑海口上的君士坦丁堡，得名拜占庭帝国；西罗马帝国由于异族日耳曼人的入侵，终在476年宣告灭亡，后进入封建社会。

拜占庭建筑的特点分析

4世纪以后，基督教的活动处于合法地位，欧洲封建制度主要的意识形态便是基督教。基督教在中世纪分为两大宗，西欧是天主教，东欧为东正教。在世俗政权陷于分裂状态时，它们都分别建立了集中统一的教会。天主教的"首都"在罗马，东正教的"首都"在君士坦丁堡。封建分裂状态和教会的统治，对欧洲中世纪的建筑发展产生了很深的影响。宗教建筑在那个时期的建筑等级最高，艺术性最强，成为建筑成就的最高代表。

东欧的东正教教堂和西欧的天主教堂，不论在形制上、结构上和艺术上都不一样，分别为两个建筑体系。在东欧，大力发展了古罗马的穹顶结构和集中式形制；在西欧，则大力发展了古罗马的拱顶结构和巴西利卡形制。

公元330年，罗马皇帝君士坦丁一世迁都于拜占庭；公元5世纪～公元6世纪，拜占庭帝国成为一个强盛的大帝国。拜占庭建筑中最重要的是宗教建筑。古希腊和古罗马的宗教仪式是在神庙外举行的，而基督教的仪式是在教堂内举行的。拜占庭宗教建筑用若干个集合在一起的大小穹顶覆盖下部的巨大空间，把建筑空间扩大。另外，拜占庭建筑还包括城墙、道路、水窖、宫殿、大跑马场等公共建筑。

从历史发展的角度来看，拜占庭文化在中世纪的欧洲占有重要的地位。它的发展水平超过西欧。拜占庭建筑是在继承古希腊、古罗马建筑文化的基础上发展起来的，由于地理关系，它又汲取了波斯、两河流域、叙利亚等东方文化，丰富了拜占庭文化的内容，形成了自己的建筑风格，并对后来的俄罗斯教堂建筑产生了积极的影响。

13.1.1 穹顶和集中式形制

在罗马帝国末期，东罗马地区和西罗马地区一样，流行巴西利卡式的基督教堂。另外，按照当地传统，为一些宗教圣徒建造的集中式纪念物大多用拱顶，规模不大。公元5世纪～公元6世纪，由于东正教不像天主教那样重视圣坛上的仪式，而宣扬信徒之间的亲密一致，因此奠定了集中式布局的概念。另外，集中式建筑物立面宏伟、壮丽，从而使这种集中式形制广泛流行。

集中式教堂是指使建筑集中于穹顶之下，穹顶的成败直接关系到建筑设计的成功与否，所以穹顶至关重要。拜占庭建筑的穹顶技术和集中式形制是在波斯和古西亚的经验上发展起来的。在方形平面上盖圆形的穹顶，需要解决两种几何形状之间的承接过渡问题，在最初有两种做法：一种是用横放的喇叭形拱在四角处把方形变成8边形，在上面砌穹顶；另一种是用石板层层抹角，形成16边形或32边形之后，再承托穹顶。这两种做法的内部形象很零乱，不能用来造大跨度的穹顶。

拜占庭建筑通过借鉴巴勒斯坦地区的经验，使穹顶的结构技术有了突破性发展。它的做法是，沿方形平面的四边发券，在四个券之间砌筑以对角线为直径的穹顶，这个穹顶仿佛一个完整的穹顶在四边被发券切割而成。它的重量完全由四个券承担，这种结构方式的优点在于：

1）使穹顶和方形平面的承接过渡自然简洁。

2）把荷载集中到四角支柱上，完全不需要连续的承重墙，穹顶之下的空间变大了，并且和其他空间连通了。为了进一步提高穹顶的标志作用，完善集中式形制的外部形象，又在四个券的顶点之上作水平切口，在切口之上再砌半圆的穹顶。后来，在水平切口上砌一段圆筒形的鼓座，穹顶砌在鼓座上端，这样在构图上的统领作用就大为突出了，拜占庭纪念性建筑物的艺术表现力也大为提高了。

水平切口余下的四个角上的球面三角形部分，称为帆拱（图13-1）。帆拱、鼓座、穹顶这一套拜占庭建筑的结构方式和艺术形式，之后在欧洲广泛流行。巨大的穹顶向各个方面都有侧推力，为此又摸索了几种结构传力体系：

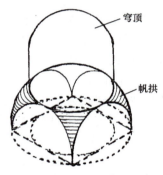

图13-1　帆拱

1）在四面各作半个穹顶扣在四个发券上，相应形成四瓣式的平面。

2）常见的是架在8根或16根柱子上的穹顶，它的侧推力通过一圈筒形拱传到外面的承重墙上，于是形成了带环廊的集中式教堂，如意大利的圣维塔尔教堂。但这种方法仍然不能使建筑物的外墙摆脱沉重的负担。

3）拜占庭匠师们在长期的摸索中，又找到了更好的解决方法。他们在四面对着帆拱下的大发券砌筑筒形拱来抵挡穹顶的侧推力，筒形拱下面两侧再布置发券，靠里面一端的券脚落在承架中央穹顶的支柱上，此时的外墙完全不承受侧推力，内部也只有支撑穹顶的四个柱墩，无论内部空间还是立面处理都自由灵活多了，集中式教堂获得了开敞、流通的内部空间。

在结合穹顶设计集中式平面时，匠师们创造了一种希腊十字式平面教堂。这种教堂中央的穹顶和它四面的筒形拱形成等臂的十字，得名希腊十字式。后来还有一种形制，用穹顶代替中央穹顶四面的筒形拱，逐渐成为拜占庭教堂中的普遍形制。这种形制是把希腊十字式平面分成几个正方形，每个正方形的上部覆盖一个穹顶，中间和前面的两个穹顶最大，使整个建筑成为统一体，如意大利威尼斯的圣马可大教堂（图13-2）。

圣马可大教堂

从拜占庭教堂的发展过程中可以看到，一个成熟的建筑体系总是把艺术风格同结构技术协调起来，这种协调往往就是体系健康成熟的主要标志。在装饰艺术方面，拜占庭建筑是十分精美和色彩斑斓的，对一些比较大型的重要的纪念性建筑物，其内部装饰主要是在墙面上贴彩色大理石，在一些带有圆弧、弧面之处用玻璃马赛克饰面。这种马赛克是用半透明的小块彩色玻璃镶成的，为了保持大面积色调的统一，在镶玻璃马赛克之前要在墙面上铺一层底色。公元6世纪之前，底色多用蓝色；公元6世纪之后，则多采用金箔作为底色，色彩斑斓的马赛克统一在金黄色的色调中，显得格外辉煌、壮观。另外，还有用不同色彩的玻璃马赛克做出各种圣经故事的镶嵌画，这种画多以人物为主，辅以动物、植物等，人物动态很小，使室内显得较为安静。

图13-2　圣马可大教堂

一般的拜占庭小教堂，墙面抹灰，作粉画，这种画时间长了容易脱落，不如玻璃马赛克耐久，画的主题同样是宗教性的。

拜占庭建筑的另一种装饰重点就是石雕艺术，主要在一些用石头砌筑的地方施以雕刻艺术，如发券、柱头、檐口等处，题材主要是几何图案或以植物为主。

☆**知识链接**

拜占庭建筑的特点是在形制上确立了希腊十字式的布局，采用砖砌或砖石混砌的结构，尤其是砖砌的圆顶与拱顶达到了很高的技术水平。在装饰上采用大理石与马赛克贴面技术，形成碎块工艺；柱头雕刻也非常华美。

13.1.2　拜占庭建筑实例

能够代表拜占庭建筑最高成就的，是君士坦丁堡的圣索菲亚大教堂（图13-3、图13-4）。这座大教堂平面接近正方形，东西长77米，南北长71.7米，正面入口处是用环廊围起的院子，院中心是施洗的水池；经过院子后再通过外内两道门廊，才进入教堂中心大厅。拜占庭建筑的光辉成就在这座教堂中可以形象地体现出来：

1）穹顶结构体系完整，教堂中心为正方形，每边边长为32.6米。四角为四个大圆柱及四个矩形柱墩，柱墩的横截面尺寸为7.6米×18米，中央为32.6米直径的大穹顶，穹顶通过帆拱架在四个柱墩上。中央穹顶的侧推力在东西两面以半个穹顶扣在大券上的形式抵挡，它们的侧推力又各由斜角上两个更小的半穹顶和东西两端的各两个柱墩抵挡，使中央大厅形成一个椭圆形，这种力的传递，结构关系明确，受力十分合理。中央大通廊长

48 米，宽 32.6 米，通廊大厅的一端有一半圆龛；通廊大厅两侧为侧通廊，有两层高，宽约 15 米。

图 13-3 圣索菲亚大教堂（一）

图 13-4 圣索菲亚大教堂（二）

2）集中统一的空间。教堂大穹顶总高度约为 54 米，圣索菲亚大教堂穹顶的直径虽比罗马万神庙小 10 米，但圣索菲亚大教堂的内部空间给人的感觉要比罗马万神庙更大。这是因为拜占庭的建筑师巧妙地运用了两端的半圆穹顶以及两侧的通廊，极大地扩展了空间，形成了一个十字形的平面，而罗马万神庙只局限于单一封闭的空间。另外，圣索菲亚大教堂在穹顶上有 40 个肋，每两个肋之间有窗子，它们是内部照明的唯一光源，将天然光线引入教堂，使穹顶宛如不借依托而飘浮在空中，起到了扩大空间的艺术效果，使整个空间变得飘忽、轻盈而又神奇，增加了宗教气氛。

3）内部装饰艺术具有拜占庭建筑艺术。圣索菲亚大教堂借助于建筑的色彩语言，进一步地构造艺术氛围。如大厅的门窗玻璃是彩色的，地面是彩色马赛克铺砌图案；柱墩和墙面用白色、绿色、黑色、红色等彩色大理石贴面；柱身是深绿色的，柱头是白色的；穹顶和拱顶全用玻璃马赛克饰面。这些缤纷的色彩交相辉映，既丰富多彩、富于变化，又和谐相处，统一于一个总体的意境：神圣、高贵、富有，从而有力地显示了拜占庭建筑充分利用建筑的色彩语言构造艺术意境的魅力。

◎ 13.2 早期基督教建筑与罗马式建筑

公元 5 世纪～10 世纪，西欧的建筑极不发达。在狭小且闭关自守的封建领地里，古罗马的那种大型的公共建筑物或者宗教建筑物失去了用武之地，相应的结构技术和艺术经验也都失传了。封建主的庄园寨堡也很粗糙，只有教堂和修道院是当时质量比较好的建筑物。在这个时期里，欧洲文明的范围扩大了，古罗马时代偏远的地区逐渐发展起来，过去落后的民族追了上来，对欧洲文化做出了贡献。

10 世纪后，在小农和农奴们辛勤劳动的基础之上，西欧各地在主要的交通路线上，重新产生了洋溢着作坊和市井喧嚣声的城市，自然经济被突破了。从此，为了争取城市的独立解放，以手工业工匠和商人为主体的市民们展开了对封建领主的斗争。同时，也展开了世俗的市民文化对天主教神学教条的冲击。此时的欧洲中世纪建筑也进入了新的阶段，建筑活动的规模扩大了，商店、行业公会、仓库、码头、港口等陆续建设起来。技术迅速发展，在极短时期内就创造了可以同古罗马建筑媲美的结构和施工技术成就。城市的自由工匠们掌握了娴熟的手工技艺，建筑工程中人力、物力的经济性远比古罗马时期要高。当时，虽然天主教主教堂仍然是城市中最重要的纪念性建筑物，代表着当时建筑成就的最高水平，但是各种类型的城市公共建筑物多了起来，并逐渐强化了在城市中的重要性。

12世纪，城市市民为争取城市的独立或自治对封建领主的斗争，以及市民文化对宗教神学的冲击，也在建筑中鲜明地表现出来，突出地表现在教堂建筑中。同时，地区间交往的增加，逐渐削弱了建筑的地方色彩。

到了15世纪，欧洲主要国家的天主教堂的形制和风格就大体一致了。天主教教堂建筑经历了10～12世纪的以修道院教堂为主，过渡到12世纪及以后以城市主教堂为主的过程。这个过程反映了城市的经济、政治和文化地位的提高以及技术的大进步。拜占庭文化和阿拉伯文化通过贸易对西欧一直产生着影响，11世纪末开始，贸易把拜占庭文化和阿拉伯文化带到了西欧，对西欧的建筑产生了更大的影响。

西欧中世纪的文明史，包括建筑史在内，从西罗马帝国末期到10世纪，史称早期基督教时期。以后，大致以12世纪为界，前后分为两个大时期：12世纪之前，称为罗曼时期，下延可到12世纪；12世纪之后称为哥特时期，在个别国家下延可到15世纪。法国的封建制度在西欧最为典型，它的中世纪建筑史也是最典型的，其余各国深受法国的影响。对应的，西欧中世纪建筑大体上分为三个时期：

1）早期基督教建筑时期。
2）罗马式建筑时期。
3）哥特式建筑时期。

13.2.1　早期基督教建筑

虽然封建分裂状态和教会内部教派林立，中世纪早期西欧各地教堂的形制不尽相同，但基本上继承了西罗马帝国末期的初期基督教教堂形制，即古罗马建筑的巴西利卡形制。

公元前1世纪到公元前2世纪，基督教在古罗马帝国各处传播。早期基督教因遭到官方的敌视与镇压，基督徒们只能在私人宅邸秘密集会，举行宗教仪式，这就是教堂的雏形，被称为"私宅教堂"或"民居教堂"。

公元4世纪，基督教被统治者定为国教之后，兴建大型的教堂就成了当务之急。当时，由于基督教尚无自己的建筑传统，就借用并改造古罗马现成的建筑形式——巴西利卡会堂。巴西利卡会堂是市民集会的公共场所，多为长方形的大厅，纵向的几排柱子把它分为几个长条空间，分隔出中廊和侧廊。中间的比较宽的为中廊，中廊比侧廊高很多，在两侧开有高窗，但上部采光使侧廊显得十分昏暗。会堂的屋顶是用木头做的，大厅的顶部是拱形屋顶或木板屋顶，屋盖较轻，所以支柱比较细，一般用的是柱式柱子。这种建筑物内部较舒朗，便于人群聚会，所以被重视群众性仪式的天主教会选中。

根据教会规定，在举行仪式的时候，信徒要面对耶路撒冷的圣墓，所以西欧教堂的圣坛必须在东端，大门因而朝西。随着信徒的增多，在巴西利卡教堂之前造了一所内柱廊式的院子，中央有洗礼池。巴西利卡教堂前的柱廊特别宽，供望道者使用。圣坛是半圆形的，用半个穹顶或半个伞形屋顶覆盖。圣坛之前是祭坛，祭坛之前是唱诗班的席位，叫歌坛。

由于宗教仪式日趋复杂，圣品人员增多，后来就在祭坛前增建一道横向的空间，给圣品人员专用，大一点的横向空间也分中厅和侧廊，高度和宽度都同正厅的对应相等。于是，纵、横两个中厅高出，就形成了一个十字形的平面，从上面俯视，像一个平放的十字架，竖道比横道长得多，信徒们所在的大厅比圣坛、祭坛又长得多，这种结构形式叫作拉丁十字式。拉丁十字式主要用于西欧的天主教堂，与东欧东正教的希腊十字式相对，各自与天主教和东正教的教义与仪式相适应。

这种拉丁十字式教堂，圣坛上用马赛克镶着圣像，或者用壁画画着圣像、挂着耶稣基督受难的雕像，色彩很华丽。几排柱子向圣坛集中，信徒们在中厅或侧廊里，面对着圣坛，教士们在祭坛前主持仪式。建筑的处理同宗教活动是适应的，十字形又被认为是耶稣基督殉难的十字架的象征，具有神圣的含义。因此，天主教会一直把拉丁十字式当作正统的教堂形制，流行于整个中世纪的西欧。

早期的巴西利卡式基督教堂保持着古罗马建筑的朴素和沉重感。教堂外表简洁峻峭，气象严穆，除了建筑的必要结构之外，没有任何多余的装饰因素，以表示人间尘世和世俗生活不值一提。但是进入教堂后，却是另外一番景象：殿堂高广，金碧辉煌，布满了豪华的装饰；柱子、墙和地板用彩色的大理石镶嵌装饰；墙壁上常饰以斑岩、螺钿、缟玛瑙和其他稀有的材料。置身其间，人们仿佛进入了天堂。从古罗马建筑上引进来的华丽的圆柱与柱头创造了豪华的效果。

这样，第一批基督教堂出现了，它简洁而肃穆、富丽堂皇，反映了新的时代精神，集建筑、雕刻、绘画为一体，从对古希腊、古罗马建筑样式的模仿起步，向表达宗教需要和独具基督教风格的方向发展，为其后几个世纪的欧洲教堂确立了基本格局，标志着综合艺术形式和基督教造像艺术漫长时代的到来。

13.2.2　罗马式建筑

教堂形制的定型不等于建筑物体系的成熟，因为一个成熟的建筑物是要经过结构、材料等众多方面长时间的探索后才能定型的，然后再推广。10～12世纪以教堂为代表的西欧建筑，就是经过长期摸索、实践才形成了自己独特风格的建筑，即"罗马式建筑"。

在基督教的禁欲主义和经济普遍衰败的双重作用下，以教士为主要工匠的早期罗马式修道院教堂的体形比较简单，墙垣和支柱十分厚重，砌筑很粗糙，石材不整齐，灰缝很厚。公元9世纪～10世纪，修道院教堂只有圣坛装饰得很华丽，在粗糙的教堂里，圣坛显得色彩缤纷，象征着彼岸世界。但是10世纪之后，世俗工匠的数量和重要性大增，他们为城市建造的教堂表现出追求感性美的强烈愿望。

10世纪起，拱券技术从意大利北部传到西欧各地。教堂开始采用拱顶结构，并开始使用十字拱技术。到10世纪末，有些大教堂在中厅使用筒形拱；为了平衡中央拱顶的侧推力，法国西部地区的教堂在侧廊上建造顺向的筒形拱；在中部以及其他地区，大多数在侧廊上造半个筒形拱。这两种方法都要求侧廊上的拱顶抵住中厅拱顶的起脚。这样，中厅失去了侧高窗，室内无采光，侧廊高度却增加了，因而设了楼层。为了争取中厅有直接的天然采光，也曾做过多种探索，如在中厅上设置一排横向的短拱，或降低侧廊上拱顶的高度等，但这些探索都有破坏内部空间、结构错误等问题。但有一种方法对以后的结构发展产生了积极的影响——在中厅使用双圆心的尖拱，减少了侧推力。

到11世纪后期，在意大利的伦巴底、莱茵河流域等地的教堂中，终于在中厅采用了十字拱技术，侧廊两侧的楼板也用十字拱；外墙仍是连续的承重墙。中厅和侧廊的十字拱覆盖在方形的房间上，由于中厅较侧廊宽两倍，于是中厅和侧廊之间的一排支柱就粗细大小相间了。随着拱顶结构的使用，骨架券也开始出现了，开始只是把筒形拱分成段落，没有结构作用；后来，才利用它作为结构构件，把拱顶和支柱联系起来，表现拱顶的几何形状，形成集束柱，看上去饱满有张力，柱头则逐渐退化。

工匠们努力削弱教堂封闭重拙的格局，除了钟塔、采光塔、圣坛和它外面的小礼拜室等形成活泼的轮廓外，外墙上还露出扶壁，在伦巴底的教堂中开始使用一种用浮雕式的连续小券装饰檐下和腰线的手法。伦巴底和莱茵河流域的一些城市教堂，甚至用小小的空券廊装饰墙垣的上部。但墙垣很厚，以致门窗洞很深，所以洞口向外抹成"八"字形，再排上一层层的线脚，借以减轻在门窗洞上暴露出来的墙垣的笨重感，并增加采光量。用连续小券做装饰带，门窗洞口抹成"八"字形，而且在斜面上密排线脚，成了罗马式建筑风格的特征因素。

随着时代的发展，工匠们突破了教会的戒律，教堂里的装饰逐渐增多。在门窗口斜面的线脚上先是刻几何纹样或者简单的植物形象，后来则雕刻一串一串的圣者像。有的教堂在大门发券之内、横枋之上刻耶稣基督像，或者是耶稣基督主持"最后审判"的场景。更加突出的是，柱头等处的雕饰甚至有异教题材，如双身怪兽、吃人妖魔等。城市教堂的整体和局部的匀称、和谐等也大有进步，外观逐步趋向轻快化，砌工精致多了，城市教堂内部开始追求构图的完整统一。此时期较有代表性的建筑有意大利的比萨大教堂（图13-5），它和钟塔、洗礼堂构成了意大利中世纪具有代表性的建筑群。比萨大教堂始建于1063年，为拉丁十字式平面，四排柱子的巴西利卡式建筑，中厅屋顶为木桁架，侧廊用十字拱。教堂全长95米，正立面高约32米，用五层的层叠连续发券作装饰，直到山墙的顶端。

比萨钟塔始建于1173年，位于大教堂东南约20米处。平面为圆形，直径约16米，高55米，共8层，底层为浮雕式的连续券，中间6层为空券廊，顶层平面缩小。此塔由于地基沉陷产生倾斜，所以也叫比萨斜塔（图13-6）。

图13-5 意大利比萨大教堂

图13-6 比萨斜塔

比萨洗礼堂始建于 1153 年，位置在大教堂正前面约 60 米处，为圆形平面，直径为 35.4 米，立面分三层，上两层为空券廊，屋顶为圆拱顶，总高 54 米（图 13-7）。

比萨大教堂、比萨钟塔及比萨洗礼堂位于城市的西北角，三座建筑物的建设年代虽已久远，体形多变，但总的风格却是一致的，采用连续券廊，对比较强，轮廓线很丰富，色彩用红色、白色大理石搭配，和绿草地相衬，显得十分明快。

从比萨大教堂的立面可以看出罗马式建筑的特点，这种长方形的拉丁十字式建筑与拜占庭希腊十字式建筑相比，交叉部穹顶并不在整体构图中居于至高无上的地位。

图 13-7　比萨洗礼堂

罗马式建筑的外部造型，在不同地区也不尽相同。如在法国和德国，罗马式教堂的西立面多造一对钟塔；莱茵河流域的城市教堂，两端都有一对塔，有些甚至在横厅和正厅的阴角也有塔。另外，法国的罗马式教堂还多用"透视门"，这种门是由一层层逐渐缩小的圆拱集合起来的，具有深度空间，门顶采用的是半圆形的浮雕板。罗马式教堂也有一些不完善之处，如中厅两侧的支柱大小相间，开间大小套叠，中厅空间不够简洁，东端圣坛和它后面的环廊、礼拜室等形状复杂，不宜进行结构布置。

◎ 13.3　哥特式建筑

罗马式建筑的进一步发展，就是 12～15 世纪时期，西欧主要以法国的城市主教堂为代表的哥特式教堂。

12 世纪，西欧先进地区的城市发展到了新的阶段，手工业和商业行会普遍建立起来，城市为摆脱封建领主的统治而进行的解放运动如火如荼。随着城市的解放和王权的加强，在这样的历史条件下，西欧的建筑发生了重大的变化，进入了一个极富创造性的、获得光辉成就的新时期，这时期的代表性建筑是哥特式教堂。

哥特式建筑的结构特点与内部空间特色

13.3.1　哥特式教堂与社会文化变迁

12 世纪以后，随着西欧宗教的发展，一些教堂也越修越大，越来越高耸。特别是在 12～15 世纪以法国为中心的宗教建筑，在罗马式建筑的基础上又进一步发展，创造了一种以高耸结构为特点，其形象有直入云霄之感的建筑，称为哥特式建筑。这种建筑的创造性结构体系及艺术形象，成为中世纪西欧最大的建筑体系。

1）哥特式建筑体系的形成、发展与当时的社会发展有着密不可分的关系。在 12 世纪以后，首先在西欧较先进的地区，城市经济得到了迅猛发展，手工业和商业行会普遍建立起来，中央王权打破了封建割据的分裂状态。12～15 世纪时期，城市经济得以解放，城市内实行了一定程度的民主政体，人民建设城市的热情很高，城市建筑市场空前繁荣。在法国的一些城市，主教堂是通过全国的设计竞赛选出的，这样的市场环境诞生了一种崭新的建筑文化——哥特式建筑文化，这为哥特式建筑的定型、发展提供了良好的社会环境。哥特式建筑奇异、独特的形象，有如冲破天罗地网的雄鹰，不仅展示了中世纪物质文化的成就，而且生机焕发地表露了中世纪精神文化的特征，将欧洲的建筑艺术水平提到了一个崭新的高度。如果说整个中世纪的文学艺术基本处于停滞状态的话，那么唯有建筑这只雄鹰直搏云天，高傲地飞翔，将艺术的辉煌撒播于欧洲的四面八方。

2）世俗文化的渗透及美学观点的渐变，对哥特式教堂的设计者有极大的影响。那时的教堂已成为城市公共生活的中心，市民们在里面举办婚丧大事，教堂日益世俗化。美学观点的转变也使人们认识到，感性的美才是美丽的东西，呈比例、和谐的美才称为美。这就为活跃建筑设计思想提供了良好的思维模式。

3）在12世纪后期，建筑工程中的专业化程度有很大提高，各工种分得很细，如石匠、木匠、铁匠、焊接匠、抹灰匠、彩画匠、玻璃匠等，工匠中还有专业的建筑师和工程师；图纸制作也有一定水准，工匠们专业技术较强，使用各种规和尺，也使用复杂的样板。专业建筑师及工匠的产生，对建筑设计及施工水平的提高，以及哥特式建筑走向成熟起了重要的保证作用。

在12世纪以后，法国王室领地的经济和文化在欧洲处于领先地位。12～15世纪，全法国造了60所左右的城市主教堂，这为新结构体系的形成提供了实验场地。这种哥特式新结构体系集中了罗马式教堂中的一些建筑特点，如十字拱、骨架券、三圆心尖拱、尖券、扶壁等做法，并把这些做法加以发展，创造出了一种更加完善的结构体系，并完善了艺术形象。哥特式建筑的特点主要体现在它的结构体系、内部空间及外部造型三个方面，每个方面之间都有一定的联系，相互利用，密不可分。

13.3.2 哥特式教堂建筑的结构特点

1）减轻拱顶的重量及侧推力，把十字拱做成框架式的，其框架部分为骨架券，作为拱顶的承重构件，其余的围护部分不承重。这种做法可显著减小厚度，厚度减小到30厘米左右，既节省了材料，又可降低拱顶的重量，减少侧推力。骨架券的另一个好处是适应各种平面形式，使复杂平面的屋顶设计问题迎刃而解。骨架券的使用，使十字拱的开间不必是正方形，这样中厅两侧的支柱交替和开间套叠的现象也不见了，内部较为整齐。

2）使用独立的飞扶壁作为传递屋顶侧推力的结构构件。飞扶壁的起点始于中厅每个开间十字拱四角的起脚，落脚在侧廊外侧的横向的墙垛上。飞扶壁的使用废弃了侧廊屋顶原来的结构形式，使侧廊屋顶的高度明显降低，不但减轻了侧廊屋顶的重量，而且还使中厅利用侧高窗的自然采光变得更容易。随着侧高窗的扩大，侧廊的楼层部分也逐渐取消了。

3）将圆券十字拱等全部改用二圆心的尖券和尖拱，减轻了侧推力，增加了逻辑性很强的结构线条，二圆心的尖券、尖拱可以使不同跨度的券和拱的高度一致，使内部空间整齐、高度统一。

总之，哥特式教堂建筑结构体系条理清晰，各个构件设置明确，荷载传导关系严谨，表现了对建筑规律的理解和科学的理性精神。

☆**知识链接**

哥特式建筑的总体风格是空灵、纤瘦、高耸、尖峭（图13-8），它们直接反映了欧洲中世纪新的结构技术和浓厚的宗教意识。尖峭的形式，是尖券、尖拱技术的结晶；高耸的墙体，则包含着斜撑技术、扶壁技术的功绩；而那空灵的意境和垂直向上的形态，则是基督教精神内涵的表现。

13.3.3 哥特式教堂的内部处理特点

哥特式教堂的形制基本上是拉丁十字式，但在不同地区，布局也不尽相同。如在法国，教堂的东端小礼拜室比较多，呈圆形，西端有一对塔；在英国，通常保留两个横厅，钟塔在纵、横两个中厅的交点上，且只有一个，东端平面多是方形的；在德国和意大利，有一些教堂侧廊同中厅一样高，为巴西利卡形制。哥特式教堂中厅一般窄而长，使导向祭坛的动势非常明显。中厅的面阔与长度，巴黎圣母院是12.5米×127米，

图13-8　韩斯主教堂

韩斯主教堂是14.65米×138.5米，沙特尔大教堂是16.4米×130.2米，其设计意图为利用两侧柱子引导视线。由于宗教的需要加之技术的进步，哥特式教堂的中厅越来越高，一般在30米之上。祭坛的宗教气氛很浓，烛光照着受难的耶稣基督，人们进入中厅后，感受到明显的高空间，视线直视祭坛，给人一种强烈震撼的宗教气氛。从建筑上看，其设计思想是非常成功的，设计目的也达到了。

从哥特式教堂建筑内部还可以看到，淘汰了以前沉重、厚笨的承重墙，取而代之的是近似框架式的结构，教堂内部的结构全部裸露，窗子占满了支柱之间的面积。柱头逐渐退化，支柱和骨架券合为一体，彼此不分，从地上到顶棚一气呵成，垂直线条统率着所有部分，使整个结构仿佛是从地下生长出来似的，富有生机。同时，这种向上的动势，使空间显得极为高耸，象征着对天国的憧憬，束状的柱子涌向天顶，像是一束束喷泉从地面喷向天空；有时，像是森林中挺拔的树干，光影交织，光线就从枝叶的缝隙中透进来，启示人们迷途中的光明，附和着宗教活动的需要。玻璃窗是哥特式教堂内部处理的另一个重点（图13-9、图13-10）。玻璃窗的面积很大，又是极易出装饰效果的地方，所以备受重视。也许是受拜占庭教堂的彩色玻璃马赛克的启发，工匠们使用各种颜色的玻璃在窗子上镶嵌出一幅幅带有圣经故事的图案。玻璃颜色由少到多，最多达21种。主色调也不断更换，从蓝色到红色再到紫色，逐渐由深到浅，从暗到明亮；玻璃从小到大，图画内容也由繁到简。彩色玻璃的安装方法是用"工"字形截面的铅条组合图案，盘在窗子上，彩色玻璃再镶在铅条之间。每当阳光从布满窗棂框的彩色玻璃照射进来时，整个教堂的空间便弥漫着迷离与幽幻的景象，仿佛教堂就是天堂。此种气氛尽显了基督教的精神，而这种气氛的形成，又无疑得益于尖券、尖拱及空间结构等技术的使用。

图 13-9　沙特尔大教堂的玫瑰花窗

图 13-10　约克大教堂东侧花窗

☆**知识链接**

从哥特式教堂的内部处理特点可以窥见其宗教情怀与技术手段，在哥特式教堂中，尖券与小拱的大量使用，赋予了空间与结构以极大的灵活性，同时也为教堂的艺术风格带来了新奇的格局。

13.3.4　哥特式教堂外立面处理特点

大教堂施工工期一般较长，有的长达几十年，甚至有长达一二百年的，所以有些大教堂的立面风格难以统一，也因此可以看到各个时期流行的样式。

但哥特式教堂外观的基本特征是高而直，其典型构图是一对高耸的尖塔，中间夹着中厅的山墙，在山墙檐头的栏杆、大门洞上设置了一列布有雕像的凹龛，把整个立面横向联系起来，在中央的栏杆和凹龛之间是象征天堂的圆形玫瑰窗。西立面作为教堂的入口，一般有三座门洞，门洞内有数层线脚，线脚上刻着成串的圣像。所有墙体上均由垂直线条统贯，一切造型部位和装饰细部都以尖拱、尖券、尖顶为合成要素；所有的拱券都是尖尖的，所有门洞上的山花、凹龛上的华盖、扶壁上的脊边都是尖耸的；所有的塔、扶壁和墙垣上端都冠以直刺苍穹的小尖顶。与此同时，建筑的立面越往上越细巧，形体和装饰越见玲珑。这一切，都使整个教堂充满了一种超俗脱凡、腾跃升迁的动感与气势，立面上艺术形象的鲜明特征给人留下了极其深刻的印象。这种气势将基督教的"天国理想"表现得生动、具体也显示出欧洲中世纪高超的建筑技术。在哥特式教堂建筑中，享有崇高声誉的教堂比比皆是，其中法国的巴黎圣母院（图 13-11）、意大利的米兰大教堂、德国的科隆主教堂是杰出代表。它们的外部造型、细部装饰及内部空间的结构，既充分反映了哥特式建筑的一般风格特点，又个性鲜明。

巴黎圣母院西立面的典型构图特征是：一对塔夹着中厅山墙的立面，以垂直线条为主。水平方向有位于山墙檐部的比例修长的尖券栏杆，以及在一层、二层之间放置雕像的壁龛（图 13-12），把垂直方向分为三段。在中段的中央部分是象征天堂的玫瑰窗，是视觉的中心；下段是三个透视门洞，所有发券都是双圆心的尖券，使细部和整体都显得非常统一。总体来说，哥特式教堂建筑形象有挺拔向上之势，有直冲云霄之感；一切局部和细节与总的创作意图相呼应，如较多采用比例瘦长的尖券，凌空的飞扶壁，全部采用向上竖直线条的墩柱，并与尖塔相配合，使整个建筑如拔地而起的尖笋。为使建筑看起来较轻盈，在飞券等处施以透空的尖券，使教堂看上去不笨重。教堂的外部细部装饰也很出众，如门上的山花、龛上的华盖、扶壁的脊等，都是装饰的重点。大门周围布满雕刻，既美化建筑又宣传教义，一举两得。

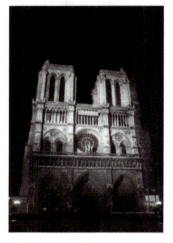

图 13-11　巴黎圣母院外立面

图 13-12　巴黎圣母院外立面局部

德国的哥特式教堂建筑，在外立面上更突出垂直线条，双塔直插天空，把哥特式建筑的升腾之感运用到了极致，整个建筑感觉比较森冷峻急、动势感很强，如德国的科隆主教堂（图 13-13）。

另有一些教堂在西端只有一个塔，始终没有建成另一个塔，如法国的斯特拉斯堡大教堂。

英国的哥特式教堂水平划分较重，立面较为温和、舒缓，最高点往往是中厅上面的钟塔，如英格兰的索尔兹伯里大教堂。

意大利北部地区也参与了欧洲中世纪哥特式建筑的发展，如坐落于意大利米兰市的米兰大教堂（图 13-14），是欧洲中世纪最大的教堂，内部大厅高 45 米，宽 59 米，可容 4 万人。外部装修华丽，上部有 135 个尖塔，像森林般冲上天空；下部有两千多个装饰雕像，非常华丽，艺术性很强。西班牙的比较出名的哥特式教堂有布尔戈斯大教堂等，这类教堂的立面上使用马蹄形券，镂空的石窗棂，大面积使用几何花纹图案。

图 13-13 德国科隆主教堂

图 13-14 米兰大教堂

哥特式教堂建筑是非常成功的，它对欧洲 12～15 世纪的世俗建筑有较大的影响，主要表现在以下两点：

1）房屋表现出框架建筑轻快的特点。受哥特式建筑骨架券特征的影响，住宅多采用日耳曼式的木构架，且木构架完全露明，施以蓝色、红色等，同砖和墙的颜色形成对比。

2）屋顶很陡、高耸。屋顶占立面的比重很大，提高了建筑物的高度，再设置一些凸窗、花架、阳台、明梯等，构成了欧洲中世纪世俗建筑的风光。

单元总结

本单元概括地阐述了欧洲中世纪建筑的一般历史背景与建筑知识；简要讲解了宗教对欧洲中世纪建筑形式的影响及教堂在建筑艺术领域的主导地位；简要介绍了欧洲中世纪建筑平面的演变与发展；概括地介绍了欧洲中世纪建筑在建筑结构、建筑空间、建筑造型、艺术特色等方面的建筑成就。

实训练习题

一、选择题

1.（　　）、鼓座、穹顶，这一套拜占庭建筑的结构方式和艺术形式，在欧洲广泛流行。

A. 帆拱　　　　　B. 肋骨架　　　　　C. 石雕　　　　　D. 木雕

2. 巴黎圣母院是法国早期（　　）建筑的典型代表，位于巴黎城中。

A. 巴洛克式　　　B. 哥特式　　　　　C. 洛可可式　　　D. 文艺复兴式

3. 中世纪哥特式教堂的形制基本是（　　）。
A. 希腊十字式　　　B. 拉丁十字式　　　C. 方形　　　D. 圆形

二、填空题

能够代表拜占庭建筑最高成就的是＿＿＿＿＿＿，它是＿＿＿＿＿＿形制的。

三、简答题

1. 圣索菲亚大教堂的主要特征有哪些？
2. 哥特式建筑的结构特点是什么？
3. 简述什么是巴西利卡。

教学单元 14

意大利文艺复兴时期建筑与巴洛克式建筑

教学目标

1. 知识目标

（1）了解意大利文艺复兴时期建筑与巴洛克式建筑的起源、发展、高潮直至衰落的过程。

（2）理解意大利文艺复兴时期建筑与巴洛克式建筑产生的背景。

（3）掌握意大利文艺复兴时期建筑与巴洛克式建筑的特点，以及典型建筑代表的不同风格和特征。

2. 能力目标

（1）通过对意大利文艺复兴时期建筑与巴洛克式建筑风格的了解与认识，提高艺术鉴赏能力及分辨能力。

（2）能够阐释意大利文艺复兴时期建筑与巴洛克式建筑中具有代表性建筑的建筑艺术特色。

思维导图

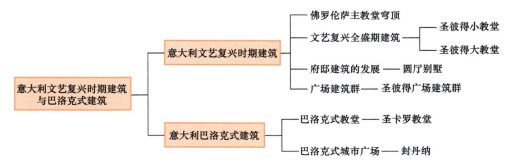

资本主义的萌芽，是在 14～15 世纪的意大利开始出现的。这一萌芽随后在整个意大利地区以及西欧逐渐显现出来，它所带来的是在政治、思想、宗教、文化等各个领域同落后的封建主之间的斗争。意大利文艺复兴运动，是指在这场斗争中，新兴的资产阶级中的一些先进的知识分子借助研究古希腊、古罗马的艺术文化，通过文艺创作，宣传人文精神，掀起的一场新文化运动，是人类经历过的伟大的、进步的变革。建筑思想作为文化的范畴，也在这场运动中得到了发展，进入了欧洲建筑史的崭新阶段。

当时东西方的不断开拓、贸易往来、文化渗透、考古发现、人才交流等，都为意大利文艺复兴的发展创造了良好的内外环境。文艺复兴运动从 14 世纪起，首先在意大利的佛罗伦萨开始。

◎ 14.1 意大利文艺复兴时期建筑

意大利文艺复兴时期，新的建筑文化从中世纪市民建筑文化中分化出来，积极地向古罗马建筑学习，严谨的古典柱式重新成为控制建筑布局和构图的基本因素。虽然形式完美、细节精致，但比较刻板，风格矜持高傲，逐渐趋向学院气息，同中世纪比较平易祥和、生活气息浓厚、地方色彩鲜明的市民建筑大异其趣。高层次的建筑离不开对教廷和权贵者的依附，很快被宫廷和教会利用，建造了大批府邸和教堂。但是，新的建筑潮流毕竟反映着新时期的思想文化；同时，诞生了新时期的建筑师，他们在作品中追求鲜明的个性，创造了新的建筑形制、新的空间组合、新的艺术形式和手法，在结构和施工上有很大的进步，造就了欧洲建筑史的新高峰，并且为以后几个世纪的建筑发展开辟了广阔的道路。

14.1.1 佛罗伦萨主教堂穹顶

意大利文艺复兴时期建筑史的开始标志是佛罗伦萨主教堂的穹顶（图 14-1），它的设计和建造过程、技术成就和艺术特色，都体现着新时代的进取精神。

佛罗伦萨主教堂分析

佛罗伦萨主教堂从 13 世纪末开始建造，平面为拉丁十字式。东部歌坛是八边形的，对边宽度约 42.2 米，在它的东、南、北三面各凸出大半个八角形，呈现以歌坛为中心的集中式平面。主教堂西立面之南有一个 13.7 米见方的钟塔，高 84 米，教堂对面还有一个直径 27.5 米的八边形洗礼堂。

具有文艺复兴时期建筑特点的穹顶是 1420 年开始兴建的。设计者是工匠出身的伯鲁乃列斯基。这座穹顶的成就主要体现在建筑结构、施工及建筑形象上。

1）在结构上，穹顶为矢形双圆心骨架券结构。穹面分里外两层，所用的材料，下部采用石料，上部为砖，穹面里层厚度为 2.13 米，外层下部厚度为 78.6 厘米，上部厚度为 61 厘米。两层之间为 1.2～1.5 米的空隙，将穹顶分为内外两层，外层为防水层，而内层作为主要结构层。穹顶的面层，是砌筑在八个角的大拱券上的，大拱券又由若干个水平次券水平相连。在穹顶底座上加了 12 米高的鼓座，鼓座墙厚达 4.9 米。穹顶内部的顶端距地面 91 米（也有 88 米的说法），施工难度很大。

2）在施工中，穹顶由于太高，给施工带来了极大

图 14-1 佛罗伦萨主教堂穹顶

的不便，脚手架的搭接显得十分重要。但是新时期的工匠却将脚手架搭得简洁、适用。另外，设计者还研制了一种垂直运输机械，通过平衡锤和滑轮组节省了大量的人力，提高了劳动生产率。就是这样，工匠们把别人认为100年也建不成的穹顶，仅用十几年就建成了。

3）在建筑设计成就方面，佛罗伦萨主教堂穹顶吸取了拜占庭建筑的穹顶手法，但它一反古罗马建筑与拜占庭建筑半露半隐的穹顶外形，而是把穹顶全部暴露于外。这座庞大的穹顶，连同顶尖的采光塔亭在内，高达107米，是整个城市轮廓线的中心，成为文艺复兴时期城市的标志性建筑物。在设计手法上，既有古典建筑的精神，也可看到哥特式建筑的余韵，为文艺复兴时期建筑的定型打下了坚实的基础。

佛罗伦萨主教堂穹顶的历史意义如下：

1）天主教会把集中式平面和穹顶看作异教庙宇的形制，严加排斥，而工匠们却置教会的戒律于不顾。虽然当时天主教会的势力在佛罗伦萨很薄弱，但工匠们仍需要很大的勇气才能这样做。因此，它是在建筑中突破教会精神专制的标志。

2）古罗马建筑的穹顶和拜占庭建筑的大型穹顶，在外观上是半露半掩的，在当时不会把它作为重要的造型手段。但佛罗伦萨主教堂借鉴了拜占庭建筑小型教堂的手法，使用了鼓座，把穹顶全部表现出来，连采光塔亭在内总高107米，成了整个城市轮廓线的中心，这在欧洲是前无古人的，因此它是文艺复兴时期独创精神的标志。

3）无论在结构上还是在施工上，这座穹顶的首创性的幅度是很大的，这标志着文艺复兴时期科学技术的普遍进步。

14.1.2　文艺复兴全盛期建筑

1377年，由于教廷从法国迁回罗马，并且欧洲经济进一步繁荣起来，一些艺术家、建筑师来到了罗马，给罗马的建设增加了活力，文艺复兴运动达到了全盛期。这时期的建筑，更广泛地吸收了古罗马建筑的精髓，在建筑刚劲、轴线构图、庄严肃穆的风格上，创造出了更富性格的建筑物。这个时期的建筑创作作品，主要集中在教堂、枢密院、教廷贵族的府邸等宗教及公共建筑上。

1. 圣彼得小教堂（坦比哀多）

文艺复兴全盛期建筑的纪念性风格的典型代表是位于罗马的圣彼得小教堂（图14-2）。这是一座集中式的圆形建筑物，神堂外墙面直径6.1米，周围一圈多立克柱式的柱廊有16根柱子，柱高3.6米，连穹顶上的十字架在内总高为14.7米。形体饱满的穹顶，圆柱形的神堂和古座，外加一圈柱廊，使它的体积感很强，完全不同于15世纪前期佛罗伦萨地区偏重于一个立面建筑形式的建筑。圣彼得小教堂虽然体积较小，但有层次感，有多种几何体的变化，有虚实的映衬，形象很丰富，环廊上的柱子经过古座上壁柱的接应，首尾从下而上一气呵成。

这座建筑物的形式，特别是以高居于鼓座之上的穹顶统帅整体的集中式形制，在欧洲是大幅度的创新，当时就赢得了很高的声誉，被称为"经典"的作品，对后世有很大的影响，从欧洲到北美洲，到处有它的仿制品，大多高耸在大型公共建筑的中央，构成城市的轮廓线。

2. 圣彼得大教堂

圣彼得大教堂是意大利文艺复兴时期最伟大的纪念碑，它集中了16世纪意大利建筑、结构和施工技术的最高成就。这座教堂从1506年开始重新建造，到1612年中厅建成，历时长达一百多年才告完成（图14-3）。在这时期，先后有很多著名的艺术家担任总设计师，如伯拉孟特、拉斐尔、米开朗基罗等。在设计和施工过程中，由于设计师众多，且设计师个人的信仰、思想不同，设计思想难免不一致，教堂的平面、立面经多次反复修改、变更，最后才得以完成这一伟大的杰作。这一伟大工程的成功之处有以下三点：

图14-2　圣彼得小教堂　　　　　图14-3　圣彼得大教堂

1）穹顶结构出色。穹顶直径41.9米，很接近罗马万神庙，穹顶内部顶点高约120米，教堂内部宽27.5米、高46.2米。穹顶分为内外两层，内层厚度为3米，穹顶的肋是石砌结构，其余部分是砖砌结构。穹顶是球面的，造型饱满，整体性很强，侧推力较矢形穹顶要大，但在当时已不是大的问题。

2）造型雄伟、壮观。多名艺术大师加盟圣彼得大教堂的设计师行列，为这座雄伟的建筑物提供了成功的重要条件。1547年，接管主教堂设计任务的雕刻家米开朗基罗更是雄心勃勃，以"要使古代希腊和罗马建筑黯然失色"的决心去开展工作。建成后的主教堂外部总高度达137.8米，是当时罗马城的最高点。在教堂的四角各有一个小穹顶，从西立面看去，前部的巴西利卡式大厅立面用壁柱，加上两侧的小穹顶，对称的构图突出了处于轴线上的大穹顶。穹顶的鼓座有上下两层券廊，采用双柱，比较华丽，形体感很强，使高大的穹顶与整体建筑的比例关系很合适。

3）创造了美丽的建筑组群及良好的环境。这组建筑是由主教堂和其前面广场的柱廊组成的。该广场平面为椭圆形，其中心竖立一个方尖碑，两旁有喷水池。椭圆形广场与大教堂之间由一个小梯形广场作为过渡空间，梯形广场的地面向教堂方向逐渐升高，两个广场的周边都由塔司干柱式的柱廊环绕，形成广场的界线。整个广场建筑群仿佛是一个艺术的殿堂，广场上良好的视觉设计也为欣赏建筑艺术提供了保证。这组建筑群平面富于变化，有收有放，互为衬托，缺一不可。

圣彼得小教堂是文艺复兴全盛时期建筑的里程碑式作品；而圣彼得大教堂的重建，集中了这一时期大量优秀建筑大师的智慧，也反映了各种建筑观念的消长。

14.1.3　府邸建筑的发展

15 世纪以后，在佛罗伦萨地区曾兴起一阵兴建贵族府邸的热潮。这些府邸是四合院式的平面，多为三层。正立面凹凸变化较小，但出檐很深。外墙面有一些中世纪的遗痕，如底层用表面粗糙的大石块；二层表面略为光滑；三层用最为光滑的石块，而且灰缝很小。也有墙面是抹灰的，墙角和大门等阳角周边用重块石板来围护，并和墙面形成对比。

15 世纪后期，在威尼斯，府邸建筑多为商人所建，彼此争胜斗富，不吝豪华，整个立面多开大窗，并用小柱子分为两部分，上端用券和小圆窗组成图案，并用壁柱作竖向划分，长阳台作水平划分，框架感强。如龙巴都设计的文特拉米尼府邸。

桑索维诺设计的府邸建筑在 16 世纪前期颇有代表性。他设计的建筑物突出庄严伟岸、严谨稳定的风格，四层建筑中多把一层和二层用重块石板砌成统一的基座层，仍保持传统的三层立面，上面两层用券柱式，开间整齐、风格稳健。

16 世纪中期以后，文艺复兴运动受挫，贵族庄园又大为盛行。欧洲学院派古典主义创始人——维尼奥拉和帕拉第奥的建筑创作异常活跃，如以帕拉第奥命名的"帕拉第奥母题"，就是他对建筑设计的贡献。在府邸建筑中，古典风格对欧洲的府邸建筑有很大影响。这些府邸建筑的主要特点有：平面方整，一层多为杂务用房；二层由大厅、客厅、卧室等组成；立面较为简明，底层处理成基座层；二层为主立面，层高较高，用大台阶、列柱、山花组成门面，门面突出墙面，表明中心。例如帕拉第奥设计的圆厅别墅（图 14-4）。

帕拉第奥设计的庄园府邸中具有代表性的是圆厅别墅，它位于维琴察郊外一个庄园中央的高地上。平面正方，四面一式。第二层正中是一个直径为 12.2 米的圆厅，它的穹顶内部装饰得很华丽。四周房间依纵、横两个轴线对称布置。室外大台阶直达第二层，内部只有简陋的小楼梯。台阶上，立面的

图 14-4　圆厅别墅

正中是 6 根柱子戴着山花。列柱和大台阶加强了第二层在构图上的重要性，使它居于主导地位。

圆厅别墅的外形由明确而单纯的几何体组成，显得十分凝练。方正的主体、鼓座，圆锥形的顶子，三角形的山花，圆柱等多种几何体互相对比着，变化很丰富；同时，主次十分清楚，垂直轴线也很显著，各部分构图联系密切，位置肯定，形体统一、完整。四面的柱廊进深很大，不仅增加了层次，强化了光影，而且使建筑物同周围广阔的郊野产生了虚实的渗透感，冲淡了它的过分矜持和冷漠。不过圆厅别墅毕竟还是太孤傲了，虽然它的比例很和谐，构图很严谨。孤傲是后来学院派古典主义建筑的一般性格，这是贵族的性格，同这时的大多数府邸一样，圆厅别墅的内部功能在很大程度上屈从于外部形式。

在 16 世纪中期以后的一段时期内，帕鲁齐和阿利西对府邸建筑的平面和空间布局进行了研究，把府邸平面和空间的利用相互联系起来，重视使用功能，突出楼梯在建筑中的构图要素，在建筑艺术方面较为严谨，使府邸建筑的设计又前进了一步。另外，这一时期

中带有烟囱的壁炉广泛地应用于室内，其功能除了取暖之外，还发展成了一种独特的室内装饰艺术。

14.1.4 广场建筑群

文艺复兴时期，城市的改建注意到了建筑物之间的联系，追求整体性的庄严宏伟效果，所以市中心和广场就成了建设的重点。早期的广场空间多为封闭的，平面较方整，建筑面貌很单纯、完整，主教堂主导地位不突出，佛罗伦萨的安农齐阿广场便是文艺复兴早期最完整的广场。它采用了古典的严谨构图，平面是 60 米 × 73 米的矩形，长轴的一面是安农齐阿主教堂，它的左右两侧分别是育婴堂和修道院；广场前有一条 10 米宽的街道，对着主教堂。在广场的纵轴上有一座骑马铜像，两侧有喷泉，突出了纵轴。整个广场尺度适当，三面是开阔的券廊。

米开朗基罗在 1540 年设计完成的罗马市政广场，是文艺复兴时期比较早的按轴线对称布置的广场之一。原建筑是正面的元老院和与其正面呈锐角的档案馆。米开朗基罗在元老院的右侧设计了博物馆，使广场呈对称梯形，短边敞开通下山的大台阶。广场周围及中心有雕塑，使整个广场层次分明。

文艺复兴全盛期和后期的广场比较严整，常采用柱式，空间较开敞，雕像往往放在广场的中央，例如圣彼得广场（图 14-5）。

圣马可广场（图 14-6）位于威尼斯，有"欧洲最美丽的客厅"之美誉。圣马可广场除了举行节日庆会之外，只供交谊和散步，完全与城市交通无关，所以圣马可广场又叫作"露天的客厅"。圣马可广场华美壮丽，却又洋溢着浓郁的亲切气氛。广场从雏形到完成经历了几个世纪，但主要建筑基本上是在文艺复兴时期完成的。圣马可广场的平面是由三个梯形广场组成的复合式广场，大致呈曲尺形平面，大广场的北、东、南三个立面分别由旧市政大厦、圣马可大教堂、新市政大厦组成。同这个主要广场垂直的是由东侧的总督府和西侧的圣马可图书馆组成的小广场。两个广场的过渡是由拐角处的 100 米高塔完成的。在圣马可大教堂的北侧还有一个和大广场相连的小广场，其过渡是用一对狮子雕像和台阶来完成的。

图 14-5　圣彼得广场建筑群

图 14-6　圣马可广场

整个广场的艺术魄力是从西面不大的券门作为入口进入大广场开始的。梯形平面使视线开阔、宏伟、深远；首入视线的是圣马可大教堂和前方的钟塔，高耸的钟塔与广场周围建筑物的水平线构成对比，形成优美的景色；过塔后右转进入小广场，两侧是以券廊为主的建筑，放眼望去是大运河，远处是 400 米开外小岛上的圣乔治教堂耸立的穹顶、尖塔，构成广场的对景。小广场的南边竖着一对来自君士坦丁堡的立柱，东边柱子上立着一尊代表使徒圣马可的带翅膀的狮子像；西边柱子上立着一尊共和国保护者的像，构成了小广场的南界。

在建筑艺术方面，总督府、图书馆、新旧市政大厦都以发券作为基本母题，横向展开，水平构图稳定。在这个背景中，教堂和钟塔像一对主角，构成了整个画图的中心。

在这一时期的意大利，世俗建筑开始占有越来越重要的地位，城市规划与府邸建筑取得很大的发展，古典建筑语言和建筑观念在当时得以复活。

文艺复兴时期的第一个纪念物，佛罗伦萨主教堂的穹顶，带着前一个时期的色彩；文艺复兴时期的最后一个纪念物，圣彼得大教堂，带着下一个时期的色彩，它们都不是完美无缺的，但它们却同样鲜明地反映着资本主义萌芽时期的历史性的社会变迁，反映着这时代的巨人们在思想原则和技术原则上的坚定性。

☆ **知识链接**

文艺复兴并非是对古典建筑的简单复兴，而是一个生机勃勃的创造过程。无论在建筑实践还是在建筑理论上，都是对前人的继承和超越，而当时的建筑师们也完成了向新时期建筑设计师的转变。

◎ 14.2 意大利巴洛克式建筑

巴洛克建筑典型实例分析

到 17 世纪以后，意大利文艺复兴运动逐渐衰退，但由于海上运输日益昌盛，工商业有所发展，积累了大量的财富，从而在建筑上又形成了一个高潮。此时，建筑的重点在中小形教堂、花园别墅、府邸广场等，不惜使用贵重的材料来炫耀财富，建筑形象及风格以追求新颖、奇特、极尽装饰为美。因为这时期的建筑突破了欧洲古典的、文艺复兴时期的和古典主义的"常规"，所以被称为"巴洛克式建筑"。

14.2.1 巴洛克式教堂

罗马城里的一批天主教堂是巴洛克式风格的代表性建筑物。从 16 世纪末到 17 世纪初，是早期巴洛克式。这时的教堂，形制上严格遵守特伦特教会会议的决定，以维尼奥拉设计的耶稣会教堂为蓝本；但是这些教堂却不遵守特伦特教会会议要求教堂简单朴素的规定，反而大量装饰着壁画或雕刻，处处是大理石、铜和黄金，"富贵"之气流溢。

巴洛克式教堂形式新异，在建筑上主要表现有以下特征：

1) 节奏不规则地跳跃，比如多用双柱，甚至以 3 根柱子为一组，开间的宽窄变化也很大。

2）立面突出垂直划分，强调垂直线条的作用，并用双柱甚至三柱为一组，多层建筑作叠柱式，强调立面垂直感。

3）追求体积的凹凸和光影的变化，墙面壁龛处理得很深，多用浮雕且外凸明显，变壁柱为3/4柱或倚柱。

4）追求新异形式，故意使一些建筑局部不完整，如山花缺去顶部，嵌入纹章等雕饰，两种不同山花套叠，不顾建筑的构造逻辑使构件成为装饰品，线条为曲线，墙面为曲面，像波浪一样起伏流动（图14-7）。

5）刻意制造建筑的动态感、不稳定、空间流动性。随着视角的变化，所见的建筑也会发生很大的变化。运用雕刻和绘画，消解建筑各部分固有的界限，刻意制造"空间幻觉"。

巴洛克式教堂喜欢大量使用壁画、雕刻，效果璀璨缤纷、富丽堂皇，用以渲染室内的气氛，其特点如下：

1）壁画色彩鲜艳，格调明亮，对比强烈。

2）利用透视线延续建筑，扩大了空间，有时也在墙上作画，画框模仿窗洞，造成壁画仿佛是窗外景色的效果。

图14-7　圣卡罗教堂立面形式

3）常以动态构图，雕刻的特点也很突出：雕刻常以人像柱、麻花柱、半身像的牛腿、魔怪脸谱或用大自然的树草、丝穗等为题材；构图中主观臆断性很强，不考虑构图中是否需要，常随心所欲地设计。这些室内装饰特点是和巴洛克式建筑的外部形式相匹配的，使建筑风格得以统一。

由贝尔尼尼设计的圣安德烈教堂，平面是一个不大的横向椭圆，它的正立面较简洁，但包含着多种几何形状以及虚实、明暗的对比和呼应，变化丰富而整体性很强。但作为整个构图骨架的一对强有力的科林斯柱式壁柱与门前小廊的一对圆柱形成的强烈的尺度对比，又使小小的立面变得雄伟挺拔。它的内部比较简洁而又有大侧窗照明，宗教气息不强，穹顶上一些无拘无束的自由飞翔的小天使雕像，更使它显得亲切、活泼。

14.2.2　巴洛克式城市广场

这个时期，教皇们为使全欧洲各地来朝圣的人们惊叹罗马城的壮丽，信服天主教的正统，进行了规模很大的城市建设。由罗马建筑师封丹纳主持规划设计的广场、街道、喷泉，更使巴洛克式风格得以发展。广场的一侧往往有教堂来统率整个建筑群，这个广场便因此被认为是献给某个圣徒的。广场里有用雕刻装饰起来的水池，它们大多本是古罗马时期输水道的终点，供居民们汲水，因此分布在全城各处。封丹纳建造了数个广场和数十座喷泉，如罗马保拉喷泉等。在这些喷泉中，材料在"幻觉"中变形了，像特莱维喷泉上的石头刻成类似喷水和浪花的形状，并与古典人像相结合，给人以动感变化。

巴洛克式建筑的产生是有其社会性和建筑自身的原因的，可在两方面提供借鉴：

1）力求摆脱古典建筑的束缚。尽管巴洛克式建筑在结构方法上并无新的进步，但它创造了一些新的活泼、细致、丰富多彩的样式。巴洛克式建筑对直线已觉厌烦，特意向曲线上发展。这种非理性的设计，正是建筑师拓宽思路、摆脱常规的结果，但是走向了另一个极端。

2）社会大环境在建筑上的体现。这个时期正是封建制度在欧洲没落的日子，由于封建贵族追求富丽堂皇，贪婪享受，在建筑上炫耀财富、标新立异，才使这个时期的建筑追求形式主义，建筑师们的设计迎合了社会大环境的需要。

总之，从建筑艺术方面看，巴洛克式建筑是有别于以往的、破旧立新的、创造独特的时代建筑，它给予人们的文化财富使后世受益匪浅。

☆ 知识链接

巴洛克式作为一个艺术史分期的概述，上承文艺复兴时期，下接18世纪的洛可可式艺术。如果说文艺复兴是对古典建筑语言的恢复，那么巴洛克式则是在此基础上的修饰，如强调了光线、写实、视觉体验等特点。

单元总结

本单元概括地阐述了意大利文艺复兴时期建筑与巴洛克式建筑的一般历史背景与建筑知识，简要讲解了人文主义、科技进步等对其发展的影响；简要介绍了意大利文艺复兴时期建筑的发展与演变历程，概括地介绍了意大利文艺复兴时期建筑和巴洛克式建筑的典型代表作品及其特点和成就。

实训练习题

一、选择题

1. 佛罗伦萨主教堂穹顶的设计师是（　　）。
   A. 伯拉孟特　　　B. 米开朗基罗　　　C. 伯鲁乃列斯基　　　D. 拉斐尔

2. 圣彼得小教堂是（　　）式建筑。
   A. 希腊十字　　　B. 拉丁十字　　　C. 集中　　　D. 廊庙

二、简答题

1. 意大利文艺复兴时期府邸建筑的特点是什么？
2. 什么是巴洛克建筑风格？
3. 佛罗伦萨大教堂穹顶的历史意义是什么？
4. 圣马可广场的艺术特色有哪些？

教学单元 15

法国古典主义建筑与洛可可式建筑

教学目标

1. 知识目标

(1) 了解法国古典主义建筑与洛可可式建筑产生的背景。

(2) 掌握法国古典主义建筑风格和洛可可式建筑风格的主要特征及代表作品。

2. 能力目标

(1) 通过对法国古典主义建筑及洛可可式建筑艺术特色的认识，提高艺术鉴赏能力和设计能力。

(2) 能够通过典型案例分析法国古典主义建筑和洛可可式建筑的主要特点，并借鉴应用。

思维导图

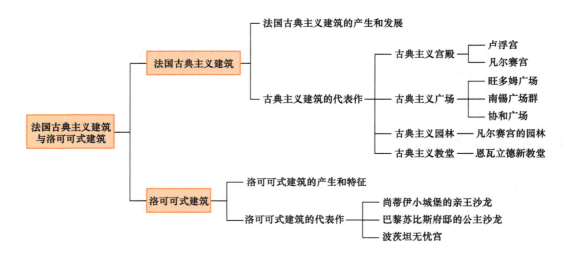

进入17世纪，欧洲文艺复兴的影响仍在蔓延，但在不同地区之间发展的差异性表现得越来越明显，并由此衍生出多种不同的风格形态。其中，在法国形成了绝对君权的古典主义。

◎ 15.1 法国古典主义建筑

15.1.1 法国古典主义建筑的产生和发展

法国古典主义建筑

法国资本主义萌芽在15世纪得以发展，并且在15世纪末建成了中央集权的民族国家，王权逐渐在各方面加强了影响，宫廷文化逐渐成为建筑文化的主角。

最初，法国建筑是以世俗建筑为主的，在15世纪末，世俗建筑基本定型，形成了整体明快的风格。窗子较大，作贴脸，有时用尖券和四圆心券，也作带有尖顶的凸窗；屋顶高而陡，檐口和屋脊作精巧的花栏杆，老虎窗经常冲破檐口；细部处常用小尖塔、华盖、壁龛等哥特式建筑风格加以装饰。

16世纪开始，受意大利文艺复兴影响，法国一些府邸建筑、猎庄、别墅开始以意大利建筑风格为标杆。在这些府邸建筑中，开始使用柱式的壁柱、小山花、线脚、涡卷等，也使用了意大利式的双跑对折楼梯。外立面是完全对称的，用意大利柱式装饰墙面，同时也加强了水平划分。四角碉楼被装饰性的圆形塔楼代替，高高的四坡顶以及数不清的老虎窗、烟囱等，使立面形体颇有中世纪的味道。

随着意、法两国的文化交流日盛，建筑师的互访，使意大利文艺复兴时期的建筑在16世纪中期对法国的影响达到了高潮。但随着法国民族主义的迅速发展和壮大，不久之后法国就超过意大利成为欧洲最先进的国家。法国建筑没有完全意大利化，而且产生了自己的古典主义建筑文化，反过来又影响意大利的建筑风格。这时期建造的宫廷建筑比较严谨，如枫丹白露宫、卢浮宫和杜伊勒里宫。

1. 早期的古典主义

17世纪以后，法国的王权统治进一步加强，王室建筑更加活跃。在建筑中，宫廷建筑首先吸取了意大利文艺复兴时期建筑中的权威性、庄严性部分，表现在立面上是刻意地追求柱式的严谨和纯正，十分注意理性、结构清新、脉络严谨的精神。这便是法国早期古典主义建筑的主要特点，而与意大利同期盛行的巴洛克式建筑风格大相径庭，其中具有代表性的建筑物有麦松府邸等。

在这一时期，法国古典主义建筑理论也日益成熟，并为日后的绝对君权时期建筑的发展奠定了理论基础。1648年，法国成立了"皇家绘画与雕塑学院"，之后又成立了建筑学院，培养出一批懂古典主义建筑的宫廷御用建筑师。他们的建筑观充满古典主义思想，认为古罗马的建筑包含着超乎时代、氏族和其他一切具体条件之上的绝对规则，极力推崇柱式，倡导理性，反对表现感情和情绪。

2. 绝对君权时期建筑

17世纪前期在法国，路易十四成为至高无上的统治者。为维护统治者的威严、气概，建造空前的、雄伟的纪念性宫廷建筑，可以达到威慑、炫耀的目的。这些建造主要围绕巴黎展开，建筑风格是以古罗马建筑为蓝本，再经过设计师的理解完成的。

3. 君权衰退和洛可可式建筑

18世纪初，法国的专制政体出现了危机，经济面临破产，宫廷糜烂透顶，贵族和资产阶级上层不再挖空心思挤进凡尔赛,而宁愿在巴黎营造私邸,从此贵族的沙龙对统治阶级的文化艺术产生了主导作用,代替前一时期的尊严气派,这种新的文学艺术潮流称为"洛可可式"。

15.1.2 古典主义建筑的代表作

1. 古典主义宫殿

1)卢浮宫。典型的实例是1667年经过设计竞赛完成的卢浮宫东立面,这是一个较为典型的古典主义建筑作品,完整地体现了古典主义的各项原则。卢浮宫东立面全长172米,高约28米,中央和两端各有突出部分将立面分为五段。两层高的巨柱式柱子以双柱的形式排列,形成空柱廊,上段为檐部和女儿墙(图15-1)。

① 完整的立面构图。立面的左右方向分成五段,上下方向分成三段,使每个方面都很完整,由于有一个明确的垂直轴线使构图在中央形成统一,充分体现了建筑的性质。

② 立面重点部分突出。立面中段空柱廊高3.79米,凹进4米,外用双柱,形成了稳定的节奏,强烈的光影变化使立面构图十分丰富。

③ 摒弃传统的高屋顶。传统的高屋顶颇有中世纪的遗风,和古典主义相左,卢浮宫东立面选用意大利的平屋顶更好地体现了建筑的整体感、完整性。

2)凡尔赛宫。在法国绝对君权时期的建筑史上,凡尔赛宫可称得上伟大的里程碑,这个君王的宫殿代表着当时法国建筑艺术和技术的高超成就。

凡尔赛宫位于巴黎西南,原址是路易十三的猎庄,原来的主体建筑是一个传统向东敞开的三合院形式。凡尔赛宫的主要建筑基本上是围绕旧府邸展开的。先是在原三合院式建筑的南、北、西三面"贴上"一圈新建筑物,保留"U"形平面;后在"U"形的两头,按南北方向延伸,两翼形成南北方向长达580米的主体建筑(图15-2)。建筑立面上下分三段,底层为石墙基底,中段采用柱式,形成光影变化,构图形式十分稳定。原三合院式建筑扩大形成御院,东边两翼又用辅助房间围成一个前院,在东边是宫前的三条放射状大道,其中两侧的大道通向两处离宫;中间的大道通向巴黎市区的爱丽舍田园大道,三条大道的分歧处夹着两座御马厩。

凡尔赛宫

图15-1 卢浮宫(东立面)

图15-2 凡尔赛宫

2. 古典主义广场

1)旺多姆广场(图15-3)。旺多姆广场由于·阿·孟莎设计,广场平面为当时时兴的抹去四角的矩形，广场尺寸为141米×126米，一条大道在短边的正中通过。广场建筑皆为三层，其中底层是重石块券廊。广场中心立着路易十四的骑马像。19世纪以后，路易十四骑马像被拿破仑的纪功柱所代替，纪功柱高43.5米。整个广场轴线明确、中心突出、构图稳定，起到了美化城市的作用。

2）南锡广场群。南锡广场群的设计人是勃夫杭和埃瑞·德·高尼，广场群的北头是长圆形的王室广场，南头是长方形的路易十五广场，中间由一个狭长的跑马广场相连接。南锡广场群南北总长大约450米，按纵轴线对称排列。王室广场的北边是长官府，它两侧伸出券廊，呈半圆形；南端连接跑马广场两侧的房屋。跑马广场和路易十五广场之间有一道宽40～65米的河，沿广场的轴线筑着约30米宽的坝，坝两侧也有建筑物，坝的北头是一座凯旋门。

路易十五广场的南沿是市政厅，其他三面也有建筑物，有一条东西向的大道穿过广场，形成它的横轴线。在纵、横轴线的交点上安装着路易十五的立像，面向北面。路易十五广场的四个角是敞开的，北面的两个角用喷泉作装饰，紧靠着河流；南面的两个角联系着城市街道。南锡广场群形体多样，既统一又富于变化，既开敞又封闭。

3）协和广场（图15-4）。协和广场位于巴黎市，由雅克·昂日·卡布里耶设计。广场在塞纳河北岸，它东临杜伊勒里花园，西接爱丽舍大道，都是宽阔的绿地；南面，沿河同样是浓荫密布。广场的八个角上，各有一尊雕像，象征着法国八个主要的城市。在正中是路易十五的骑马铜像，两侧各有一个喷泉。协和广场出色地起到了从杜伊勒里花园到爱丽舍大道的过渡作用，成为从杜伊勒里宫到星形广场的巴黎主轴线上的重要枢纽。

图15-3 旺多姆广场

图15-4 协和广场

3. 古典主义园林

凡尔赛宫的园林在艺术上同样树立了古典主义园林的典范。园林在凡尔赛宫的背面（西面）展开，以宫殿轴线为构图中心，分宫殿、花园、林园几个层次逐步展开，中轴线长达3000米。贴近宫殿西面的是由几何形花坛和水池组成的花园；向西是小林园，是由树木密密包围起来的一些独立景区；再向西是大林园，有一个十字形的人工运河，运河的北端是大、小特里阿农宫苑。凡尔赛宫园林内的道路、树木、水池、亭台、花圃、喷泉等均呈几何图形（图15-5），有统一的主轴、次轴，构筑整齐划一，透溢出浓厚的人工修凿的痕迹，体现出路易十四对君主政权和秩序的追求。园中道路宽敞，绿树成荫，草坪、树木都修剪得整整齐齐，喷泉随处可见，雕塑比比皆是，且多为美丽的神话传说的描写。园林中的拉多娜池，中央4层圆台层层跌落，台边装饰着会喷水的青蛙雕像，中央高台上是太阳神阿波罗的母亲拉多娜，一手护着幼小的阿波罗，一手似乎在遮挡四周向她喷来的水柱。

4. 古典主义教堂

恩瓦立德新教堂是法国17世纪十分典型的古典主义建筑。教堂是为巴黎荣军院建造的，目的是表彰"为君主流血牺牲"的人。建筑师于·阿·孟莎大胆采用了正方形的希腊十字式平面，四角是四个圆形的祈祷室。鼓座高高举起饱满有力的穹顶，形成集中式构图，高达105米的穹顶成为一个地区的构图中心（图15-6）。穹顶分三层，外层为木架搭建，覆铅皮；中层用砖砌；内层为石头砌筑，内层正中有一个直径约16米的圆洞，从圆洞内可看见外层穹顶内表面的耶稣画像。建筑外部简洁、庄严，几何图形明确，穹顶表面12根肋之间的铅制"战利品"浮雕全部贴金，在绿色底的映衬下辉煌夺目。教堂内部较明亮，石料袒露着土黄本色，不加饰面。

图15-5　凡尔赛宫园林

图15-6　恩瓦立德新教堂

◎ 15.2　洛可可式建筑

15.2.1　洛可可式建筑的产生和特征

18世纪20年代，洛可可式建筑风格产生于法国，并在欧洲流行，主要表现在室内装饰上。"洛可可"一词由法语Rocaille演化而来，原意为建筑装饰中的一种贝壳形图案。1699年，建筑师、装饰艺术家马尔列在金氏府邸的装饰设计中大量采用这种曲线形的贝壳纹样，洛可可式建筑由此得名。

洛可可式建筑

18世纪初，法国的专制政体出现危机，王权衰退，宫廷失去了吸引力。这时期国家性的、纪念性的大型建筑显著减少，取而代之的是大量舒适安谧的城市住宅和小巧精致的乡村别墅。在这些住宅中，美轮美奂的沙龙和舒适的起居室取代了豪华的大厅。洛可可式艺术风格纤弱娇媚、华丽精巧、甜腻温柔、纷繁琐细，它以欧洲封建贵族文化的衰败为背景，表现了没落贵族阶层颓丧、浮华的审美理想和思想情绪，他们受不了古典主义建筑的严肃理性和巴洛克式建筑的喧嚣放肆，追求闲适逸乐。

☆知识链接

洛可可式艺术风格的倡导者是蓬帕杜夫人，她不仅参与军事、外交事务，还以文化"保护人"身份影响着当时的艺术风格。洛可可式艺术风格最初出现于建筑的室内装饰，后来扩展到绘画、雕刻、工艺品和文学领域。由于受到了当时法国国王路易十五的大力推崇，也被称为路易十五艺术风格。

洛可可式建筑风格主要表现在室内装饰上，主要特点有以下方面：

1）在室内排斥一切建筑母题。以前用壁柱的地方改用镶板或镜子，四周加纤巧的边框。檐口和小山花被凹圆线脚和柔软的涡卷代替；圆雕和高浮雕变成了色彩艳丽的小幅绘画和浅浮雕。线脚和雕饰都是细细的、薄薄的，没有体积感。室内护壁大多用木板，涂以白色或木材本色，有时做成精致的框格，中间衬浅色的东方织锦。

2）装饰题材有自然主义的倾向。洛可可式建筑风格最爱用的是千变万化的舒卷着、纠缠着的草叶，还有蚌壳、蔷薇和棕榈等。镜框、门窗框、壁炉架和家具腿也由这些元素构成了模仿植物的自然形态，它们的构图完全不对称，建筑部件也做成不对称形状，变化万千，有时会流于矫揉造作。

3）爱用娇艳的颜色，如嫩绿色、粉红色、玫瑰红色等。线脚大多是金色的，顶棚上涂天蓝色，画白云。柔和轻快的色泽给人轻松舒适之感。

4）喜爱闪烁的光泽。墙面大量镶嵌镜子，在镜前摆放烛台，烛光摇曳、虚幻迷离；室内大量使用金漆，挂水晶吊灯，摆放瓷器，家具上镶螺钿，壁炉用抛光大理石，洛可可式建筑对光泽的追求令人耳目一新。

5）尽量避免直线和直角，喜欢用贝壳纹样曲线、"C"形与"S"形曲线、涡旋状曲线等，顶棚和墙面等处的转角处常用涡卷花草或涡卷璎珞等进行软化或掩盖处理。

15.2.2 洛可可式建筑的代表作

洛可可式建筑的代表作有尚蒂伊小城堡的亲王沙龙、巴黎苏比斯府邸的公主沙龙、波茨坦无忧宫等。

巴黎苏比斯府邸的设计者勃夫杭是洛可可式建筑的名手之一。府邸的外观很简洁，除阳台的铁花栏杆外，与其他城市住宅无异。但室内装饰却是洛可可式建筑风格的，从外观上很难想象出室内空间的气质。其内部的公主沙龙（图15-7），各种纤巧繁缛的花纹、曲线遍布墙面、顶棚各处，顶棚和墙面以弧面相接，大面镜子、镶板、绘画、娇艳的色彩、水晶吊灯和家

图15-7 巴黎苏比斯府邸的公主沙龙

具等形成了娇柔、妩媚、充满幻想的空间氛围。

单元总结

本单元概述了法国古典主义建筑与洛可可式建筑的发展状况，分析了法国古典主义建筑的代表作品，简要分析了洛可可式建筑的风格特征及其代表作品。

实训练习题

一、填空题

1. 卢浮宫东立面全长 172 米，高约 28 米，中央和两端各有突出部分将立面的左右方向分成＿＿＿＿＿＿＿＿，上下方向分成＿＿＿＿＿＿＿＿。

2. 旺多姆广场是由＿＿＿＿＿＿＿＿设计的。

3. 18 世纪 20 年代，洛可可式建筑风格产生于法国，并在欧洲流行，主要表现在＿＿＿＿＿＿＿＿。

4. 1699 年，建筑师、装饰艺术家马尔列在金氏府邸的装饰设计中大量采用曲线形的＿＿＿＿＿＿＿＿纹样，洛可可式建筑由此得名。

二、选择题

1. 在法国绝对君权时期的建筑史上，（　　）可称得上伟大的里程碑，这个君王的宫殿代表着当时法国建筑艺术和技术的高超成就。
   A. 卢浮宫　　　　B. 枫丹白露宫　　　C. 凡尔赛宫　　　D. 杜伊勒里宫

2. 以下属于古典主义风格建筑的是（　　）。
   A. 旺多姆广场　　B. 波波罗广场　　　C. 纳沃那广场　　D. 圣马可广场

3. 以下建筑不属于洛可可式建筑的是（　　）。
   A. 巴黎苏比斯府邸　　　　　　　　　B. 鲁切拉府邸
   C. 波茨坦无忧宫　　　　　　　　　　D. 尚蒂伊小城堡

三、简答题

1. 简述卢浮宫东立面的特点。
2. 法国古典主义园林的代表作和特点是什么？
3. 洛可可式建筑主要表现在室内装饰上的特点是什么？

教学单元 16

新建筑运动

教学目标

1. 知识目标

（1）了解新建筑运动的社会背景和文化基础。

（2）理解新建筑运动中主要流派的思想理论。

（3）掌握欧洲新建筑运动中工艺美术运动、新艺术运动、维也纳分离派、德意志制造联盟等学派的主张及代表建筑。

（4）掌握美国新建筑运动中芝加哥学派、草原风格学派的主张及代表建筑。

2. 能力目标

（1）能够结合当时的时代背景，分析各建筑学派的主要理论和代表作品，提高建筑艺术赏析能力。

（2）能够理解各建筑学派主要的设计思想和设计创新之处，提高对建筑作品的分析能力和设计创作能力。

思维导图

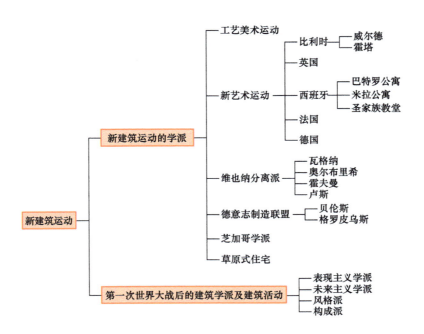

217

19 世纪后期，欧美地区各国都进入了资本主义经济高速发展阶段。经济的迅速发展，成为现代建筑和城市最基本、最重要的催生剂，工业发展、人口居住、交通运输、能源设施等方面新建筑的要求前所未有，在这种新的社会需求压力下，建筑和城市规划设计进入了崭新的阶段。

随着建筑技术与材料创新的巨大进步，钢铁、玻璃、混凝土等新材料的大量生产和应用，建筑的技术、功能与形式之间的矛盾也日益尖锐，一批新锐建筑师对古典建筑形式的"永恒性"与"神圣性"提出了质疑，并积极开展了对新建筑形式的探索，掀起了一场积极探究新建筑的运动，发起了很多具有广泛影响力的学派活动与艺术运动，并最终催生出了现代主义建筑。

◎ 16.1 新建筑运动的学派

新建筑运动作为一个探求新的建筑设计方法的运动，在欧美地区表现较多，在不同国家催生了很多分支学派。其中影响较大的有工艺美术运动、新艺术运动、维也纳分离派、德意志制造联盟、芝加哥学派、草原风格学派。

16.1.1 工艺美术运动

工艺美术运动出现在 19 世纪 50 年代的英国，又称为艺术与手工艺运动，在工业化发展的特殊背景下，由一小批英国和美国的建筑家和艺术家为了抵制工业化对传统建筑、传统手工艺的威胁，为了复兴以哥特式建筑风格为中心的中世纪手工艺风气，为了通过建筑和产品设计体现民主思想而发起的一个具有很大的实验性质的设计运动，是英国小资产阶级浪漫主义与文艺思想在建筑和日用品设计上的反映。

工艺美术运动

工艺美术运动遵循拉斯金的理论，主张在设计上回溯到中世纪的传统，恢复手工艺行会传统，主张设计的真实、诚挚，形式与功能的统一，主张设计装饰从自然形态吸取营养，其目的是实施"诚实的艺术"。工艺美术运动在建筑上主张建造田园式住宅，以此摆脱古典建筑形式；在装饰上，反对过分的装饰，反对哗众取宠，提倡中世纪的哥特式建筑风格，崇尚自然主义及东方装饰艺术。

☆知识链接

工艺美术运动具有非常强烈的自我建筑设计原则，其中特别重要的是强调以功能性作为设计的主要考虑对象，突出功能第一的原则；强调就地取材，采用本地的建筑方法和技术；尽量控制装饰的深度，如果使用历史装饰风格，必须考虑装饰与本地建筑历史之间的文脉关系。

建筑师韦伯在英国肯特郡设计建造的"红屋"住宅（莫里斯红屋，如图 16-1 所示）是工艺美术运动的代表作。莫里斯红屋是 1859 年建筑师韦伯为莫里斯设计建造的新婚住宅，这座建筑依据使用功能采用了不同于古典建筑的非对称式布局。住宅采用"L"形平面，共两层。首层为门厅、厨房和其他服务用房；二层布置了主卧室和其他休息用房。内部空间灵活布置，用南侧楼梯将其联系起来。功能流线安排十分合理，每个房间都能自然采光。之所以用"红屋"命名，是因为这座住宅主要是由本地生产的红砖建造而成的，并大胆摒弃了传统的贴面装饰，不施粉刷，直接将红砖暴露在外，由砖瓦的本色形成自然的装饰效果，充分表现出材料本身所具有的质感，创造出安逸舒适的居住气氛。莫里斯红屋的外观充满浓郁的田园气息，形态自由活泼，沿用了英国乡间住宅的传统坡屋顶式样，高高的坡顶根据房间的大小灵活地穿插组合在一起，墙面上开设有大量形式各异的小窗，均采用彩色玻璃拼贴画作装饰，具有明显的中世纪建筑痕迹（图16-2）。莫里斯参加了室内装饰的设计工作，设计了整个建筑的室内空间、家具等，包括自然植物图案的壁纸、地毯和窗帘，以及造型简洁流畅的家具等，强调装饰的形式与功能。莫里斯红屋从家具到室内空间，风格统一、浑然一体，具有浓厚的英国田园风情，营造出和谐、自然、舒适的氛围。

图 16-1　莫里斯红屋

图 16-2　莫里斯红屋彩色玻璃窗

☆**知识链接**

以莫里斯红屋为代表的工艺美术运动，将功能、材料与造型进行有机结合，对后期新建筑的发展具有重要的启示作用，引导了英国住宅设计从对历史风格的模仿向朴素雅致的乡土风格的转变，为以后的居住建筑找到了较为适用、灵活与经济的表现形式。

莫里斯红屋的建筑意义在于：

1）非对称的平面布局，按功能要求安排房间，突破了传统住宅的面貌与布局手法，在居住建筑设计合理化上迈出了一大步。

2）表现了建筑材料的自然属性。莫里斯红屋使用的是当地的红砖，而且不加任何装饰，充分体现了工艺美术运动崇尚自然的思想。

3）艺术造型独特，是功能、艺术、材料相结合的范例，对后来的现代主义建筑有积极影响。

莫里斯等人始终厌恶机器，把机器看成一切文化的敌人，向往过去和主张回归手工艺生产，主张恢复人的手工技艺，反对机械化、工业化，这种思想显然是不合时宜的。工业化已经不可逆转，20世纪初期由莫里斯和罗斯金等人倡导的工艺美术运动走向没落，但是它的影响遍及欧洲各国，并促成了欧洲另一场更为深入、更为广泛的艺术思潮——新艺术运动的产生。

16.1.2 新艺术运动

新艺术运动是欧洲探索新建筑的一个重要学派，于19世纪末产生于比利时的布鲁塞尔，并在法国广为流传。新艺术运动创始人之一为画家亨利·凡·德·威尔德。这一学派被看成是改变欧洲建筑形式的信号，一经产生就影响深远，并席卷整个欧洲大陆，形成不同特色的新艺术运动建筑。它波及建筑、家具、工艺品、书籍装帧、绘画、珠宝、舞台设计等多个领域。

这一学派认为建筑在本质上是一场装饰运动，即以建筑装饰为中心，试图创造一种前所未有的、适应工业化社会特征的、以抽象的自然花纹与曲线为主的装饰手法，同传统的折衷主义装饰相抗衡，是现代设计简化过程中的重要步骤。

新艺术运动的主要思想及表现形式如下：

1）主张艺术要来源于自然、学习自然，受工艺美术运动和莫里斯的影响较深。这一学派的艺术家们认为自然本身所具备的美是有生命力的，他们将自然界的花木作为建筑装饰的主要素材。

2）崇尚曲线，新艺术运动又称为"曲线风格"，艺术家们从自然界中的藤蔓等植物中吸取灵感，创造出一种以自然纹样为母题，以波动的、敏感的、缠绕的曲线来装饰他们的作品。

3）善于使用铁构件，铁容易加工成各种流畅的曲线，建筑师们将其运用到建筑的楼梯、阳台栏杆和门窗棂等处。

新艺术运动在比利时、英国、西班牙、法国、德国等国家中较为流行。

1. 比利时

比利时是新艺术运动的策源地之一，作为欧洲较早实现工业化的国家之一，工业制品的艺术质量问题在这里显得尤为尖锐，而比利时自由、开放的文化氛围使得布鲁塞尔在19世纪中期之后成为欧洲先锋艺术的中心之一。

1）威尔德。作为新艺术运动创始人之一的威尔德，原是画家，19世纪80年代致力于在绘画、装饰及建筑领域寻求一种不同于以往的艺术风格。以威尔德为代表的比利时新锐建筑师们极力反对历史样式，主张创造一种前所未有的、能适应工业时代精神的装饰艺术手法，并在装饰主题上运用大量的模仿自然界藤蔓植物的自由连续的纤细曲线，并使用大量的铁构件。

2）霍塔。维克多·霍塔是比利时新艺术运动的重要人物，他擅长铁艺、铸铁构建方法，赋予建筑以张力，他对于弧线的运用出神入化，既实用又美妙，喜用藤蔓植物那样相互缠绕和扭曲的线条，这些曲线图案成为新艺术运动风格的标志。1893年，霍塔按照新艺术运动的精神为一位实业家设计了建筑史上第一幢具有新艺术运动风格的建筑——塔塞尔公馆（图16-3）。这座新艺术运动风格建筑的外观表现为钢铁框架与玻璃窗相组合的现代主义建筑模式，并设置了曲线优美的铁艺栏杆，展现出新艺术运动对装饰性的重视。建筑的室内装饰热情奔放，楼梯的栏杆由裸露的铸铁打造而成，处处都是令人难以置信的优美曲线，墙壁上、屋顶上、地面上、楼梯的扶手、小支柱和小梁等处无一例外地装饰着卷藤图案（图16-4）。

图16-3　塔塞尔公馆外立面

图16-4　塔塞尔公馆内部

霍塔在1897年设计的"民众之家"，是工业技术与装饰艺术相融合的有力尝试。他在内外墙面和栏杆、窗棂等部位大量使用铁构件，将直接裸露在外的铁框架与大片的玻璃和砖融为一体。金属构件的柔美曲线展现出结构的韵律美，使建筑看起来柔和了许多。

霍塔在1897年设计的布鲁塞尔人民宫（图16-5）是工业技术与装饰艺术融合的有力尝试，铁框架直接裸露在建筑外立面上，与大片玻璃组合成外墙，金属结构上的钢钉也不加掩饰，坦然裸露。室内金属梁架也直接暴露出来，展现出结构的韵律美。室内外的金属构件上有许多或简或繁的曲线，使硬冷的金属材料看起来柔和了许多。

图16-5　布鲁塞尔人民宫

2. 英国

在英国，新艺术运动中较有影响力的代表人物是麦金托什，他所设计的格拉斯哥艺术学院，室内外都表现出新艺术的精致细部与朴素的传统苏格兰石砌体的对比，室内空间按功能进行组合，柱、梁、顶棚及悬吊的饰物上使用了明显的竖向线条及柔和的曲线（图16-6）。麦金托什的家具设计别具特色，特别是他设计的高背椅（图16-7），造型比较夸张，是格拉斯哥学派设计风格的集中体现。

图16-6　格拉斯哥艺术学院阅览室　　　　　　　图16-7　麦金托什设计的高背椅

在装饰风格上，麦金托什将早期的植物图案转换成晚期的三角、方形等几何图形，家具上多用方格栅，窗板也采用纤细的方格结构。麦金托什的设计风格以及他把使用功能与艺术创作的有机结合，对维也纳分离派产生了深刻的影响。

3. 西班牙

独特的地域文化使得西班牙的新艺术运动表现出与欧洲其他地区不尽相同的艺术风貌。加泰罗尼亚地区作为西班牙的经济中心、工业基地和文化中心，颇具自由主义气息，正是这块土地孕育了一位具有个人风格的建筑大师——安东尼·高迪，他是西班牙新艺术运动十分重要的代表人物。高迪的建筑活动主要集中在巴塞罗那，虽然他的艺术风格被列为新艺术运动一派，但其艺术形式的探索中却另辟蹊径，以诡异的设计手法成就了极端化、具有宗教气氛的新艺术运动作品，建筑形态繁琐、复杂，充满自然主义与神秘主义气息。他将自然界视作自己永不枯竭的灵感源泉，将新艺术运动风格的有机形态、弯曲线条等元素发挥到了极致。

1）巴特罗公寓。建于1904～1906年的巴特罗公寓是高迪富有创造性的建筑作品之一，其新奇的外部造型洋溢着如海洋生物般迷人的气质，起伏的屋脊如同带有鳞片的蛟龙脊背，栏杆和柱子形如骨骼。屋顶上的尖塔及其他突起的有机形态个个造型怪异、奇特，并用小块彩色陶瓷及玻璃来做外部贴面，充满神秘气氛。所有这些元素汇聚在一起，综合呈现了一种异乎寻常的连贯性，赋予这座公寓以无限的生机，如图16-8、图16-9所示。

2）米拉公寓（图16-10）。位于街道转角处的米拉公寓进一步发挥了高迪的奇思妙想，它的墙面凹凸不平，如同波浪一样在大海中汹涌鼓动，富有动感，一个又一个的洞状立面大窗如同一个巨大的蜂巢或一块被海水长期侵蚀后布满孔洞的岩石。公寓屋顶高低错落，呈蛇形曲线，到处可见蜿蜒起伏的曲线，连公寓的内部也没有任何直角，包括家具在内的所有细节之处都尽量避免采用直线形态。立面的外墙，用人工凿得砂石外露。公寓屋顶的烟囱和通风管道被塑造成怪异的突起物。高迪还为建筑设计了两个天井，用来采光和通风，令公寓的每一户都可以双面采光。这座建筑作品具有浪漫的塑性艺术特色，是新艺术运动有机形态、曲线风格发展到极端化的代表作品。

图 16-8　巴特罗公寓外观顶部

图 16-9　巴特罗公寓阳台

图 16-10　米拉公寓

3）圣家族教堂（图 16-11）。高迪在新艺术运动中具有突出影响力和表现力的作品是圣家族教堂。1884 年之后，高迪把他毕生的才华和精力奉献给了这座教堂，这座建筑至今仍未完工，仍在建造。这个教堂的有机结构和外形，整体上延续了巍峨壮丽的哥特式建筑风格，但它的结构与装饰却是新颖的。高迪用柔软的塑性造型代替了哥特式建筑冷峻的线条，以各种曲线与曲面组合而成，充满了韵律感与流动性，用以平衡、舒缓哥特式建筑的严谨与刻板。钟塔的造型也是极富创造性的，类似于旋转的抛物线，这样的结构使钟塔看起来无限向上，延伸很高，形成类似哥特式的建筑却又拥有更强烈的视觉效果。整座建筑没有遵循任何古典教堂设计的清规戒律，具有强烈的雕塑式的艺术表现特征，并大胆地向当时四处扩张的工业化风格发起挑战，其设计目的是为了抗衡日益增长的工业化影响。

高迪设计的建筑外形追求一种超脱的自然美，突出个人的独创风格，由于其建筑风格过于奇特，过于追求建筑的表现形式，而很少考虑经济效益、技术的合理性、施工效率等问题，其作品在当时就引起了很大争议。直到 20 世纪后期，他才被推崇到很高的地位。

a)　　　　　　　　　　　　　　　b)

图 16-11　圣家族教堂

a）圣家族教堂外景　b）圣家族教堂内景

4. 法国

法国是新艺术运动的主要发源地之一，在这场新艺术运动思潮的实践中，巴黎的表现不容小觑。19 世纪末到 20 世纪初，许多重要的现代艺术运动和现代设计运动和巴黎有密切的关系。法国在新艺术运动中具有代表性的建筑师是赫克托·吉马德，他主张拒绝传统，热衷于植物母题和自然曲线的表现，但并非一味模仿自然，而是以极度抽象而简单的线条来勾勒自然的内在特征，将线的组合和运动方式发挥到极致。

1898 年，吉马德因设计巴黎拉封丹路 14 号的贝朗榭公寓而声名大噪，但是更具代表性的作品是巴黎百余个地铁口设计。这些地铁口在结构上使用了大量的预制建筑构件，全部采用玻璃、青铜和其他金属类材料，将优雅的艺术造型与现代工业的材料和技术结合在一起，赋予新艺术运动更为深远的历史意义。吉马德充分发挥了他的自然主义特点，模仿植物的结构来设计，这些地铁口的顶棚和栏杆均模仿植物的有机曲线形态，如扭曲的树枝、缠绕的藤蔓，挺拔又富有生机，十分生动活泼。他以卓越的技巧将质地坚硬的建筑材料与自然界中的植物等柔性素材统一起来，金属材质的"硬"与植物的"软"形成了十分有趣的对比，刚柔相济，体现着艺术的表现力和艺术家的创造力。有的地铁口顶棚还采用了海贝和海螺等形状，仿佛一把撑开的透明伞。这些金属的地铁口深受巴黎市民的喜爱，迄今保留完好，成为新艺术运动浓墨重彩的一笔，如图 16-12 所示。

图 16-12　吉马德的地铁口设计

5. 德国

德国的新艺术运动被称为"青年风格派"，以奥尔布里希、贝伦斯、恩德尔等一批建筑师为首，代表作主要有贝伦斯住宅、埃尔维拉照相馆和慕尼黑剧院等。青年风格派反对机械风格和大工业的产品设计，开始摆脱单纯的装饰性，朝现代主义的功能主义方向发展，被视为新艺术运动与现代主义设计之间的一个过渡性阶段。新艺术运动的风潮在德国持续的时间并不算长，很快便朝着早期现代主义的方向转变了。

16.1.3 维也纳分离派

在新艺术运动的影响下，奥地利形成了以瓦格纳为首的维也纳学派。1897年，瓦格纳与其学生在内的一批前卫艺术家组成了一个艺术特点更鲜明、影响更深远的艺术团体，因标榜与传统和正统艺术分道扬镳，故被称为"分离派"，也就是维也纳分离派。他们反对僵化，主张与过去的传统彻底决裂，寻求表达的自由；他们反对多余的装饰，认为艺术构图应以几何体组合为主，主张几何造型和机械化的生产技术相结合。维也纳分离派往往采用一种抽象的表现形式，体量简洁，用大片整洁的墙面，纵、横向直线条和简单有力的几何体来体现工业社会的时代精神，与新艺术运动所追求的自然主义有机形式形成鲜明对比。维也纳分离派对装饰的实用性持谨慎态度，大都仅在局部使用，且多为直线形式。

1. 瓦格纳

1905年，瓦格纳设计的维也纳邮政储蓄银行（图16-13），是维也纳分离派的代表作，也被认为是现代建筑史上的里程碑。这座令人耳目一新的建筑主体十分雄伟，摒弃了新艺术运动的自由曲线装饰，而选择了纵、横向的直线条风格，墙面装饰与线脚大为简化，即使可见的曲线也只是作为装饰之用，更关注建筑的功能性，充满了现代感。

a)   b)

图 16-13 维也纳邮政储蓄银行
a）银行外观图　b）银行内景

2. 奥尔布里希

1897～1898年，瓦格纳的学生奥尔布里希为维也纳分离派设计了一座展览馆（图16-14）。这座建筑展示了奥尔布里希在建筑创作中对一些新的设计手法所做的探索，也体现了分离派设计理念最为核心的主张，其设计在形式上比起老师更加重视简单几何形式的现代感。建筑采用简洁有力的新艺术运动风格的装饰，由大小不同的矩形体块构成，只在顶部装饰了一个金属镂空球，使得这个厚重的纪念碑式建筑显得十分雅致和灵动。立面上也少有装饰，只有极少数的植物纹样图案。简洁的立方体、整洁的墙面、水平的线条、平整的屋顶，这些手法的综合使用使得这座建筑看起来庄重而典雅。其规整的外形初步具有了20世纪20年代现代主义建筑的一些基本特征，也表现出理性主义重视功能的设计思想和手法，历史价值十分重大。

图 16-14　维也纳分离派展览馆

3. 霍夫曼

维也纳分离派中的另一位有影响力的设计师约瑟夫·霍夫曼，他在家具设计和建筑设计方面有很大的成就。受瓦格纳与麦金托什的影响，倾向于几何形、直线条构造和黑白色调的简洁装饰，在现代设计道路上也走得更远。他主张抛弃当时在欧洲极为流行的"过度的纯装饰"，力求艺术与技术完美结合，体现产品的实用性，其作品往往具有鲜明的现代感。他设计的布鲁塞尔斯托克雷特宫，造型简洁单纯，已经完全抛弃了装饰、曲线，基本呈立方形体，以混凝土为建筑主体，细节部分有少数精致的浮雕和立体雕塑装饰，直接地体现了他的立方体风格。室内外风格统一，采用同样的风格，空间宽敞，墙面平直。该建筑采用的混凝土和金属构件相得益彰，更多地表现出对功能主义的追求。

4. 卢斯

对新建筑运动影响很大的维也纳建筑师阿道夫·卢斯见解独到，在艺术探索的道路上走得很远。他直接设计的作品虽然不多，但他所提出的一些艺术设计的原则却影响了一大批人。他主张建筑应以实用为主，反对将建筑列入艺术范畴，反对建筑上有任何装饰，认为"装饰即罪恶"，这种主张去除一切多余和无用元素的思想反映了当时在批判"为艺术而艺术"中的另一种极端思想。1910 年，卢斯在维也纳设计建造了一座几乎没有装饰的房子——斯坦纳住宅（图 16-15），整座建筑由简洁的立方体组合，门窗也都是长方形，外观极为朴素，光洁的墙面上不做任何多余的装饰，只是在入口立面的二三层作圆弧状曲线，将墙体与屋面结合在一起。该住宅很好地体现了卢斯简化无用装饰的理论，表达了他对工业化社会建筑发展的一种理想化探索，斯坦纳住宅使卢斯成为"国际式"建筑的先驱。虽然他的观点在今天看来过于偏激了，但在当时有不少建筑装饰过度的情况下，矫枉过正是难免的。

图 16-15　斯坦纳住宅

☆ **知识链接**

事实上，人们常常挂在嘴边的"现代"一词在建筑上的使用，就始自瓦格纳于1896年所写的《现代建筑》一书。在这本书中，他提出现代建筑设计的核心部分是交通或者交流系统设计，建筑应该以交流、沟通、交通为中心进行设计，以促进交流、提供方便的功能为目的，装饰也应该为此服务。

16.1.4 德意志制造联盟

在穆特修斯的倡导下，1907年在德国成立了有企业家、工程技术人员、艺术家参加的全国性的组织"德意志制造联盟"，目的在于提高工业产品的质量以开辟国际市场。提出的指导思想是运用先进的工业技术，经过优良的设计，生产质地优良、美观实用的产品，范围从日用品到房屋建筑。该联盟促进了德国建筑领域的创新活动向与工业结合的方向发展。

德意志制造联盟的成立宣言表明了这个组织的目标："通过艺术、工业与手工艺的合作，用教育、宣传及对有关问题采取联合行动的方式来提高工业劳动的地位。"联盟成员的建筑作品，如贝伦斯的德国通用电气公司透平机车间（图16-16）、格罗皮乌斯的德意志制造联盟展览会办公楼，都具有了现代建筑的特征。

图16-16 德国通用电气公司透平机车间

1. 贝伦斯

德意志制造联盟在建筑领域的核心人物彼得·贝伦斯是一位享有威望、经验丰富的建筑师。他认为建筑要符合功能要求，现代结构应当在建筑中表现出来，这样才会产生全新的建筑形式。在这一理念的支撑之下，他使用现代的建筑结构和建筑材料，从建筑的实用角度出发，秉承功能主义的立场，设计了一系列前所未有的新建筑，成为现代主义建筑设计的重要奠基人之一，在过去与现代之间、在传统与创新之间搭起了一座桥梁。

德国通用电气公司透平机车间在当时的德国拥有很大的影响力，被誉为第一座真正的"现代建筑"。其造型简洁，摒弃了任何附加的装饰，是贝伦斯建筑新观念的体现，贝伦斯把自己的新思想灌注到设计实践当中去，大胆地抛弃流行的传统式样，采用新材料与新形式，使厂房建筑面貌一新。钢结构的骨架清晰可见，宽阔的玻璃嵌板代替了两侧的墙身，各部分的匀称比例减弱了其庞大体积产生的视觉效果，其简洁明快的外形是建筑史上的重大变化，具有现代建筑新结构的特点，强有力地表达了德意志制造联盟的理念。

☆知识链接

属于德意志制造联盟的贝伦斯，逐渐摆脱了新艺术运动风格，转向功能主义的设计，从贝伦斯事务所先后走出的三位建筑师：瓦尔特·格罗皮乌斯、密斯·凡·德·罗、勒·柯布西耶，日后均取得了重要成就。

2. 格罗皮乌斯

1）法古斯工厂办公楼（图16-17）。1911年，格罗皮乌斯在贝伦斯建筑思想的影响下设计建造了一座体现新时代精神的现代建筑——法古斯工厂办公楼。这座三层建筑采用钢框架结构，不设任何细节装饰。外部造型新颖，采用平屋顶，不设角柱，充分发挥了钢筋混凝土楼板的悬挑性能，并形成一个转角玻璃幕墙，使建筑的内部结构暴露在外，增加了轻巧感，使建筑轻巧虚透，一反传统建筑沉重厚实的面貌。该建筑以其简洁、毫无装饰以及经济实用的建筑特色，展现出新材料、新结构和新技术给建筑带来的新形象，体现了全新的美学观念与先进的建筑技术的结合，成为引领20世纪早期现代建筑发展的代表性作品。

2）科隆展览会办公楼（图16-18）。1914年，德意志制造联盟在科隆举行展览会，由格罗皮乌斯和迈耶合作设计的展览会办公楼造型新颖独特，受到了广泛关注。建筑外墙面以大面积的玻璃幕墙为主，通透明亮。正面两端各有一个完全透明的圆柱形玻璃塔，塔里是一座螺旋形楼梯。这种建筑的结构构件全部坦露在外，内外空间交融的设计手法在后来的现代建筑中被广泛应用。此外，他在建筑的屋顶上采用了防水处理，使它成为较早的可上人屋面，十分新颖，充分显示了格罗皮乌斯在建筑方面全新的美学观点。

从1907年到第一次世界大战爆发的几年中，德意志制造联盟产生了广泛的影响，20世纪20年代，德意志制造联盟继续积极活动，直到1934年德意志制造联盟宣告解散。第二次世界大战后，德意志制造联盟于1947年重新成立，这个组织目前仍在活动，但影响力大不如前。

图16-17 法古斯工厂办公楼

图16-18 科隆展览会办公楼

16.1.5 芝加哥学派

美国在19世纪末20世纪初进入资本主义经济蓬勃发展阶段，涌现了一系列大规模的工业化和商业化城市。美国南北战争以后，芝加哥的工

芝加哥学派

商业越来越发达，市中心区的地价越来越昂贵，唯有建造高层建筑以容纳更多的房屋，于是现代高层建筑大量涌现，为适应建筑设计的需求，逐步形成了芝加哥学派的建筑派别。

芝加哥学派的建筑师们采用新型材料来建造新的建筑，主要采用价格相对低廉的钢铁和玻璃，外覆砖（石）墙用来防火。钢铁骨架与砖（石）或混凝土结合构建成箱形框架结构，保证了高大建筑物的稳固和安全，以达到将楼层推向高空的目的。这些措施使得当时的一些商业建筑展现出全新的面貌，形成了简洁明快、实用美观的造型风格，以简单清晰的几何形状为特点，符合新时代工业化的精神。这些建筑形式由于造价低廉、施工简便、工期缩短，十分符合业主的利益，因此很快得以推行开来。10层以上的高楼大厦在芝加哥的闹市区如雨后春笋般地矗立起来，使芝加哥成为世界高层建筑的策源地与集中展示场所。因此，芝加哥学派最大的成就是在工程技术上创造了高层金属框架结构和箱形基础。芝加哥学派在建筑造型上趋向简洁，并且奠定了"摩天大楼"的建筑设计原则和形式基础。芝加哥学派的创始人是工程师威廉·勒巴隆·詹尼，主要代表人物包括丹尼尔·H.伯纳姆、约翰·韦尔伯恩·鲁特、丹克马尔·阿德勒和路易斯·沙利文等，而其中具有世界性影响作用的建筑家是沙利文。沙利文最先提出"形式随从功能"的口号，这句话既是美国实用主义哲学的一种反映，也体现一种时代的精神，现代主义建筑理论自此开始发展。

沙利文的代表作品是芝加哥百货公司大厦（图16-19），这个建筑由三个各自分开的部分组成，沙利文在这个建筑上采用了三段式的设计方式，采用两条横向线区分功能区，利用纵向线强调中间部分的办公空间，并采用长方形的"芝加哥窗"结构来增强横向延伸的视觉感。整个建筑由总体简单的外形和装饰复杂的细节构成，显示出简单和复杂、朴实和华丽之间的对比关系，立面细节装饰采用的是铸铁花纹图案，是美国工艺美术风格的集中体现。

图16-19 芝加哥百货公司大厦内景

☆知识链接

沙利文对建筑的要求是，要给予每个建筑物适合的形式，他甚至为建筑师规定了高层办公楼建筑的典型形式在功能上的特征：

1）动力、取暖、照明等设施位于地下室。
2）底层用于商店或银行等服务机构，空间要宽敞、采光要好，并有方便的出入口。
3）二层是底层功能的延伸，要有直通的楼梯与底层相连。
4）二层以上都是相同的办公室。
5）最顶上一层是包括水箱在内的设备间。

芝加哥学派作为美国现代建筑的奠基者，推进了新建筑运动的发展，它突出了功能在建筑设计中的主导地位，将新技术应用于高层建筑中并有所成就，使建筑反映了新技术的特点。但是芝加哥学派的高层建筑在市中心区的集中设置也给城市带来了严重的卫生与交通问题。

16.1.6　草原式住宅

草原式住宅是 19 世纪末 20 世纪初美国建筑大师弗兰克·劳埃德·赖特根据美国中西部地区的草原特色开创的现代建筑风格，又称为草原风格建筑。这些建筑分布在威斯康星州、伊利诺伊州和密歇根州等地，多坐落在占地宽阔、环境优美的郊外，具有强烈的美国本土特点。

草原风格建筑

赖特对传统的住宅进行了大胆的革新，在吸取美国西部传统住宅自由布局形式的基础上，努力在作品和自然环境中找寻和谐的关系，设计了为数众多的富有田园诗意的适宜居住的新型住宅和别墅。这种房屋的建筑材料尽量选取当地的石料与木材，多为非对称的十字布局，采用大量的几何图形，极具装饰性，强调水平的线条、平缓的屋顶、舒展的屋檐，各层次错落有致，与自然环境紧密融合。住宅的窗户比较大，以尽可能引入自然光，使室内外景观融合流通，赋予空间以一种特殊的延续性。草原式住宅既包含了美国民间建筑的传统形式，又突破了建筑空间的封闭性，创造了拥抱大自然的效果，适合地广人稀的美国西部环境及气候特点。

草原式住宅显示出赖特革新建筑的胆识和卓越的才能，这些建筑平面布局从实际生活需要出发，反映出内部空间关系，材料的自然本色得到了淋漓尽致地表达。赖特的设计与当时领导世界设计主流的现代主义、国际主义风格大相径庭，具有相当大的个人表现成分，比当时美国流行的住宅更加适用、合理和经济，受到美国中产家庭的普遍欢迎。这些美国中产家庭愿意选择在郊外享受自然式住宅，这也是草原式住宅得以形成的原因之一。

20 世纪的前 10 年，赖特在美国中西部地区设计了数十栋草原式住宅，其中芝加哥的威利茨住宅（图 16-20），伊利诺伊州的赫特利住宅、罗伯茨住宅是草原式住宅的典型范例。草原式住宅对赖特一生的设计思想影响深远，他后来提倡的有机建筑的许多理念就是在草原式住宅的基础上发展起来的。

图 16-20　威利茨住宅

◎ 16.2　第一次世界大战后的建筑学派及建筑活动

第一次世界大战后，欧洲的经济、政治条件和社会思想状况给主张革新者以有力的促进。当时，欧洲社会意识形态领域中涌现出大量的新观点、新思潮，思想异常活跃。建筑师中主张革新的人越来越多，主张也越激烈彻底。在整个 20 世纪 20 年代，西欧各国，尤其是德、法、荷三国的建筑师群体呈现出空前活跃的局面。建筑问题牵涉功能、技术、工业、经

一战后建筑学派及建筑活动

济、文化、艺术等许多方面，建筑的革新运动必然也是多方面的。当时有很多人和学派，包括各种造型艺术家在内，对新建筑的形式问题有浓厚的兴趣，进行了多方面的探索，其中比较重要的派别有表现主义学派、未来主义学派、风格派和构成派。

16.2.1 表现主义学派

20世纪初，在德国、奥地利首先出现了名为"表现主义"的绘画、音乐和戏剧的艺术学派。表现主义学派认为，艺术的任务在于表现个人的主观感情和内心感受，认为主观是唯一真实的，否定现实世界的客观性。在表现主义学派绘画中，外界事物的形象不求准确，常常有意加以改变，如夸张、变形乃至怪诞处理等。例如画家心中认为天空是蓝色的，他就会不顾时间、地点把天空都画成蓝色；人的脸部在极度悲、喜时会发生变形。总之，一切都取决于画家主观"表现"的需要，以期把内心世界的某种情绪或思想表现出来，并借助奇特的形式来挑动观赏者的情绪。

在表现主义学派的建筑领域中，建筑师常采用奇特、夸张的造型和构图手法，塑造超常的、强调动感的建筑形象，来表现某些思想情绪，象征某种时代精神，引起观赏者和使用者非同一般的联想和心理效应。在这种艺术观点的影响下，第一次世界大战后出现了一些表现主义学派建筑。这一派的建筑师常常采用奇特、夸张的建筑体形来表现某些思想情绪或象征某种时代精神。德国建筑师孟德尔松在20世纪20年代设计过一些表现主义学派建筑，其中具有代表性的是德国波茨坦市的爱因斯坦天文台（图16-21），整个建筑造型奇特，难以言状，表现出一种神秘莫测的气氛。

荷兰表现主义学派的住宅建筑把外观处理得使人能联想起荷兰人的传统服装和木头鞋子，建筑师主张革新，反对复古，但他们是用一种新的表面处理手法去替代旧的建筑样式，同建筑技术与功能的发展没有直接的

图16-21 爱因斯坦天文台

关系。荷兰的表现主义学派建筑在第一次世界大战后的初期时兴过一阵，不久就消退了。

☆**知识链接**

表现主义学派是现代重要艺术学派之一，20世纪初流行于德国、法国、奥地利等国家。1901年，法国画家朱利安·奥古斯特·埃尔韦为表明自己的绘画有别于印象派而首次使用此词。之后，德国画家也在章法、技巧、线条、色彩等诸多方面进行了大胆"创新"，逐渐形成了派别。后来，表现主义学派发展到音乐、电影、建筑、诗歌、小说、戏剧等领域。

16.2.2 未来主义学派

未来主义学派是第一次世界大战前后，流行于意、英、法、俄等国，以文学和绘画为主的艺术学派。未来主义学派否定文化遗产和一切传统，宣扬创造一种未来的艺术，崇拜

机器，提倡具有现代化设施的大都市生活。意大利未来主义学派的圣·伊利亚画了许多未来城市和建筑的设想图，如图 16-22、图 16-23 所示。1914 年，圣·伊利亚发表《未来主义建筑宣言》，其中写道："我们必须创造的未来主义城市是以规模巨大的、喧闹奔忙的、每一部分都是以灵活机动而精悍的船坞为榜样，未来主义的住宅是要变成巨大的机器……在混凝土、钢和玻璃组成的建筑物上，没有图画和雕塑，只有它们天生的轮廓和体形给人以美的感受。这样的建筑物将是粗犷的，像机器那样简单，需要多高就多高，需要多大就多大。大街……深入地下许多层，并且将城市交通用许多交叉枢纽与金属的步行道和快速输送带有机联系起来。"圣·伊利亚的图样中都是高大的阶梯形的楼房，电梯放在建筑外部，林立的楼房下面是川流不息的汽车、火车，分别在不同的高度上行驶。

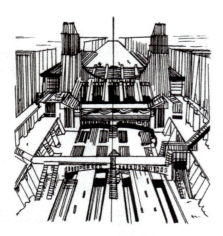
图 16-22　圣·伊利亚的未来城市设想图

图 16-23　圣·伊利亚的建筑想象图

未来主义学派没有实际的建筑作品，但是其观点以及对建筑形式的设想对于 20 世纪 20 年代甚至对于第二次世界大战以后的一部分建筑师产生了不小的影响。直到 20 世纪后期，还能在著名建筑作品中看到未来主义学派建筑的思想火花，如巴黎蓬皮杜国家艺术与文化中心、香港汇丰银行大楼等。

16.2.3　风格派

1917 年，荷兰一些青年艺术家组成了一个名为风格派的造型艺术团体，主张纯抽象和淳朴，外形上缩减到几何形状，而且颜色只使用红色、黄色、蓝色三原色与黑色、白色两个无彩色，也被称为新塑造主义学派。风格派的主要成员有画家蒙德里安、杜斯堡，雕刻家万顿吉罗，建筑师奥德、里特维尔德等。风格派坚持绝对的抽象与简化，排斥使用任何的具象元素，采用简化几何体构图，认为最好的艺术形式是由纯粹几何形的组合构成的，剔除建筑中的绘画与雕塑特征。风格派的艺术家们强调直线的至上性，很少在建筑中使用弧线等非棱角的元素，追求造型的简洁性、秩序性和规律性，将传统的建筑变成最基本的几何结构单体，使建筑的形式与新兴的机器生产联系起来，注重使用和表现新材料、新技术，强调艺术与科学紧密结合的思想与结构第一的原则，努力把设计、艺术、建筑作为一个有机整体；同时指出建筑的外观是由其内部空间的功能决定的。

较能代表风格派建筑特征的是里特维尔德设计的位于荷兰乌特勒支的施罗德住宅（图16-24），这是一个由简单的立方体、光光的板片、横竖线条和大片玻璃错落穿插组成的建筑。在蒙德里安的影响下，整座建筑几乎是风格派绘画艺术的立体翻版，完全摒弃了传统造型，极简化的造型极具时代感。建筑由钢材、混凝土与玻璃等材料构建而成，外部造型及室内空间均由直线和规整的几何平面构成，具有明显的风格派特色与十足的现代主义建筑气息。

图16-24　施罗德住宅

施罗德住宅的造型接近正方体，外立面的几何块面呈错落分布状，其中的一些墙板、屋顶板和基础楼板推伸出来，稍稍脱离住宅主题，"破解"了建筑立方体块，打破了传统建筑空间单元的封闭状态，开放并贯通了建筑内外空间，形成了横竖相间、颜色明快、错落有致、纵横穿插的造型；再加上不透明的墙片与透明的大玻璃窗的虚实对比、明暗对比、透明与反光的交错，使得施罗德住宅相对于传统的建筑显得更加活泼新颖、通透轻盈，给人以简洁、雅致的美感。里特维尔德将他的家具设计理念运用到该建筑中，并注重内部空间的实用性，以色彩来区分不同的部位。施罗德住宅是当时摆脱传统建筑结构和建筑形象的现代主义建筑的先期代表作之一，对20世纪前期的建筑产生了相当大的影响。

16.2.4　构成派

在1917年俄国十月革命胜利前后，俄罗斯的一小批前卫艺术家受到立体主义的影响，形成了名为"构成派"的进步艺术团体。构成派追求艺术和技术相融合的观念，注重形态与空间之间的影响，将由抽象几何体组成的空间形体作为造型艺术的表现内容，颂扬工业时代的机械美，将结构作为建筑设计的起点，这个立场已经成为现代主义建筑的基本原则。

被视为构成派主要代表人物的塔特林，由他设计的第三国际纪念塔（图16-25）有着明确的象征意义与实用性，被认为是构成派设计的经典之作。第三国际纪念塔是一个由钢铁和玻璃制成的螺旋式框架，呈一个角度倾斜，自下而上逐渐收缩。框架内悬挂着玻璃圆柱体、立方体和锥体，

图16-25　第三国际纪念塔

分别按一年、一月、一日、一小时的速度自转。这个设计方案虽然因当时的技术条件无法实现，但其模型是具象征意义的构成派代表作。该作品以新颖的结构形式体现了钢材的特点，在探索机械精神与艺术设计相结合方面颇具独特之处。

☆ **知识链接**

风格派和构成派热衷于几何体、空间和色彩的构图效果。作为绘画和雕刻艺术，它们的作品不反映客观事物，因而是反现实主义的。风格派、构成派以及现代西方的其他许多艺术学派在这些方面所做的实验和探索对现代建筑及实用工业品的造型设计是有启发意义的。表现主义学派、未来主义学派、风格派和构成派等作为独立的学派存在的时间都不长，20世纪20年代后期它们渐渐消散了，但它们对现代建筑的发展却产生过程度不同的影响。

单元总结

本单元概括地阐述了新建筑运动的社会背景和文化基础，并简要讲解了新建筑运动中主要流派的思想理论；概括地介绍了新建筑运动中主流学派的主张及代表建筑；重点分析了芝加哥学派、草原式住宅的主张及代表建筑。

实训练习题

一、选择题

1. 以其浪漫主义的想象力和奇特的建筑形象，活跃于20世纪初的建筑师及其代表作是（　　）。
   A. 韦伯，莫里斯红屋　　　　　　　B. 高迪，米拉公寓
   C. 孟德尔松，爱因斯坦天文台　　　D. 卢斯，斯坦纳住宅

2. 以下哪位建筑师不属于维也纳分离派（　　）？
   A. 奥尔布里希　　B. 麦金托什　　C. 瓦格纳　　D. 霍夫曼

3. 美国现代建筑的奠基者——芝加哥学派，为美国现代建筑的发展开辟了道路，并培养出一大批建筑师，其创始人是（　　）。
   A. 詹尼　　B. 伯纳姆　　C. 赖特　　D. 沙利文

4. 美国建筑师沙利文提出的口号是（　　）。
   A. 先形式后功能　　　　　B. 形式随从功能
   C. 功能、形式相互作用　　D. 功能与形式合二为一

5. 新建筑运动的先驱人物贝伦斯是（　　）的代表人物。
   A. 工艺美术运动　　　B. 维也纳学派
   C. 国际主义构成派　　D. 德意志制造联盟

二、简答题

1. 简述工艺美术运动的艺术风格。
2. 新艺术运动的风格及代表作有哪些？
3. 沙利文规定的高层办公楼建筑的典型形式在功能上的特征具体有哪些？
4. 第一次世界大战后的主要建筑思潮有哪些？
5. 结合实例简述维也纳学派建筑和维也纳分离派建筑的主要特征。

教学单元 17
现代主义建筑及代表人物

教学目标

1. 知识目标

（1）了解现代主义建筑的形成和设计原则。

（2）熟悉现代主义建筑代表人物的建筑思想并熟知其代表作品，理解其建筑艺术特色。

2. 能力目标

（1）通过对现代主义建筑及代表人物的建筑艺术特色的认识，提高艺术鉴赏和设计能力。

（2）通过赏析现代主义建筑作品，能够从中学习到建筑设计的方法，拓展思维，提高建筑作品的赏析能力。

思维导图

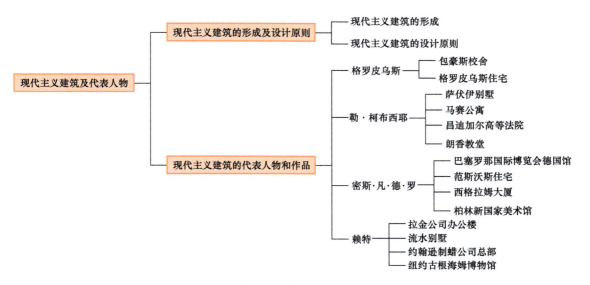

到 20 世纪 20 年代后期，经历了漫长而曲折的探索之路后，新建筑运动逐步走向了高潮，现代主义建筑终于登上了历史舞台。

◎ 17.1　现代主义建筑的形成及设计原则

17.1.1　现代主义建筑的形成

在第一次世界大战后的西欧社会经济条件下，建筑行业发展过程中久已存在的各种矛盾激化了，创造新建筑的历史任务更加尖锐地摆在建筑师的面前。20 世纪 20 年代，一批思想敏锐、对社会事物敏感并具有一定经验的年轻建筑师，决心把建筑行业的变革作为己任，提出了比较系统和彻底的改革主张，把新建筑运动推向了前所未有的高潮——现代主义建筑运动，形成了现代建筑派，其代表性作品类型就是现代主义建筑。

现代建筑派包含两个方面内容，一方面是以德国的格罗皮乌斯、密斯·凡·德·罗和法国的勒·柯布西耶为代表的欧洲先锋派，又称为功能主义派、理性主义派、现代主义派，他们是现代主义建筑运动的主力；另一方面是以美国的赖特为代表的有机建筑派。

17.1.2　现代主义建筑的设计原则

现代主义建筑的设计原则如下：
1）重视建筑的使用功能并以此作为建筑设计的出发点，提高建筑设计的科学性，注重建筑使用时的方便性和效率。
2）注意发挥新型建筑材料和建筑结构的性能特点。
3）用最少的人力、物力、财力造出适用的房屋，重视建筑的经济性。
4）主张创造现代主义建筑新风格，坚决反对套用历史上的建筑样式，强调建筑形式与内容的一致性，主张灵活自由地处理建筑造型，突破传统的建筑构图格式。
5）认为建筑空间是建筑的主角，建筑空间比建筑平面或立面更重要，强调建筑艺术处理的重点应该从平面和立面构图转到空间和体量的总体构图方面；并且在处理立体构图时，应考虑人在观察建筑过程中的时间因素，由此产生了"空间－时间"的建筑构图理论。
6）废弃表面外加的建筑装饰，认为建筑美的基础在于建筑处理的合理性和逻辑性。

◎ 17.2　现代主义建筑的代表人物和作品

17.2.1　格罗皮乌斯

格罗皮乌斯于 1883 年出生于柏林。青年时期在柏林和慕尼黑学习建筑，1907～1910 年在贝伦斯的建筑事务所中工作。1910～1914 年自己开业。1911 年，他同迈尔合作设计了法古斯工厂办公楼。在该工程中，格罗皮乌斯首次采用了玻璃幕墙，为以后大规模的玻璃幕墙建筑开了先河，整齐简洁的墙面，没有挑檐的平屋顶，非对称的构图，甚至取消了柱子作为建筑的转角，其功能与使用传统材料的建筑完全一致。格罗皮乌斯是建筑师中较早主张走建筑工业化道路的人之一，首先肯定并身体力行地实践建筑工业化。

1915 年，格罗皮乌斯开始在德国魏玛实用美术学校任教。1919 年，他把魏玛实用美术学校和魏玛美术学院合并，成立了在建筑史和工业设计史上有重要意义的公立包豪斯学校。1925年，公立包豪斯学校从魏玛迁到德绍，格罗皮乌斯为它设计了一座新校舍——包豪斯校舍（图17-1）。

图17-1 包豪斯校舍

1930年，密斯·凡·德·罗接任公立包豪斯学校的校长，并把学校迁到柏林。1932年10月，德国当局关闭了学校，学校于1933年7月宣告结束。学校的人才纷纷流亡美国，建立了以莫霍利·纳吉为校长的"新包豪斯"。格罗皮乌斯离开学校后，在1928年与勒·柯布西耶等人成立了国际现代建筑协会（CIAM）。1934年，格罗皮乌斯去了英国，后于1937年接受美国哈佛大学的聘任，担任该校建筑系主任，此后便长期留居美国。

1. 包豪斯校舍

格罗皮乌斯于1925年设计的包豪斯校舍，由于全面地体现了现代主义建筑的理论原则，被建筑史学家们列为现代主义建筑的经典作品，在世界建筑史上具有里程碑式的意义。

包豪斯校舍分析

包豪斯校舍的建筑面积接近1万平方米，是一个由许多功能不同的部分组成的中型公共建筑，平面为两个倒插的"L"形。格罗皮乌斯按照各部分的功能性质，把整座建筑大体上分为三个部分：

1）教学楼，主要是各种工艺车间。它采用4层的钢筋混凝土框架结构，对面是主要街道。

2）生活用房，包括学生宿舍、饭厅、礼堂及厨房、锅炉房等。格罗皮乌斯把学生宿舍放在一个6层的小楼里面，位置是在教学楼的后面；位于宿舍和教学楼之间的是单层饭厅及礼堂。

3）职业学校，它是一个4层的小楼，同教学楼相距约20多米，中间隔一条道路，两楼之间有过街楼相连。两层的过街楼中是办公室和教员室。

除了教学楼是框架结构之外，其余都是砖与钢筋混凝土混合结构。一律采用平屋顶，外墙墙面用白色抹灰。

包豪斯校舍的建筑设计有以下特点：

1）把建筑的实用功能作为建筑设计的出发点，把对功能的分析作为建筑设计的主要基础，体现了由内而外的设计思想和设计方法。

2）采用灵活的不规则的构图手法用于公共建筑之中，包豪斯校舍的建筑构图中充分运用对比的效果，形成了生动活泼的建筑形象。

3）按照现代建筑材料和结构特点，运用建筑本身的要素取得建筑艺术效果。包豪斯校舍采用钢筋混凝土框架和砖墙承重的混合结构，平屋顶没有挑檐，采用雨水管内排水形式，外墙面用水泥砂浆、双层钢窗。

2. 格罗皮乌斯住宅

格罗皮乌斯住宅（图17-2、图17-3）是格罗皮乌斯和他的学生布劳耶尔合作设计的，住宅外形简洁、功能合理、风格统一，是包豪斯精神的全面体现。该建筑平面的主体为4个矩形，体量不大，共两层。平面横向为4个开间，各开间功能明确、分隔清晰。一层平面的左侧是住宅的主入口门厅、厨房和一间小卧室。主入口处设一斜向雨篷，门厅内设一部楼梯以连接上下层空间。一层平面的右侧有餐厅、格罗皮乌斯的工作室和起居室。二层右侧为室外露台，有一个向外挑出的钢制螺旋楼梯，直通到地面。其余部分为卧室。住宅入口处的雨篷与建筑主体不平行，并由两根钢柱与一片玻璃墙体支撑着，它不但与建筑整体形成强烈的对比，还起到了强调入口的标志作用；同时，与从二层平台上盘旋而下的楼梯相配合，起到了活泼构图的重要作用。与格罗皮乌斯设计的其他建筑相比，入口处的雨篷与钢楼梯这两个构件具有十分重要的意义，它为这栋建筑形体简洁的方盒子似的结构渲染了灵活多变、生机勃勃的特性，同时也告诉人们方盒子形体并不是现代主义建筑的唯一特征。

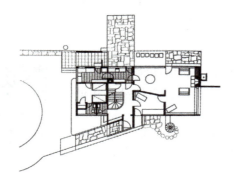
图17-2　格罗皮乌斯住宅平面图

图17-3　格罗皮乌斯住宅外观

格罗皮乌斯始终如一地重视建筑的功能问题，无论是早期的包豪斯校舍，还是后期的哈佛大学研究生中心，都是以使用功能作为设计的出发点。只是在早期，受当时德国的社会条件和建筑功能需要的影响，他同时比较强调技术、经济因素；而后期美国的社会状况使他在重视功能的同时，开始注重建筑的精神需要，突破"方盒子建筑"，创造出活泼多变的建筑形式。格罗皮乌斯始终坚持理性主义的设计原则，并对理性主义进行充实和提高，对现代建筑的发展产生了深远的影响。

17.2.2　勒·柯布西耶

勒·柯布西耶是现代主义建筑的重要奠基人之一，对于现代主义建筑思想体系的形成、对于"机械美学"思想体系的形成都具有决定性的影响。

勒·柯布西耶于1887年出生在瑞士的一个钟表制造者家庭，少年时在故乡的钟表技术学校学习，后来从事建筑设计工作。1908年，他在法国建筑师贝瑞的事务所工作；之后，又到德国建筑师贝伦斯的事务所工作，这些建筑师对勒·柯布西耶后来的建筑方向产生了重要的影响。

1917年，勒·柯布西耶移居巴黎。1920年，他与新派画家和诗人合编名为《新精神》的综合性杂志，勒·柯布西耶的设计思想在此期间开始成熟，并反映在他于《新精神》上发表的一系列文章中，他把这些文章集中起来，出版了自己的第一本论文集《走向新建筑》。他主张设计上、建筑上要向前看，否定传统的装饰。他认为代表未来的是机械的美，未来的世界基本是机械的、机器的时代。他从这个时候开始，在以后数十年的建筑生涯中，不断讲学、撰写论文、发表著作、出版专论，提出自己的现代建筑思想和理论。

1926年，勒·柯布西耶就自己的住宅设计提出了"新建筑的五个特点"，这五点是：

1）底层的独立支柱。房屋的主要使用部分放在二层以上，下面全部或者部分腾空，留出独立的支柱。

2）屋顶花园。

3）自由的平面。

4）横向长窗。

5）自由的立面。

1. 萨伏伊别墅

萨伏伊别墅（图17-4）是勒·柯布西耶的代表作之一，这是位于巴黎附近的一个相当阔绰的别墅。房子的平面是尺寸约为22.50米×20米的一个方块，采用钢筋混凝土结构。底层三面有独立的柱子，中心部分有门厅、车库、楼梯和坡道，以及服务人员的房间；二层有起居室、餐厅、厨房、卧室和院子；三层有主卧及屋顶晒台。勒·柯布西耶所说的五个特点在这个别墅中都用上了。

萨伏伊别墅的外形轮廓比较简单，而内部空间则比较复杂，如同一个内部细巧镂空的几何体，又好像一架复杂的机器——勒·柯布西耶所说的居住的机器。

2. 马赛公寓

马赛公寓（图17-5）建成于1952年，是一座长165米、宽24米、高56米的住宅大

图17-4 萨伏伊别墅

图17-5 马赛公寓

楼。底层架空，上层有17层，可容纳337户约1600人居住。该建筑是以居住单元和与之配套的商店、饭店、娱乐场等一起构成一个自给自足的社区。按勒·柯布西耶的设想，这种大楼就是未来城市的"居住单位"，人人都会生活在这样的"单位"里。它综合了勒·柯布西耶从20世纪20年代就开始酝酿的有关城市住宅多方面的理论和经验，是他为新时代居民设计的普通而平常的住宅观念的实践典范。

3. 昌迪加尔高等法院

昌迪加尔高等法院（图17-6）建成于1956年，其外形轮廓简单。建筑主体长100多米，由11个连续拱壳组成的巨大屋顶罩起来，屋罩前后檐略翘起，既可遮阳，又可组织穿堂风以降低室内温度。建筑前后都是镂空格子形遮阳墙板，略微向前探出。法院入口没有门，有3个高大的柱墩形成一个开敞的大门廊，柱墩分别刷上了红色、黄色、绿色，十分醒目。整幢建筑的外表都是粗糙的混凝土，留着模板的印迹，墙壁上开着大小形状不同的孔洞或壁龛，并涂上鲜艳的红色、黄色、白色、蓝色之类的颜色，给建筑带来了粗野怪诞的情调。

4. 朗香教堂

勒·柯布西耶设计的朗香教堂（图17-7）于1955年建成，这座位于法国东部孚日山区中一个小山顶上的小教堂。规模不大，仅能容纳200余人，教堂前有一处可容万人的场地。教堂造型奇异，令人过目不忘。整个建筑的外形几乎没有一处是直线，给人的感觉就像是一幅抽象画。这和他以前崇尚简单几何体的风格可以说完全背道而驰。本体建筑的屋顶形象十分突出，是由两层混凝土薄板构成的，底层向上翻起，在边缘与上层合拢，屋顶的边缘线全是曲线。它的表面不仅保留了混凝土的本色，而且还保留了模板的痕迹。墙由石块砌成，拥有白色粗糙的面层，墙面都向里弯曲。墙面上有大小不等的方形和矩形的窗洞，有的内大而外小、有的内小而外大，再加上窗上镶嵌有彩色的玻璃，使教堂的光线产生特殊的气氛，给人一种神秘感。

朗香教堂分析

图17-6 昌迪加尔高等法院

图17-7 朗香教堂

勒·柯布西耶在设计上讲究运用现代材料、现代技术手段来表达具体建筑的精神内涵。因此，现代主义建筑的基本语汇在他的手中具有功能和表现的双重作用。勒·柯布西耶从一开始就走上新建筑的道路，他为新建筑摇旗呐喊，歌颂工业时代，提倡理性，崇尚机器美学，并在萨伏伊别墅等建筑作品中实践自己的建筑理论，成为现代主义建筑的关键旗手。第二次世界大战后，他出人意料地走出了另一条建筑创作的道路。他在第二次世界大战后设计的马赛公寓、昌迪加尔高等法院等建筑作品中，表现出笨重、粗犷、古拙甚至是原始的面貌；朗香教堂的建成更是产生重大影响，它那带有表现主义倾向的怪诞奇特的造型推翻了他在早期极力主张的理性主义原则，转向浪漫主义和神秘主义。

总体来看，勒·柯布西耶从当年的崇尚机器美学转向赞赏手工劳作之美、从显示现代化派头转向追求古风和原始情调、从主张清晰表达转向爱好混沌模糊、从明朗走向神秘、从有序转向无序、从常态转向超常、从瞻前转向顾后、从理性主导转向非理性主导。这些显然是十分重大的风格变化、美学观念的变化和艺术价值观的变化。

17.2.3 密斯·凡·德·罗

1886年，密斯·凡·德·罗生于德国亚琛的一个石匠家中，年轻时既没有正式的高中学历，也没有受过正式的建筑学教育，它对建筑的认识与理解始于父亲的石匠作坊和亚琛地区那些精美的古建筑。可以说，他的建筑思想是从实践与体验中产生的。1908年，密斯·凡·德·罗在贝伦斯的设计事务所工作；1919年，开始在柏林从事建筑设计工作；1926～1932年，任德意志制造联盟第一副主席；1929年，担任巴塞罗那国际博览会德国馆设计负责人，这进一步稳固了他的建筑师地位；1930～1933年，任德国公立包豪斯学校校长；1937年，应邀到美国；1938～1958年，任伊利诺伊理工学院建筑系主任，并且大量进行建筑设计，提出"少就是多"的设计原则。

1. 巴塞罗那国际博览会德国馆

1929年，密斯·凡·德·罗设计了巴塞罗那国际博览会德国馆（图17-8）。整个德国馆建在一个石砌的平台基座之上，这座展览馆所占地段长约50米、宽约25米。馆中包括一个主厅、一个附属用房、两片水池和几道围墙。特殊之处在于，这个展览建筑除了建筑本身和几处桌椅外，没有其他陈列品。实际上，它是一座供人参观的亭榭，它本身就是唯一的展览品。

图17-8 巴塞罗那国际博览会德国馆

德国馆的主厅部分有 8 根十字形断面的钢柱，上面顶着一块薄薄的屋顶板，屋顶板长 25 米左右，宽 14 米左右。隔墙有玻璃和大理石两种。墙的位置灵活且带有随机性，它们纵横交错，有的延伸出去成为院墙，由此形成一些既分隔又连通的半封闭半开敞的空间，室内各部分之间、室内和室外之间相互穿插，没有明确的分界。这是现代建筑中常用的流通空间的一个典型。

这座建筑的另一个特点是建筑形体处理比较简单。屋顶是简单的平板，墙也是简单光洁的"薄片"，没有任何线脚，柱身上下没有变化。所有构件交接的地方都是直接相遇的。不同构件和不同材料之间不作过渡性的处理，一切都是非常简单明确、干净利落。正因为体形简单，去掉了附加装饰，突出了建筑材料本身固有的颜色、纹理和质感。密斯·凡·德·罗提出的"少就是多"的建筑处理原则在此得到充分的体现。

2. 范斯沃斯住宅

范斯沃斯住宅（图 17-9、图 17-10）落成于 1950 年，房子四周是一片绿地，南面是福克斯河，周围林木茂密，环境优美。

图 17-9　范斯沃斯住宅

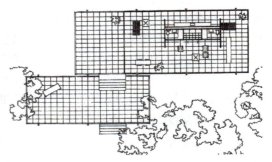

图 17-10　范斯沃斯住宅平面图

范斯沃斯住宅主要是用钢和玻璃建造的，平面为长方形，由 8 根工字钢柱作为支撑骨架，通过焊接贴在屋面和地板的横梁外，四周全是落地玻璃。房子的地板是架空的，在门廊前有一个过渡平台，使入口处理别具趣味。室内中央有一个长条形的服务核心区，包括卫生间和管道井等，此外再无固定的分割区域。主人睡觉、起居、做饭、进餐都在四周敞通的空间之内。玻璃围合而成的开敞性空间使身处室内的人似乎置身于自然环境之中，周围那些树木也仿佛穿梭于室内外之间，室内外空间融合在了一起。密斯·凡·德·罗对这座建筑的构造细部作过精心的推敲，把它做成了一个看起来非常精致考究的亮晶晶的"玻璃盒子"，要是作为公园中的小景，它是合适的；但是作为住宅，它在使用功能和私密性等方面却不太合适。

3. 西格拉姆大厦

西格拉姆大厦（图 17-11）建于 1954～1958 年，位于纽约曼哈顿花园街。大厦共 38 层，总高达 158 米。大厦主体为竖立的长方体，整座建筑放在一个由粉红色花岗石砌成的大平台上。除底层外，大楼的幕墙墙面直上直下、整齐划一、没有变化。窗框用铜材制成，墙面上还突出一条"工"字形断面的铜条，增加了墙面的凹凸感和垂直向上的气势。整个建筑的细部处理都经过了慎重的推敲，简洁细致，突出了材质和工艺的审美品质。西格拉姆大厦实现了密斯·凡·德·罗本人在20世纪20年代初的摩天大楼构想，被认为是现代主义建筑的经典作品之一。

西格拉姆大厦是一座豪华的办公楼，建筑物底部，除中央的交通设备电梯的用地处，全部留作一个开放的大空间，这样十分便于交通。建筑物外形极为简单，是一个方方正正、直上直下的正六面体。整座大楼按照密斯·凡·德·罗的一贯主张，采用染色隔热玻璃作为幕墙，这些占外墙面积75%的琥珀色玻璃，配以镶包青铜的铜窗格，使大厦在纽约众多的高层建筑中显得优雅华贵、与众不同。昂贵的建材和密斯·凡·德·罗精心的推敲，以及施工人员精确无误的建造，使大厦成为现代主义建筑的杰出代表。

4. 柏林新国家美术馆

柏林新国家美术馆（图17-12）落成于1968年，美术馆正面朝东，建在一个方形的大平台上，平台正面和两侧都有踏步可供上下。该美术馆是正方形的两层建筑，一层在街道地面上，一层在地下。上层是一个正方形的展览大厅，四周全是立在基座上的玻璃墙，再往上是钢制平屋顶。钢制平屋顶每边长64.8米，四边支在8个钢柱子上；钢柱高8.4米，断面是"十"字形，每边两根，没有角柱。大厅尺寸为50.4米×50.4米，周围形成一圈柱廊，大厅内部除了管道、衣帽间、电梯部分外全部通畅。绘画挂在活动隔板上，便于随时更改布置。下层是钢筋混凝土结构，柱网较密，有较多的固定房间，其中有展览室、车间、办公室、储藏室等。底层的一侧有下沉式院子，陈列露天雕刻展品和花木。

图17-11 西格拉姆大厦

图17-12 柏林新国家美术馆

密斯·凡·德·罗坚持"少就是多"的建筑设计哲学，在处理手法上主张流动空间的新概念。他的贡献在于通过对钢框架结构和玻璃在建筑中应用的探索，发展了一种具有古典式的均衡同时又极端简洁的风格。其作品的特点是整洁、骨架露明的外观、灵活多变的流动空间，以及简练而制作精致的细部。

17.2.4 赖特

弗兰克·劳埃德·赖特是美国现代主义建筑中具有代表意义的先驱人物，如同格罗皮乌斯、密斯·凡·德·罗那样，他对现代主义建筑起到奠基的作用，作为芝加哥学派（建筑学派）的一个积极成员，他把沙利文的现代主义建筑方法和思想加以发扬光大，形成自己独特的现代主义建筑面貌，为西方各国的现代主义建筑家提供了非常重要和有用的设计参考依据。

赖特于1867年出生在美国威斯康星州，他从19世纪80年代后期开始在芝加哥从事建筑活动，曾经在芝加哥学派建筑师沙利文等人的建筑事务所中工作过。赖特开始工作的时候，正是美国工业蓬勃发展、城市人口急速增加的时期，但是赖特对于建筑工业化不感兴趣，他一生中设计得最多的建筑类型是别墅和小住宅。

赖特把自己的建筑作品称作"有机的建筑"，他有很多文章和讲演阐述他的这个理论。赖特主张在设计每一个建筑作品时都应该根据各自特有的客观条件形成一个理念，把这个理念由内到外，贯穿于建筑的每一个局部，使每一个局部都互相关联，成为整体不可分割的组成部分。他认为建筑之所以是建筑，其实质在于它的内部空间。他倡导着眼于内部空间效果来进行设计，"有生于无"，屋顶、墙和门窗等实体都处于从属的地位，应服从所设想的空间效果。

赖特的有机建筑思想的核心是"道法自然"，就是要求依照大自然所启示的道理行事，而不是模仿自然；自然界是有机的，因而取名为"有机建筑"。

赖特主要的有机建筑理论有：
1）有机建筑是"活"的"有生命"的建筑。
2）有机建筑是"自然"的建筑。
3）有机建筑是由内到外的建筑，其准则是"形式和功能合一"。
4）有机建筑理论充分表现材料的内在性能和外部形态。
5）有机建筑是整体的概念。

赖特创造出了一种建筑与自然环境相结合的意境，扩展了建筑的几何平面，丰富了建筑的空间轮廓。他把小住宅和别墅这些建筑类型推进到一个新的水平，在建筑史上留下了一笔珍贵的财富。

1. 拉金公司办公楼

1904年建造的位于美国纽约州的拉金公司办公楼（图17-13）是一座砖墙面的多层办公楼。这座建筑物的楼梯间布置在四角，门厅和厕所等布置在突出于主体之外的一个建筑体量之内，中间是整块的办公面积。中心部分是5层高的采光天井，上面有玻璃顶棚。在外形上，赖特完全摒弃传统的建筑样式，除极少的地方重点作了装饰外，其他都是朴素的清水砖墙，檐口也只有一道简单的凸线。房子的入口处理也打破了老一套的构图手法，不在立面中央，而是放到侧面凹进的地方。

图17-13 拉金公司办公楼

2. 流水别墅

流水别墅（图17-14、图17-15）在宾夕法尼亚州匹兹堡市的郊区，是德裔富商考夫曼的产业。考夫曼买下了一片很大的风景优美的地产，聘请赖特设计别墅。赖特选中一处地形起伏、林木繁盛的风景点，在那里，一

流水别墅

条溪水从岩石上跌落下来,形成一个小小的瀑布。赖特就把别墅建造在这个小瀑布的上方。别墅有三层,采用钢筋混凝土结构。它的二层楼板连同边上的挡墙好像一个托盘,支撑在墙和柱墩上。各层的大小和形状各不相同,利用钢筋混凝土结构的悬挑能力,向各个方向远远地悬挑出来。有的地方用石墙和玻璃围起来,形成不同形状的室内空间,有的角落比较封闭,有的地方比较开敞。在建筑外形上的突出特点是一道道横墙和几条竖向的石墙,组成了横竖交错的构图。横墙色白而光洁,石墙色暗而粗犷,在水平和垂直的对比上又添上了颜色和质感的对比,再加上光影的变化,使这座建筑的体形更富有变化而生动活泼。流水别墅十分成功的地方是与周围自然风景紧密结合。别墅共三层,面积约380平方米,以二层(主入口层)的起居室为中心,其余房间向左右铺展开来,别墅外形强调块体组合,使建筑带有明显的雕塑感。两层巨大的平台高低错落,一层平台向左右延伸,二层平台向前方挑出,几片高耸的片石墙交错着插在平台之间,很有力度。别墅的室内空间处理也堪称典范,室内空间自由延伸,相互穿插;内外空间互相交融,浑然一体。流水别墅在空间的处理、体量的组合及与环境的结合上均取得了极大的成功,为有机建筑理论作了确切的注释,在现代主义建筑史上占有重要地位。

图 17-14　流水别墅外部

图 17-15　流水别墅内部

3. 约翰逊制蜡公司总部

约翰逊制蜡公司总部(图 17-16)是一个低层建筑,办公厅部分采用了大量的钢丝网水泥材制的蘑菇形圆柱。该圆柱中心是空的,由下而上逐渐增粗,到顶上扩大成一片圆板。许多个这样的柱子排列在一起,在圆板的边缘互相连接,其间的空当加上玻璃覆盖,就形成了带天窗的屋顶。四周的外墙用砖砌成,并不承重。外墙与屋顶相接的地方有一道用细玻璃管组成的长条形窗带。这座建筑物的许多转角部分是圆的,墙和窗子平滑地转过去,组成流线型的横向建筑构图。

4. 纽约古根海姆博物馆

纽约古根海姆博物馆(图 17-17)的方案很早就有了,但直到 1959 年才建成开幕。博物馆坐落在纽约第五大街上,建筑尺寸约为 50 米 × 70 米,主要部分是一个很大的螺旋形建筑,里面是一个高约 30 米的圆筒形空间,周围有盘旋而上的螺旋形坡道。圆筒形空间的底部直径在 28 米左右,向上逐渐加大。坡道宽度在下部接近 5 米,到顶部展开到 10 米左右。展出的美术作品就沿坡道陈列,观众循着坡道边看边上行(或边看边下行)。

大厅内的光线主要来自顶面的玻璃圆顶；此外，沿坡道的外墙上有一行条形高窗给展品透进天然光线，条形高窗沿着坡道呈螺旋形。螺旋形大厅的地下部分有一个圆形的讲演厅。博物馆的办公部分也是圆形建筑，同展览部分并列在一起。

在建筑艺术方面，赖特的确有其独特之处，他的建筑空间灵活多样，既有内外空间的交融渗透，又有幽静隐蔽的特色；他既运用新材料和新结构，又始终重视和发挥传统建筑材料的优点，并善于把两者结合起来。注重与自然环境的紧密结合则是他的建筑作品的最大特色。

图17-16　约翰逊制蜡公司总部内部

图17-17　纽约古根海姆博物馆

单元总结

本单元介绍了现代主义建筑的形成和设计原则，以及格罗皮乌斯、勒·柯布西耶、密斯·凡·德·罗、赖特的思想理论、代表性作品和艺术特色。

实训练习题

一、填空题

1. "少即是多"这句口号最早出自建筑师_____。
2. 格罗皮乌斯设计的_____由于全面地体现了现代主义建筑的理论原则，被建筑史学家们列为现代主义建筑的经典作品，在世界建筑史上具有里程碑式的意义。
3. 赖特被称为_____建筑的创始人。
4. 体现勒·柯布西耶"新建筑的五个特点"的代表作品是_____。

二、选择题

1. 勒·柯布西耶的著作（　　）被称为现代主义建筑的宣言。
A.《土木工程》　　　　　　　　　　B.《走向新建筑》
C.《建筑四书》　　　　　　　　　　D.《工程力学》

2. 流水别墅的设计者是（　　　）。
A. 勒·柯布西耶　　　　　　　　B. 格罗皮乌斯
C. 赖特　　　　　　　　　　　　D. 密斯·凡·德·罗
3. 巴塞罗那国际博览会德国馆的设计者是（　　　）。
A. 密斯·凡·德·罗　　　　　　B. 贝伦斯
C. 格罗皮乌斯　　　　　　　　　D. 勒·柯布西耶

三、简答题

1. 现代主义建筑的设计原则是什么？
2. 简述勒·柯布西耶提出的"新建筑的五个特点"。
3. 简述赖特的有机建筑理论。

教学单元 18

第二次世界大战后的建筑活动与建筑思潮

教学目标

1．知识目标
（1）了解第二次世界大战后的建筑活动与建筑思潮。
（2）熟悉第二次世界大战后的具有代表性的建筑活动与建筑思潮的相关人物的建筑思想和代表作品，并理解其建筑艺术特色。

2．能力目标
通过对第二次世界大战后的建筑活动与建筑思潮的认识，能够从中拓展思维，提高艺术鉴赏能力和设计能力。

思维导图

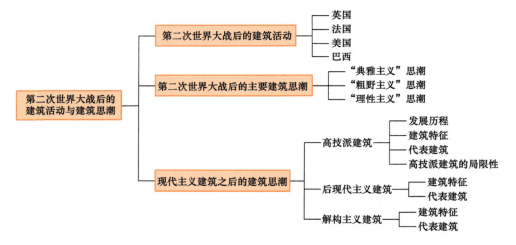

第二次世界大战后，政治形势的变动、经济的盛衰、建筑业在国民经济中的地位、局部地区战争等多种因素，都直接或间接地影响各国的建筑活动。经过了战后恢复时期，发达国家的经济开始迅速发展，尽管有的国家曾受到经济衰退等不利因素的影响，但还是有一些国家的建筑活动越发活跃。在20世纪60年代，建筑技术得到了飞速发展，现代主义建筑设计原则得到了普及。

◎ 18.1　第二次世界大战后的建筑活动

20世纪50年代，第二次世界大战各参战国不同程度地从战争的破坏中得到了恢复，各国城市化步伐加快，促进了大城市的建设与改造，大城市周围的新城以及各种具有新的职能的城市（科学城）纷纷建立起来。50年代后期，建筑师们开始对像伦敦那样的单一中心的城市结构体系提出异议，促使了60年代以后大城市多中心规划结构的采用和推广。这个时期，各国对古城、古建筑的保护，对市中心和重要商业街区的建设，对居住区的规划结构进行了新的探索，塑造了新的格局形态、空间特征，提高了城市的环境面貌和文化特征，满足了时代要求。

1. 英国

在建筑设计上，现代主义建筑思想在战争期间的英国盛行，20世纪50年代以英国建筑师史密森夫妇和斯特林为代表的"新粗野主义"和60年代以库克为代表的未来乌托邦城市的设想，对当时的年轻建筑师与建筑学生影响较大。

20世纪60年代后期，面对尖锐的城市交通问题，英国开始研究旧城中心的改建问题，得到的结论是：建造架空的"新路地"，上面是房屋，下面是机动车交通与服务设施，行人可以不受干扰地自由往来于房屋之间。这样的见解已经被应用到一些大型的建筑中，如伦敦南岸艺术中心。

2. 法国

勒·柯布西耶设计的马赛公寓，是一座从城市规划角度出发设计的房屋，体现了勒·柯布西耶早在20世纪20年代便已在探索的关于构成城市的最基本单元的设想。其后，朗香教堂的设计又轰动了欧洲的建筑界。由泽夫斯、卡麦洛特、让·德·麦利设计的法国国家工业与技术中心的陈列大厅建于1959年，跨度为218米，是当时跨度最大的空间结构，也是当时跨度最大的薄壳结构。

3. 美国

美国在第二次世界大战期间终于摆脱了学院派设计思想的束缚，全面走上了现代主义建筑的道路。美国在战前就有像赖特和诺伊特拉这样的既具有现代主义建筑思想，又具有美国特色的建筑师。20世纪30年代，德国的现代主义建筑人员涌入美国，其中不少还在大学里担任要职，奠定了欧洲现代主义建筑理论在美国的根基。60年代末，美国又出现了一些批判现代主义建筑的理性原则，提倡自由引用历史符号的设计倾向，这种设计倾向后来在欧美地区很盛行。

4. 巴西

从1957年起，巴西新首都巴西利亚的建设轰动了当时的建筑界，从规划到设计表现出了很大的决心和魄力，规划方案的设计者是科斯塔。位于城市中心的三权广场与总统府的设计很出色。

◎ 18.2 第二次世界大战后的主要建筑思潮

18.2.1 "典雅主义"思潮

第二次世界大战以后建筑活动与建筑思潮（一）

典雅主义又称为形式美主义，是与粗野主义同时发展的，它们在审美取向上完全相反，但两者从设计思想上说都是比较"重理"的。典雅主义主要流行于20世纪50～60年代的美国。典雅主义发展的后期出现两种倾向：趋于历史主义，以及着重表现纯形式与技术特征。

吸取传统建筑的构图手法，比例工整、严谨，偶有装饰，不用柱式，以传神代替形似，是第二次世界大战后的典雅主义区别于20世纪30年代古典主义的标志。典雅主义运用传统的美学法则，使现代的材料和结构产生规整、端庄与典雅的庄严感。

1. 建筑特点

1）典雅主义建筑风格源于欧美地区，是现代主义与古典主义的折衷和融合，它与现代古典主义有非常多的类似之处。
2）住宅外立面多结合采用涂料、陶质、石材等建筑材料。
3）色彩运用稳重、大方，重视比例和三段论，基部多用石材。
4）顶部造型复杂，靠不同材料的结合使用营造稳重的气息和豪奢的氛围。
5）实际效果与造价密切相关（低档涂料和廉价线条的表现效果较差），施工工期较长。

2. 代表建筑

（1）谢尔登艺术博物馆

谢尔登艺术博物馆（图18-1～图18-3）前面的中央门廊有高大的钢筋混凝土立柱，门廊里面是大面积的玻璃窗，它使室内顶棚上的一个个圆形图案同外面柱廊上的券结构通过玻璃内外呼应。柱的形式呈棱形，显然是经过精心塑造与精确施工的，既古典又新颖，是约翰逊为典雅主义风格创造的好几种柱子形式之一。

图18-1 谢尔登艺术博物馆平面图

图18-2 谢尔登艺术博物馆内部

（2）新德里美国驻印度大使馆

新德里美国驻印度大使馆（图 18-4）的主楼为长方形，周围有一圈柱廊，左右对称，有明显的基座、柱子和檐部。这种构图与古希腊神庙有相通之处，但是柱子是带金色装饰的钢柱，柱廊后面是白色的漏窗式幕墙，幕墙是用预制陶土块拼制成的，在节点处盖以光辉夺目的金色圆钉装饰。办公部分高 2 层，环绕着一个内院布局，院中有水池并植以树木，水池上方悬挂着铝制的网片用于遮阳。屋顶是中空的双层屋顶，用以隔热；外墙也是双层的，即在漏窗式幕墙后面还有玻璃墙。建筑外观端庄典雅、金碧辉煌，是典雅主义的杰出代表。

图 18-3　谢尔登艺术博物馆外部

图 18-4　新德里美国驻印度大使馆

（3）西北国家人寿保险公司大楼

美国的西北国家人寿保险公司大楼（图 18-5）是一座 6 层楼的办公楼建筑，柱廊将建筑主体包围起来。柱廊的形式做得相当别致，但不仅不适用，而且尺度过高，比例失调。典雅主义采用柱廊是其一贯的手法，但柱廊在西北国家人寿保险公司大楼中成为纯装饰性构件，没有考虑与建筑结构、功能的结合，成为形式主义作品。

图 18-5　西北国家人寿保险公司大楼

18.2.2　"粗野主义"思潮

粗野主义是 20 世纪 50 年代中期到 20 世纪 60 年代中期流行一时的建筑设计倾向。粗野主义名称最初由英国史密森夫妇于 1954 年提出，用以识别像勒·柯布西耶的马赛公寓和昌迪加尔高等法院那样的建筑形式。史密森夫妇以密斯·凡·德·罗的建筑思想为榜样，羡慕密斯·凡·德·罗和勒·柯比西耶可以随心所欲地把他们偏爱的材料特性尽情地表现出来。粗野主义常采用混凝土，把粗野主义中最"毛糙"的方面暴露出来，夸大那些沉重的构件，并把它们冷酷地碰撞在一起。粗野主义以真实地表现结构与材料、暴露房屋的服务性设施，以夸张粗重的混凝土构件、暴露不加修饰的结构和设施为主要形式特征。

1. 剑桥大学历史系图书馆

剑桥大学历史系图书馆有7层，"L"形的大体量内角包裹着由下到上空间越来越小的阅览空间，独特的体型使各个空间的部位、尺寸从外部即可加以判断，如图18-6所示。立面采用大量的玻璃幕墙，增加了室内的采光效果。柔和的红色砖瓦墙给人以舒适平静、富有内涵的感觉，增加了图书馆的人文气息，营造了一个安静的公共场所。

2. 日本香川县厅舍

日本香川县厅舍（图18-7）由部分三层建筑与八层的主楼组成，庭院中有水池、叠石、小桥，可以举办多种活动。高层部分有挑廊，挑廊由富有韵律的小梁支撑，廊边有水平栏板。栏板与小梁的处理同日本古建筑五重塔相似，被认为是拥有浓厚日本风格的现代主义建筑，获得了很高的建筑评价。

图18-6　剑桥大学历史系图书馆　　　图18-7　日本香川县厅舍

粗野主义不仅是一种建筑形式，更是与当时社会的现实要求与条件相关，是从不修边幅的钢筋混凝土（或其他材料）的毛糙、沉重与粗野感中寻求建筑的经济解决办法，从而提出大量、廉价、快速的工业化美学观。不能简单认为粗野主义就是"粗且陋"，其实它的材料与施工工艺均极为考究，也因此成为可"暴露"的资本。

粗野主义在第二次世界大战后的公共建筑中找到了它的用武之地，在欧洲比较流行，在日本也相当活跃，到20世纪60年代后期以后逐渐销声匿迹。

18.2.3 "理性主义"思潮

20世纪20年代，欧洲的现代主义建筑运动方兴未艾，当时的意大利也涌现出了一批非常积极的探索者。他们想把意大利古典主义建筑的民族传统价值与机器时代的结构逻辑进行新的更具理性的综合，这就是以特拉尼为代表的、被称为意大利理性主义建筑运动的基本思想。60年代开始的新理性主义运动很大程度上是在继承那一时期思想理论的基础上发展起

第二次世界大战以后建筑活动与建筑思潮（二）

来的。

由美国协和建筑师事务所设计的哈佛大学研究生中心如图 18-8 所示，按功能结合地形布置，空间参差、尺度得当。在坚持"现代主义"的设计原则和方法，讲求功能与技术合理的同时，注意结合环境与服务对象的生活情趣需要，力图在新的要求与条件下把同建筑有关的在形式上、技术上、社会上和经济上的各种问题统一起来考虑，创造出一些新的切实可行的新经验，这就是理性主义。

图 18-8　哈佛大学研究生中心

◎ 18.3　现代主义建筑之后的建筑思潮

18.3.1　高技派建筑

高技派建筑突出工业技术成就，并在建筑形体和室内环境设计中加以炫耀，崇尚"机械美"，在室内暴露出梁、板、网架等结构构件，以及风管、线缆等设备和管道，强调工艺技术与时代感。高技派建筑在建筑造型、风格上注意表现"高度工业技术"的设计倾向。

1. 发展历程

20 世纪 60 年代，随着对技术的进一步重视，同时在建筑艺术多元化思潮的促进下，福斯特、罗杰斯、皮亚诺等高技派建筑大师登上历史舞台。高技派建筑在这一时期以现代各类先进技术为手段，采用预制化的装配构件，极力表现新的特性——新材料、新结构。其代表作品有皮亚诺和罗杰斯合作设计的巴黎蓬皮杜国家艺术和文化中心、福斯特设计的香港汇丰银行大厦和罗杰斯设计的伦敦劳埃德大厦（图 18-9、图 18-10）。

从 20 世纪 70 年代末开始，"早期高技"建筑逐渐向"当代高技"建筑发展和过渡。在这段时期内，高技派建筑对自身进行了较全面的修正与充实：一方面，继续吸收各种先进科技成果，在建筑中体现"技术美"的魅力；另一方面，在建筑能耗、建筑与环境的关系及建筑的人性化表现等方面向相关学科和其他建筑学派学习，日臻完善，从而走向更为成熟的当代高技派建筑。

2. 建筑特征

1）展示内在结构与设备：在室内暴露出梁、板、网架等结构构件，以及风管、线缆等设备和管道。

图18-9 伦敦劳埃德大厦

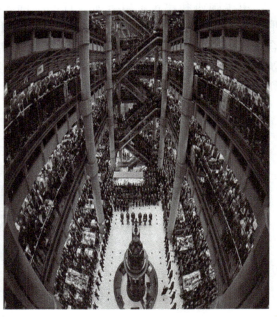

图18-10 伦敦劳埃德大厦内景

2）展示象征功能及生产流程。

3）透明性、层次感及运动感。高技派建筑的室内设计喜欢采用透明的玻璃、半透明的金属网等来分隔空间，形成室内层层相叠的空间效果。

4）明亮的色彩。室内的局部或管道常常涂上红色、绿色、蓝色等鲜艳的颜色，以丰富空间效果，增强室内的现代感。

5）质轻细巧的张拉构件。

6）复杂的外形下具有高度完整性和灵活性的内部空间。

7）热衷于插入式舱体的使用。

3. 代表建筑

1969年，法国总统乔治·让·蓬皮杜倡议建一座现代艺术馆，经过国际竞图，从六百多个方案中选出了由皮亚诺和罗杰斯合作设计的作品作为施工图纸。乔治·让·蓬皮杜于1974年去世，工程完工后命名为蓬皮杜国家艺术和文化中心（图18-11、图18-12），以示纪念。整座建筑南北长168米、宽60米、高42米、分为6层。建筑的支架由两排间距为48米的钢管柱构成，楼板可上下移动，楼梯及所有设备完全暴露。建筑东立面的管道与西立面的走廊均为有机玻璃罩覆盖，外貌奇特。钢结构梁、柱、桁架、拉杆等，甚至是涂上颜色的各种管线，全都不加遮掩地暴露在立面上。红色的是交通运输设备，蓝色的是空调设备，绿色的是给水、排水管道，黄色的是电气设施和管线。

4. 高技派建筑的局限性

尽管高技派建筑具有鲜明的时代美感，但人们在欣赏它的独特视觉景观的同时，也发现其自身的许多问题，如机械式冰冷的造型、夸张的尺度、高昂的造价等，并在节能、环保和与城市环境的协调等方面还存在明显的不足。如今，许多高技派建筑师已经意识到了这一点，开始重新审视自己的建筑观念。除了仍旧对科学技术发展和工业生产保持着强烈的敏感性外，还进一步探索如何利用技术手段来重构建筑的艺术性、情感性、地域性等特征。

图 18-11　蓬皮杜国家艺术和文化中心（一）　　　　图 18-12　蓬皮杜国家艺术和文化中心（二）

建筑也必须顺应时代的发展，从而不断地创新和进步，但也不能忽略掉一些重要的传统要素。今天的高技派建筑从传统和现代的众多风格学派中吸取精华，扩充和发展技术功能的内涵，直至覆盖社会心理学范畴，使建筑成为"人"的建筑，始终坚持设计以人为本，以尊重和适应自然环境为前提，以此获得新的生命力。

18.3.2　后现代主义建筑

在建筑界，后现代主义是指从 20 世纪 60 年代后期开始的，由部分建筑师和建筑理论家以一系列的批判现代主义建筑的理论与实践而推动形成的建筑思潮，是对现代主义建筑朴素、形式和缺乏多样性的反映，尤其是勒·柯布西耶和密斯·凡·德·罗的国际主义风格。

1. 建筑特征

1）回归历史，喜用古典建筑元素。

2）追求隐喻的设计手法，以各种符号的广泛使用和装饰手段来强调建筑形式的含义及象征作用。

3）走向大众与通俗文化，夸张地使用古典元素，如商业环境中的现成品、卡通形象以及儿童喜爱的鲜亮色彩可以一并出现在建筑中。

因此，建筑师詹克斯把后现代主义建筑归纳为激进的折衷主义建筑；建筑师斯特恩将后现代主义建筑的特征总结为"文脉主义""隐喻主义""装饰主义"。

2. 代表建筑

（1）栗子山母亲住宅

栗子山母亲住宅（图 18-13、图 18-14）建于 1962 年，是建筑师文丘里为其母亲设计建造的一栋小型住宅。首层包括主卧、次卧、起居室、用餐台与厨房。上层是文丘里的私人工作室，配备了卫生间。文丘里在建筑立面上运用了古典对称的山墙，使人联想到古希腊或是古罗马的神庙，山墙中央裂开的构图处理被称作"破山花"，这种处理方式一度成为后现代主义建筑的符号。

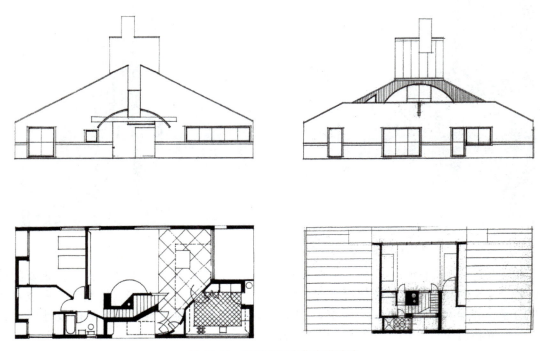

图18-13　栗子山母亲住宅设计稿

（2）美国电报电话公司大楼

美国电报电话公司大楼（图18-15、图18-16）的建筑前部沿街布置了高耸的拱券和柱廊，形成了高耸的有顶步行道；建筑后部与大街的平行方向有一条玻璃顶棚的采光廊，以及三层通高的建筑，建筑主体37层，分成三段。

大楼结构是现代的，但在形式上则一反现代主义建筑、国际主义建筑的风格：采用传统的材料——石头贴面，采用古典的拱券，顶部采用三角形山墙，并采用具有一定游戏成分的在三角形山墙的中部开一个圆形缺口的处理方式。因此，美国电报电话公司大楼体现了后现代主义建筑的全部风格：装饰主义建筑和现代主义建筑的结合，对历史建筑的借鉴，激进的折衷主义建筑混合采用历史风格，游戏性和调侃性地对待装饰风格。

图18-14　栗子山母亲住宅

图 18-15　美国电报电话公司大楼（一）

图 18-16　美国电报电话公司大楼（二）

（3）波特兰市政厅

波特兰市政厅（图 18-17、图 18-18）的底部是三层厚实的基座，其上是 12 层高的主体，大面积的墙面是象牙白的色泽，上面开着深蓝色的方窗。正立面中央 11～14 层是一个巨大的楔形体，仿佛是一个放大尺度的古典主义建筑的锁心石，或者是一个大斗之类的结构。楔形体的中央是一个抽象、简化了的希腊神庙。

图 18-17　波特兰市政厅效果图

图 18-18　波特兰市政厅外观

20 世纪 80 年代，当后现代主义的建筑作品在西方建筑界引起广泛关注时，它更多地被用来描述一种乐于吸收各种历史建筑元素，并喜欢运用讽喻手法的折衷风格，因此后现代主义建筑也被称作后现代古典主义建筑或后现代形式主义建筑。

18.3.3 解构主义建筑

现代主义建筑是20世纪建筑设计的核心,从20世纪20年代到第二次世界大战以后,发展成国际主义建筑,至70年代国际主义建筑遍及世界各地,几十年之内形成了单一垄断格局。但是,这种过于求同的建筑风格缺乏人情味,单调、刻板、枯燥、乏味,之后就出现了后现代主义建筑、高技派建筑、解构主义建筑等各种学派。其中,解构主义建筑是表现最为突出与激进的,解构主义建筑没有绝对的权威、没有绝对的中心,更加突出地表现个人情感。其艺术特点体现在反中心、反权威、反二元对抗、反非黑即白等理论,营造出一种特殊的审美特征,一种相互冲突、游移不定的几何秩序,在形式与功能上更加放松,向和谐、稳定、统一的观念发起挑战。

1. 建筑特征

1)主张建筑造型要打破常规、解体重构。
2)共时性,可以不对环境和"文脉"做出反应,不受传统文化的影响。
3)强调推理与随机的对立统一。
4)对规则的约定进行颠倒和反转,主张片段、解散、分离、不完整、无中心、缺少等。
5)继承俄国的构成主义建筑思想,并在此基础上不断发展。

解构主义建筑最主要的思想是破碎的想法,非线性设计的过程,营造出一种特殊的审美特征,一种相互冲突、游移不定的几何秩序,在形式与功能上更加放松,向传统观念发起挑战。

2. 代表建筑

(1)拉·维莱特公园

拉·维莱特公园(图18-19)被设计师屈米用点、线、面三种要素叠加起来,相互之间毫无联系,各自可以单独组成系统。三个系统中的线性系统构成了全园的交通骨架,它由两条长廊、几条笔直的种有悬铃木的林荫道、中央跨越乌尔克运河的环形园路和一条被称为"电影式散步道"的流线型园路组成。

图18-19 拉·维莱特公园

(2)布拉格尼德兰大厦

布拉格尼德兰大厦(图18-20~图18-22)以双塔虚实的对比象征一对男女,男的直立坚实；女的流动透明，腰部收缩，上下向外倾斜犹如衣裙，出挑的上部可以俯览布拉格的城市风光。由于市区沿街相邻建筑层高不同，因而将窗洞上下错落安排，同时还在墙面上增加了波浪状装饰线，以强调动感。大厦底层为零售商店和咖啡厅，顶层设餐厅，中间各层均为办公室。

图 18-20　布拉格尼德兰大厦（一）

图 18-21　布拉格尼德兰大厦（二）

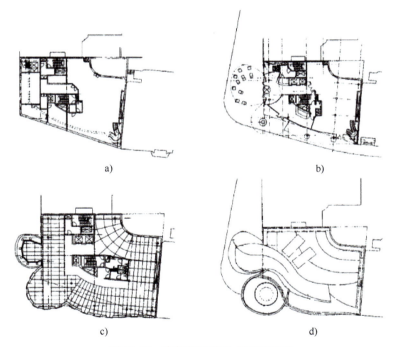

图 18-22　布拉格尼德兰大厦平面图
a）地下层平面图　b）首层平面图　c）办公室层平面图　d）屋顶平面图

（3）维特拉消防站

维特拉消防站（图 18-23、图 18-24）的功能分为两部分：一部分是一层的车库，可停放5辆消防车，面积约370平方米；另一部分是辅助用房，面积约400平方米，包括一层的消防队员更衣室、卫生间、训练室以及二层的俱乐部兼会议室。

图18-23　维特拉消防站内部

图18-24　维特拉消防站外部

维特拉消防站是一个沿着街道延伸的狭长结构，建筑本身包含了一系列线性的混凝土墙以及顶棚元素，整个项目就穿插在它们的间隙之中。这些墙表面上看很平坦，实际上经过了打孔、倾斜或者折叠的处理，以满足空气流通或其他活动的需求。墙面和屋顶由裸露的现浇混凝土构成。设计师扎哈为了强调这些元素并保持视觉上的纯粹性，去掉了会影响混凝土侧边效果的屋面覆盖层及其边饰；而散布于消防站的光线则更加简洁明了，从无框玻璃到室内的光照处理，这种纯粹感贯彻始终。

解构主义建筑理论为研究问题提供了新视角和新思路，并且为建筑创作提供了新理念和新方法。解构主义建筑理论具有的积极开拓和探索精神，为当代建筑师建构自己的建筑理论树立了榜样。当解构主义建筑以一种反文化、反建筑、反造型的形式出现的时候，它也就以逆反的形式展现了一种新的审美意识。这样一来，解构主义建筑理论作为一种文化策略、作为一种美学策略，就以一种双重呈示的形式相互融为一体了。

单元总结

本单元概括地阐述了第二次世界大战后的建筑活动与建筑思潮，讲解了"典雅主义"思潮、"粗野主义"思潮、"理性主义"思潮具有代表性人物的思想理论、代表性作品；概括地分析了现代主义建筑之后的高技派建筑、后现代主义建筑、解构主义建筑的代表性作品和建筑艺术特色。

实训练习题

一、填空题

1. 第二次世界大战后的主要建筑思潮包括_____、_____、____

_____。

2. 勒·柯布西耶曾说过："建筑是居住的机器。"正是这种对机械美感的强调，让建筑外形不受任何传统的束缚，完全出于功能要求进行设计，这奠定了_____的形成和发展的基础。

3. 文丘里在建筑立面上运用了古典对称的山墙，使人联想到古希腊或是古罗马的神庙，山墙中央裂开的构图处理被称作_____。

二、简答题

1. 勒·柯布西耶设计的马赛公寓属于哪种建筑思潮？有哪些建筑特征？
2. 解构主义建筑有何建筑特征？代表作有哪些？

参 考 文 献

[1] 杜昇卉，赵月苑，彭丽莉. 中外建筑史 [M]. 武汉：华中科技大学出版社，2022.
[2] 吴薇. 中外建筑史 [M]. 北京：北京大学出版社，2020.
[3] 王贵祥，贺从容，刘畅. 中国建筑史：从先秦到晚清 [M]. 北京：清华大学出版社，2022.
[4] 袁新华，焦涛. 中外建筑史 [M]. 3 版. 北京：北京大学出版社，2017.
[5] 柳肃，柳思勉. 礼乐相成：书院建筑述略 [M]. 深圳：海天出版社，2021.
[6] 刘松茯. 外国建筑历史图说 [M]. 北京：中国建筑工业出版社，2019.